市政工程专业人员岗位培训教材

安全员专业与实务

建设部 人事教育司 城市建设司 组织编写

中国建筑工业出版社

图书在版编目（CIP）数据

安全员专业与实务/建设部人事教育司、城市建设司组织编写．—北京：中国建筑工业出版社，2006
市政工程专业人员岗位培训教材
ISBN 978-7-112-08251-3

Ⅰ．安…　Ⅱ．建…　Ⅲ．市政工程—工程施工—安全技术—技术培训—教材　Ⅳ．TU99

中国版本图书馆 CIP 数据核字（2006）第 044797 号

责任编辑：田启铭　姚荣华　胡明安
责任设计：赵明霞
责任校对：张树梅　王雪竹

市政工程专业人员岗位培训教材
安全员专业与实务
建设部 人事教育司 城市建设司 组织编写
*
中国建筑工业出版社出版、发行（北京西郊百万庄）
各地新华书店、建筑书店经销
北京永峥印刷有限责任公司制版
化学工业出版社印刷厂印刷
*
开本：850×1168 毫米　1/32　印张：10½　字数：282 千字
2006 年 7 月第一版　2014 年 5 月第七次印刷
定价：26.00 元
ISBN 978-7-112-08251-3
（21017）

出版说明

为了落实全国职业教育工作会议精神，促进市政行业的发展，广泛开展职业岗位培训，全面提升市政工程施工企业专业人员的素质，根据市政行业岗位和形势发展的需要，在原市政行业岗位“五大员”的基础上，经过广泛征求意见和调查研究，现确定为市政工程专业人员岗位为“七大员”。为保证市政专业人员岗位培训顺利进行，中国市政工程协会受建设部人事教育司、城市建设司的委托组织编写了本套市政工程专业人员岗位培训系列教材。

教材从专业人员岗位需要出发，既重视理论知识，更注重实际工作能力的培养，做到深入浅出、通俗易懂，是市政工程专业人员岗位培训必备教材。本套教材包括8本教材：其中1本是市政工程专业人员岗位培训教材《基础知识》属于公共课教材；另外7本分别是：《施工员专业与实务》、《材料员专业与实务》、《安全员专业与实务》、《质量检查员专业与实务》、《造价员专业与实务》、《资料员专业与实务》、《试验员专业与实务》。

由于时间紧，水平有限，本套教材在内容和选材上是否完全符合岗位需要，还望广大市政工程施工企业管理人员和教师提出意见，以便使本套教材日臻完善。

本套教材由中国建筑工业出版社出版发行。

中国市政工程协会

市政工程专业人员岗位
培训教材编审委员会

前　言

近年来，市政基础设施建设持续快速发展，在国民经济中的地位和作用逐渐增强，而市政基础设施施工的特点又决定了其为高风险、事故高发行业，相对于其他行业来更应该加强安全生产工作。为进一步提高市政工程施工的安全生产和文明施工管理水平，有效预防伤亡事故发生，确保参建人员的安全和健康，在建设部的指导和帮助下，由天津城建集团承担了市政工程安全员岗位培训教材的编写工作。

市政工程安全员岗位培训教材共编写了四个部分，分为：第一部分　建设工程安全生产管理概述；第二部分　市政工程安全技术；第三部分　劳动保护、伤亡事故处理；第四部分　安全生产法律、法规。通过本教材学习，使从事市政工程的安全生产管理人员熟悉建设工程各方责任主体的安全责任；掌握安全员岗位职责及基本要求；熟悉掌握建设工程安全生产管理制度；熟悉施工安全强制性标准条文；了解文明施工管理内容；掌握市政工程各专业工程安全技术；熟悉施工用电安全管理、机械设备安全管理知识；熟悉劳动保护、伤亡事故处理规定；熟悉应急救援预案和施工现场紧急自救常识；熟悉安全生产法律、法规要求。

本教材按照市政施工企业的实际需要，按照先进性、实用性和注重能力培训的原则进行编写，力求反映当前最先进的市政工程安全生产技术和安全生产管理经验。在编写过程中，我们参阅了兄弟省市发表的有关安全生产方面的文献，在此表示衷心感谢！

本教材由张继承主编。第一篇的第一章、第二章和第二篇的第七章由杨红编写；第一篇的第三章、第四章由黄卫华编写；第一篇的第五章由陆晨亮编写；第二篇的第六章由张绪东、张学广编写；第二篇的第八章、第九章由殷耀君编写；第二篇的第十章由王海山编写；第二篇的第十一章由宁德康编写；第三篇的第十二章、第十三章、第十四章、第十五章由冯子福、张楠编写；第三篇的第十六章、第十七章由杨士平编写；第四篇由邓伟编写。由于编者水平有限，本书难免存在不妥之处，恳请广大读者批评指正。

目　录

第二篇　市政工程安全生产技术管理

第三篇　劳动保护与伤亡事故处理

第四篇　事故案例

第一篇　安全生产管理

第一章　建设工程各方责任主体的安全责任

第一节　建设、勘察、设计、工程监理单位的安全责任

一、建设单位的安全责任

1. 建设单位应当向施工单位提供施工现场及毗邻区域内供水、排水、供电、供气、供热、通信、广播电视等地下管线资料，气象和水文观测资料，相邻建筑物和构筑物、地下工程的有关资料，并保证资料的真实、准确、完整。建设单位因建设工程需要，向有关部门或者单位查询上述资料时，有关部门或单位应当及时提供。

2. 建设单位在申请领取施工许可证时，应当提供建设工程有关安全施工措施的资料。

3. 依法批准开工报告的建设工程，建设单位应当自开工报告批准之日起15日内，将保证安全施工的措施报送建设工程所在地的县级以上地方人民政府建设行政主管部门或者其他有关部

门备案。

4. 建设单位在编制工程概算时，应当确定建设工程安全作业环境及安全施工措施所需费用。

5. 建设单位不得对勘察、设计、施工、工程监理等单位提出不符合建设工程安全生产法律、法规和强制性标准规定的要求，不得压缩合同约定的工期。

6. 建设单位不得明示或者暗示施工单位购买、租赁、使用不符合安全施工要求的安全防护用具、机械设备、施工机具及配件、消防设施和器材。

7. 建设单位应当将拆除工程发包给具有相应资质等级的施工单位。并应在拆除工程施工 15 日前，将下列资料报送建设工程所在地的县级以上地方人民政府建设行政主管部门或者其他有关部门备案：

（1）施工单位资质等级证明；

（2）拟拆除建筑物、构筑物及可能危及毗邻建筑的说明；

（3）拆除施工组织方案；

（4）堆放、清除废弃物的措施。

二、勘察单位的安全责任

1. 勘察单位应当按照法律、法规和工程建设强制性标准进行勘察，提供的勘察文件应当真实、准确，满足建设工程安全生产的需要。

2. 勘察单位在勘察作业时，应当严格执行操作规程，采取措施保证各类管线、设施和周边建筑物、构筑物的安全。

三、设计单位的安全责任

1. 设计单位应当按照法律、法规和工程建设强制性标准进行设计，防止因设计不合理导致生产安全事故的发生。

2. 设计单位和注册建筑师等注册执业人员应当对其设计负责。

3. 设计单位应当考虑施工安全操作和防护的需要，对涉及施工安全的重点部位和环节在设计文件中注明，并对防范生产安全事故提出指导意见。

4. 对于采用新结构、新材料、新工艺的建设工程和特殊结构的建设工程，设计单位应当在设计中提出保障施工作业人员安全和预防生产安全事故的措施建议。

四、工程监理单位的安全责任

1. 工程监理单位和监理工程师应当按照法律法规和工程建设强制性标准实施监理，并对建设工程安全生产承担监理责任。

2. 工程监理单位应当严格审查施工组织设计中的安全技术措施和施工现场临时用电方案及专项施工方案是否符合工程建设强制性标准。对不符合法律、法规和建设工程强制性标准的提出整改意见，未整改的不得实施。

3. 工程监理单位在实施监理过程中，发现存在安全事故隐患的，应当要求施工单位整改；情况严重的，应当要求施工单位暂时停止施工，并及时报告建设单位。施工单位拒不整改或者不停止施工的，工程监理单位应当及时向有关主管部门报告。

第二节　施工单位的安全责任和施工单位内部的安全职责分工

一、施工单位的安全责任

1. 施工单位从事建设工程的新建、扩建、改建和拆除等活动，应当具备国家规定的注册资本、专业技术人员、技术装备和安全生产等条件，依法取得相应等级的资质证书，并在其资质等级许可的范围内承揽工程。

2. 施工单位主要负责人依法对本单位的安全生产工作全面负责。施工单位应当建立安全保障体系和安全监督体系，建立健全的安全生产责任制度和安全生产教育培训制度，制定安全生产规章制度和操作规程，对所承担的建设工程进行定期和专项安全检查，并做好安全检查记录。

3. 施工单位要保证本单位安全生产设施所需资金的投入，对于列入建设工程概算的安全作业环境及安全施工措施所需费用，应当用于施工安全防护用具及设施的采购和更新、安全施工措施的落实、安全生产条件的改善，不得挪作他用。

4. 施工单位的项目负责人应当由取得相应执业资格的人员担任，对建设工程项目的安全施工负责，落实安全生产责任制度、安全生产规章制度和操作规程，确保安全生产费用的有效使用，并根据工程的特点组织制定安全施工措施，消除安全事故隐患，及时、如实报告生产安全事故。

5. 施工单位应当设立安全生产管理机构，配备专职安全生产管理人员，并持证上岗。专职安全生产管理人员负责对安全生产进行现场监督和检查。

6. 施工单位应当在施工组织设计中编制安全技术措施和施工现场临时用电方案，对下列达到一定规模的危险性较大的分部分项工程编制专项施工方案，并附具安全验算结果，经施工单位技术负责人、总监理工程师签字后实施，由专职安全生产管理人员进行现场监督：

（1）基坑支护与降水工程；

（2）土方开挖工程；

（3）模板工程；

（4）起重吊装工程；

（5）脚手架工程；

（6）拆除、爆破工程；

（7）国务院建设行政主管部门或者其他有关部门规定的其他危险性较大的工程。

对前款所列工程中涉及深基坑、地下暗挖工程、高大模板工程的专项施工方案，施工单位还应当组织专家进行论证、审查。

7. 建设工程施工前，施工单位负责项目管理的技术人员应当对有关安全施工的技术要求向施工作业班组、作业人员作出详细说明，并由双方签字确认。

8. 施工单位应当在施工现场入口处、施工起重机械、临时用电设施、脚手架、出入通道口、楼梯口、电梯井口、孔洞口、桥梁口、隧道口、基坑边沿、爆破物及有害危险气体和液体存放处等危险部位，设置明显的安全警示标志。安全警示标志必须符合国家标准。

9. 施工单位应当根据不同施工阶段和周围环境、季节和气候的变化，在施工现场采取相应的安全施工措施。施工现场暂时停止施工的，施工单位应当做好现场防护，所需费用由责任方承担，或者按照合同约定执行。

10. 施工单位应当将施工现场的办公、生活区与作业区分开设置，并保持安全距离，办公、生活区的选址应当符合安全性要求。职工的膳食、饮水、休息场所等应当符合卫生标准。施工单位不得在尚未竣工的建筑物内设置员工集体宿舍。

施工现场临时搭建的建筑物应当符合安全使用要求。施工现场使用的装配式活动房屋应当具有产品合格证。

11. 施工单位对因建设工程施工可能造成损害的毗邻建筑物、构筑物和地下管线等，应当采取专项防护措施。

施工单位应当遵守有关环境保护法律、法规的规定，在施工现场采取措施，防止或者减少粉尘、废气、废水、固体废物、噪声、振动和施工照明对人和环境的危害和污染。

在城市市区内的建设工程，施工单位应当对施工现场实行封闭围挡。

12. 施工单位应当在施工现场建立消防安全责任制度，确定消防安全责任人，制定用火、用电、使用易燃易爆材料等各项消防安全管理制度和操作规程，设置消防通道、消防水源，配备消防设施和灭火器材，并在施工现场入口处设置明显标志。

13. 施工单位应当向作业人员提供安全防护用具和安全防护服装，并书面告知危险岗位的操作规程和违章操作的危害。作业人员应当遵守安全施工的强制性标准、规章制度和操作规程，正确使用安全防护用具、机械设备等。

14. 施工单位采购、租赁的安全防护用具、机械设备、施工机具及配件，应当具有生产（制造）许可证、产品合格证，并在进入施工现场前进行查验。施工现场的安全防护用具、机械设备、施工机具及配件必须由专人管理，定期进行检查、维修和保养，建立相应的资料档案，并按照国家有关规定及时报废。

15. 施工单位在使用施工起重机械和整体提升脚手架、模板等自升式架设设施前，应当组织有关单位进行验收，也可以委托具有相应资质的检验检测机构进行验收；使用承租的机械设备和施工机具及配件的，由施工总承包单位、分包单位、出租单位和安装单位共同进行验收，验收合格的方可使用。《特种设备安全监察条例》规定的施工起重机械，在验收前应当经有相应资质的检验检测机构监督检验合格。

施工单位应当自施工起重机械和整体提升脚手架、模板等自升式架设设施验收合格之日起 30 日内，向建设行政主管部门或者其他有关部门登记。登记标志应当置于或者附着于该设备的显著位置。

16. 施工单位的主要负责人、项目负责人、专职安全生产管理人员应当经建设行政主管部门或者其他有关部门考核合格后方可任职。

17. 施工单位应当对管理人员和作业人员每年至少进行一次安全生产教育培训，其教育培训情况记入个人工作档案。安全生产教育培训考核不合格的人员，不得上岗。

施工单位在采用新技术、新工艺、新设备、新材料时，应当对作业人员进行相应的安全生产教育培训。

18. 施工单位应当为施工现场从事危险作业的人员办理意外

伤害保险。意外伤害保险费由施工单位支付。实行施工总承包的，由总承包单位支付意外伤害保险费。意外伤害保险期限自建设工程开工之日起至竣工验收合格止。

19. 施工单位应当根据建设工程的特点、范围，对施工现场易发生重大事故的部位、环节进行监控，制定施工现场生产安全事故应急救援预案，工程总承包单位和分包单位按照应急救援预案，各自建立应急救援组织或者配备应急救援人员，配备救援器材、设备，并定期组织操练。

20. 施工单位发生生产安全事故，应当按照国家有关伤亡事故报告和调查处理的规定，及时、如实地向负责安全生产监督管理的部门、建设行政主管部门或者其他有关部门报告；特种设备发生事故的，还应当同时向特种设备安全监督管理部门报告；建设工程实行总承包的，如发生事故，由总承包单位负责上报事故。

发生生产安全事故后，施工单位应当采取措施防止事故扩大，保护事故现场。需要移动现场物品时，应当做出标记和书面记录，妥善保管有关证物。

21. 实行施工总承包的建设工程，由总承包单位对施工现场的安全生产负总责。总承包单位应当自行完成建设工程主体结构的施工。总承包单位依法将建设工程分包给其他单位的，分包合同中应当明确各自安全生产方的权利、义务。总承包单位和分包单位对分包工程的安全生产承担连带责任。分包单位应当服从总承包单位的安全生产管理，分包单位不服从管理导致生产安全事故的，由分包单位承担主要责任。

二、施工单位内部的安全职责分工

单位的内部安全职责分工应按照《建设工程安全生产管理条例》的要求进行职责划分。特别是施工单位在“安全生产、人人有责”的思想指导下，建立以企业主要负责人为首的施工生产指挥系统和管理系统，以及“管生产必须管安全”的安全管理保证体系；以工会主席为首，职工代表参加的健康安全监督保证体系；以总工程师为首，技术质量部门参加的安全技术、工艺技术、施工组织技术措施保证体系；以总会计师为首，财务部门参加的劳保经费、教育经费、安全措施经费等安全投入资金保证体系；建立以企业安全生产主管领导为首、安全部门为骨干的专业安全管理保证体系。按照所确定的安全生产目标，将各级管理责任人、各职能部门和各岗位员工所应做的工作及应负的责任加以明确规定。通过合理分工，明确责任，达到增强各级人员的责任心，共同协调配合，努力实现既定目标。

职责分工应做到纵到底、横到边，即：纵向各级人员，包括主要负责人、安全主管领导、技术负责人、财务负责人、经济负责人、党政工团、项目经理以及员工包括劳务人员的责任制。横向各专业部门，即安全、质量、设备、技术、生产、采购、行政、财务等部门的责任。

（一）施工企业主要负责人的职责

1. 施工企业的主要负责人是本企业安全生产第一责任人，对企业的安全生产工作负全面领导责任。

2. 认真贯彻执行国家及上级有关安全生产的方针、政策、法律法规、规范。

3. 建立、健全本企业的安全生产责任制。

4. 领导组织编制本企业中、长期的工作规划和目标，以及年度和特殊工作时段的安全工作实施计划，推动企业不断完善全员、全方位、全过程的安全管理机制建设。

5. 掌握本企业施工生产和安全动态，根据本企业特点组织制定本企业的各项安全管理规章制度及操作规程。

6. 保证本企业安全生产投入的有效实施。

7. 建立、健全本企业的安全生产保证体系及安全生产监督体系。

8. 定期组织召开安全生产会议，研究本企业安全生产形势，并有针对性地组织制定工作举措。

9. 督促检查本企业的安全生产工作，及时消除安全事故隐患。

10. 组织制定并实施本企业的安全生产事故应急救援预案。

11. 及时、如实上报安全事故，在事故调查组的指导下，领导、组织本企业有关部门或人员做好事故调查处理的具体工作，监督防范措施的制定和落实，预防同类事故的重复发生。

12. 组织本企业安全管理工作的经验总结，及时表彰奖励先进单位及个人。

（二）企业主管生产（安全）负责人职责

1. 对本企业的安全生产负直接领导责任。

2. 认真贯彻执行安全生产各项安全方针、政策、法规、标准。落实本企业各项安全生产管理制度。

3. 参与本企业中长期安全工作规划目标的策划，组织实施中期、长期、年度安全工作规划、目标。

4. 抓好责任制的落实及检查考核，及时协助解决安全管理日常工作中发现的问题，确保动态管理的有效运作。

5. 监督检查安全技术措施的落实及专项技术交底的实施，有针对性地抓好预防措施的落实。

6. 领导组织本企业开展安全生产的宣传教育，确定安全生产考核指标，认真听取和采纳安全生产的合理化建议，保证本企业安全生产保证体系的有序运转。

7. 组织领导本企业分包工程负责人的安全培训及考核审查工作，确保分包工程安全管理的有关要求落实到位。

8. 组织领导本企业安全管理奖罚制度的实施，参与典型经验的总结交流，及时向企业负责人提出奖优罚劣的建议，推进激励机制的建设。

9. 组织领导安全事故的调查处理工作，检查防范工作的措施落实，及时有效地预防重复性事故发生，对事故责任人提出处理意见。

10. 领导组织本企业定期、不定期的安全生产检查工作，及时解决施工中的不安全隐患。

（三）企业总工程师（技术负责人）职责

1. 认真贯彻执行国家和上级有关安全生产方针政策和法律、法规及规范标准，协助企业负责人做好安全方面的技术领导工作，在企业内施工生产中负技术领导责任。

2. 组织编制和审批施工组织设计、危险性较大的分部分项工程专项施工技术方案，对施工组织设计和专项方案中的安全技术措施提出决定性意见。

3. 组织领导本企业安全技术改进和研究项目，根据施工技术发展要求，确定劳动保护研究项目。推广有利于劳动环境和作业条件的安全生产先进技术的应用。

4. 对施工生产中采用的新材料、新工艺、新设备、新技术的使用，负责审核其实施过程中的安全性，提出预防措施，组织领导企业的有关人员编制、修订审核安全技术操作规程和安全技术交底工作。

5. 对危险性大、技术含量高的分部分项工程及施工现场易发生重大事故的部位、环节，组织领导审批预防监控措施和应急预案，并主持专项安全技术交底工作。工程技术安全预防方案，并主持专项安全技术交底工作。

6. 参与重大事故的调查分析，从技术上分析事故原因，提出纠正措施，并检查措施的落实，做到持续改进。

7. 领导制定年度和季节性施工计划时，要确定指导性的安全技术方案。

（四）企业总会计师职责

1. 认真贯彻执行国家和上级有关安全生产的方针政策、法律法规和规范标准，协助企业负责人搞好安全生产投入工作的管理，保证安全生产资金专款专用。

2. 组织编制年度财务计划的同时，审核批准企业安全措施经费、劳动保护用品费、安全教育费的使用计划。

3. 参与重大改造项目和安全设施购置的可行性研究，审核并确保资金投入的受益效果。

4. 组织落实本企业财务工作的安全生产责任制，认真执行安全生产奖惩规定，制定有效的防盗措施。

（五）总经济师职责

1. 协助企业负责人贯彻落实国家安全生产方针政策、法律法规和规范标准。

2. 抓好经营管理中的安全生产制度配套建设，抓好综合考评中安全生产目标的考评和奖罚兑现。

3. 参与企业安全生产管理制度的编制，审核及检查落实，抓好企业安全管理制度的建设和完善。

4. 负责各类经济合同中安全管理规范的完整定位，检查落实合同双方安全责任、权力、义务的约定，并抓好责任落实。

（六）党委书记职责

1. 抓好安全生产思想保证体系的建设，组织开展好安全生产的宣传教育，及时总结推广典型先进经验。

2. 组织领导有关部门抓好文明施工的管理，开展创建文明工地活动，抓好典型，组织好先进经验的推广和交流。

3. 组织领导有关部门，有计划地开展好各项技术培训工作，有针对性地抓好全员综合素质教育。

4. 组织领导各级党组织，围绕生产安全做好思想动员发动工作，抓好创先争优活动中党员责任区和安全生产活动的结合，有针对性地推动综合治理的齐抓共管活动的开展。

（七）工会主席职责

1. 认真贯彻国家和上级有关安全生产和劳动保护的方针政策、法律法规，对安全和劳动保护有监督检查和保护员工生命健康安全的维权责任。有权对违反安全生产法律、法规，侵犯员工合法权益的行为要求纠正。

2. 参加企业安全管理，监督企业依法为员工提供安全健康的工作环境和作业条件，为员工提供合法的劳动保护用品。

3. 围绕施工生产，组织领导开展经常性安全意识教育，发挥工会组织联系群众的桥梁纽带作用。

4. 参加工伤事故的调查和事故责任人的责任处罚，行使监督维权责任。

（八）项目经理职责

1. 应当由取得相应执业资格及安全生产考核合格的人员担任，对所在工程项目的安全生产负全面领导责任。

2. 认真贯彻落实安全生产各项方针政策、法律法规、规范标准及企业的各项安全规章制度。结合项目工程特点及施工全过程的情况，制定各项安全生产管理办法，并监督实施。

3. 健全和完善用工管理手续，严格用工制度和管理，做到专业分包、劳务分包程序合法，教育培训到位，管控严密，防范得力。

4. 严格执行技术措施审批和施工安全技术措施交底制度，监督检查安全技术措施的管控落实，认真实施全过程、全方位的安全防范管理。

5. 认真抓好防护设施、防护用品的配备使用，做到配置齐全、使用得当、状态良好、管控有序。

6. 领导组织施工现场定期、有针对性的安全检查，针对可能产生的安全隐患制定相应的预防措施，及时整改解决。对上级提出的安全生产与管理方面的问题，要定时、定人、定措施予以解决。

7. 严格执行安全考核指标和安全生产奖惩办法，确保安全生产措施费用的有效使用。

8. 施工过程中发生事故在及时、如实报告上级的同时，组织做好伤员抢救和现场保护工作，并积极做好事故调查的协助配合工作。认真制定防范措施，吸取教训，杜绝重复性事故发生。

（九）项目技术负责人职责

1. 对所在项目工程生产经营中的安全生产负技术责任。

2. 认真贯彻国家涉及安全生产的各项方针、政策，严格执行安全技术规程、规范、标准。结合项目工程特点，主持项目工程的安全技术交底，保证科学施工。

3. 组织编制、审查施工组织设计及专项方案，同时有针对性地制定、审查安全技术措施，并随时跟踪、实施、监督、检查和落实。

4. 主持制定季节性施工方案的同时，制定相应的安全技术措施，并监督执行，及时解决执行中出现的问题。

5. 对施工中采取的新技术、新工艺、新材料、新设备，要及时上报，经批准后方可实施，同时要组织上岗人员的安全技术培训，制定相应的安全技术措施，完善新的安全技术操作规程。

6. 主持安全防护设施和设备的验收。发现设备、设施的不正常情况应及时采取措施，消除不安全因素和隐患。严格控制不合标准要求的防护设施、设备投入使用。

7. 参加安全生产检查，对施工中存在的不安全因素，从技术方面提出整改意见和防护措施，予以消除。

8. 参加、配合伤亡事故调查，为事故调查提供技术支持，提出防范措施、意见。

（十）施工员、施工队长职责

1. 坚持预防为主方针，认真履行严管严控职责，把作业过程中的安全防护措施落到实处，对所辖范围内的安全负有组织管理责任。

2. 认真执行安全技术措施及安全操作规程，针对生产任务特点，向班组进行书面安全技术交底，履行签字手续，并对规程、措施、交底进行跟踪落实。

3. 作业前应对本次作业所使用的机具、设备、防护用具、设施及作业环境进行安全检查，消除安全隐患。

4. 督促检查组织班组班前活动和日检日查活动，提示作业班组及相关方安全注意事项，落实防护要求和自我保护措施。

5. 定期和不定期组织所辖作业人员进行安全操作规程培训，

开展安全教育活动，提高作业人员的安全意识。

6. 认真接受现场安全技术人员的指导和上级的检查，及时组织落实安技人员和上级提出的整改要求和意见，自行不能整改的隐患，要立即报告项目经理和安全技术人员，严禁冒险作业。

7. 发生工伤事故，在立即上报的同时，组织好现场保护和抢救伤员的工作。

8. 随时制止纠正违章操作和盲干蛮干行为，监督落实持证上岗，抵制违章作业行为，拒绝违章指挥。

（十一）外来工负责人职责

1. 认真执行落实安全生产的各项法规、规定、规章制度及安全操作规程，对所辖务工人员在生产中的安全和健康负责。

2. 按制度严格履行各项劳务用工手续，做好本队人员的安全教育培训，配合用工单位，抓好岗位安全培训及岗前、工前安全教育，未经安全教育培训的人员不能安排上岗作业。监督本队人员遵守劳动、安全纪律，做到不违章指挥，制止违章作业。

3. 保持务工人员的相对稳定，参加用工单位的安全技术交底和有关安全活动，新来务工人员未经入场和岗前安全教育不得上岗作业。

4. 配合用工单位抓好安全检查，认真对作业场所的环境、设施、设备的安全状态进行检查，及时整改不安全隐患。

5. 施工作业及生活用火、用电严格执行用工单位的规定，严禁未经批准私设火源火点，严禁私自安装搭接电器设备和线路。作业过程中的电器设备、设施，使用前认真组织检查，发现后及时排除，严禁私自拆改，下班前要切断设备电源。

6. 发生伤亡事故，要做好现场保护，及时抢救伤员，并迅速上报项目经理部负责人，积极配合事故调查。

（十二）项目安全员的职责

1. 贯彻落实国家安全生产的方针政策、法律、法规和企业的安全制度，对所在项目的安全管理负监督检查和规范指导的管理责任。

2. 检查施工组织设计及专项安全技术方案的编审和交底，参与专项安全技术方案的会审，对安全技术措施依据规范标准及时提出完善补充意见。

3. 参与项目安全管理目标的制定，在主管领导的组织指导下，实施目标管理的检查、落实、考核，并建立目标管理档案和责任考核档案，协助有关人员抓好员工的进场教育、工前安全教育和换岗安全教育。

4. 参加定期安全检查、季节性检查、专项治理检查，认真行使检监督查、整改职责。

5. 对专业工程的分包、劳务分包、机械租赁实施监督检查，落实法定程序和规范要求，抓好有关制度措施的检查落实。

6. 对重大隐患要实施跟踪整改措施，及时反馈上级整改通知的要求，做好隐患整改的建档工作。

7. 参加事故调查，组织实施事故应急预案的启动，依法做好事故报告、抢救伤员、现场保护、事故统报工作，完善内部基础资料的管理。

8. 参与事故整改措施的制定和检查落实，预防重复事故的发生。

（十三）作业人员安全职责

1. 认真学习并严格执行安全技术操作规程，自觉遵守安全生产规章制度。

2. 认真执行安全技术交底和有关安全生产的规定；不违章作业；服从安全监督人员的指导，积极参加安全活动；爱护安全设施。

3. 作业人员有权对施工现场的作业条件、作业程序和作业方式中存在的安全问题提出批评、检举和控告，有权对不安全作业提出意见；有权拒绝违章指挥和强令冒险作业，在施工中发生危及人身安全的紧急情况时，作业人员有权立即停止作业或者在采取必要的应急措施后撤离危险区域。

4. 作业人员应当遵守安全施工的强制性标准、规章制度和操作规程，正确使用安全防护用具、机械设备等。

5. 作业人员进入新的岗位或者新的施工现场前，应当接受安全生产教育培训。未经教育培训或者教育培训不合格的人员，不得上岗作业。垂直运输机械作业人员、安装拆卸工、爆破作业人员、起重信号工、登高架设人员等特种作业人员，必须按照有关规定经过专门的安全作业培训，并取得特种作业操作资格证书后，方可上岗作业。

6. 作业人员应当努力学习安全技术，提高自我保护意识和能力。

三、各职能部门责任制

（一）安保部门职责

1. 协助领导认真贯彻执行国家及上级有关部门安全生产方针、政策、法律法规、规范标准，依法建立健全本企业安全管理规章制度，完善安全管理体系。

2. 认真做好本企业的安全生产宣传教育培训工作。服务指导基层贯彻落实安全生产的标准、制度、上级指令，与有关部门配合抓好各级管理人员、新员工及特殊工种人员的培训、考核、发证工作。

3. 组织开展好定期和专项的安全检查活动，对重大隐患实行跟踪管理、整改复验。

4. 总结推广先进安全管理经验及先进典型，协助领导搞好奖优罚劣。

5. 经常了解以掌握安全动态，及时为领导提供改进安全管理的意见和建议，为领导正确决策提供可靠的信息和依据，定期向公司安委会汇报工作。

6. 参与审核施工组织设计及专项工程施工方案，并对安全技术措施计划贯彻执行情况进行检查监督。组织制定年度、季度工作目标和工作要点规划，监督基层实施落实，对基层和各职能部门目标责任制度的实施情况实施检查考核，健全安全内业基础档案。

7. 搞好工伤事故统计、分析和报告工作，参加工伤事故的调查处理。

8. 配合有关部门抓好分包工程和劳务分包的安全管理，督促检查规范标准的实施落实。

9. 做好劳动保护用品及安全设施的配置使用管理，依照法规和标准做好日常防护用品和防暑防冻物品的发放计划，以及安全措施费用的投入计划和使用工作。

（二）生产（工程计划）部门职责

1. 编制施工生产计划的同时，立足于“安全第一”，保证施工生产与安全工作的协调一致，把改善劳动条件、预防伤亡事故的措施纳入施工生产计划，优先安排。

2. 检查施工生产计划完成情况的同时，应检查安全措施、防护设施、防护设备的实施工作，要纳入计划，列为正式工序，给予时间保证。

3. 按合理施工顺序组织生产，要充分考虑职工的劳逸结合。

4. 严格按施工组织设计组织施工。认真落实施工防护措施，生产任务与劳动安全保障发生矛盾时，必须优先解决安全保障的落实。

（三）机械管埋部门职责

1. 建立设备机械档案和安全管理制度，完善机械设备运转状况和维修的记录，杜绝报废机械设备投入施工作业。

2. 监督检查特种及大型施工设备机械的安装、拆除方案的落实和机械进场验收程序的运作。

3. 监督检查新购进的特种及大型施工设备机械，是否有生产许可证、出厂合格证及完整的技术资料。使用前制定安全操作规程，组织专业技术培训。

4. 监督检查分包队伍自带设备及租赁设备的安全技术状况，确保设备完好、安全可靠。

5. 定期组织机械设备的安全检查，及时整改安全隐患，组织好操作人员的技术培训考核取证，规范持证上岗。查处违章操作行为，审核外租设备的合同管理。

6. 参加施工组织设计、施工方案的会审，提出涉及机械安全使用的具体意见，同时负责督促检查落实情况。

7. 参与机械设备伤害事故的调查，为事故分析提供专业技术支持，提出处理意见，制定防范措施。

（四）材料采购部门职责

1. 认真审查器具、材料供方及劳保用品厂家的生产资质、生产许可证及产品合格证，建立有关材料质量、供应档案资料，从源头上落实安全质量保证措施。

2. 对重点安全设施器具和防护用品，实施进场验收制度，监督检查制度落实情况，及时整改不规范的管理漏洞。

3. 为施工现场提供符合安全规范要求的施工器具和材料，确保施工用料、用品的安全。

（五）劳动人事部门职责

1. 认真落实国家及上级有关劳动保护的法规、标准，严格执行有关人员的劳动保护待遇，并监督实施情况。

2. 依法规范劳动用工管理，规范劳务分包，认真审核劳务分供方的有效证件，签订规范的劳动用工合同。

3. 检查考核劳务用工状况，规范用工管理，严禁录用童工和有传染病及不符合行业要求的务工人员。

4. 认真组织企业职工的安全教育考核工作，对新录用人员包括外来劳务人员，要组织入厂教育和资格审查，保证提供的人员具有一定的安全生产素质。

5. 认真落实劳动保险政策，做好工伤等级鉴定，依法落实工伤治疗和伤残保险待遇。

6. 参与工伤事故调查，从用工方面分析事故原因，提出防范措施，并认真执行对事故责任者的处理意见。

（六）技术质量部门职责

1. 贯彻执行国家及上级有关安全技术及安全操作规程的规

定，保障施工生产中的安全技术措施的制定与实施。

2. 按照有关标准和安全生产的要求，编制工程施工组织设计，认真组织实施会审签证和批准程序，落实安全技术交底措施，指导项目工程技术人员编制专项安全技术方案，并实施交底程序。

3. 参与应急预案的技术防范指导和审核，为安全管理提供科学技术依据。

4. 参与重大的技改技革项目的方案审定，对施工中采用的新技术、新工艺、新设备，提供安全技术指导，组织好技术攻关，参与重大技改项目的检查验收。

5. 参与重大工程事故中技术性问题的调查，为事故分析提供科学技术支持，从技术上提出防范措施。

（七）教育培训部门职责

1. 贯彻落实国家及上级有关安全生产教育的规定。围绕企业生产，认真做好教育培训的计划安排并抓好落实。

2. 配合相关部门，抓好专业岗位和各级管理人员的安全资格培训、考核、取证工作，有针对性地强化各岗位人员的安全管理素质。

3. 配合相关部门，抓好新录用员工的入厂安全教育。

4. 配合相关部门抓好外来务工人员的安全知识操作规程教育，有针对性的加强日常的工前教育。

（八）财务部门职责

1. 按照国家及上级有关标准和规定，根据本企业实际情况及企业安全技术措施经费的需要，按计划及时提取安全技术措施费、劳动保护费及其他安全生产所需经费，保证专款专用。

2. 协助安全部门办理安全奖励及罚款手续。

3. 制定本部门的防火、防盗措施，确保报警系统的灵敏可靠。

（九）行政事务部门

1. 认真做好后勤生活的安全预防工作，为员工提供安全健康的生活、工作环境。

2. 认真落实卫生安全健康的管理制度，组织指导施工现场生活办公、住宿区域的设置并使其符合安全、防火等方面的规范要求。确保生活设施、饮食卫生、环境卫生达到规范标准，认真落实预防食品中毒、预防传染疾病、防暑降温，防冻保暖的相关管理措施。

第三节　其他有关单位的安全责任

1. 为建设工程提供机械设备和配件的单位，应当按照安全施工的要求配备齐全有效的保险、限位等安全设施和装置。所出租的机械设备和施工机具及配件，应当具有生产（制造）许可证、产品合格证。

2. 出租单位应当对出租的机械设备和施工机具及配件的安全性能进行检测，在签订租赁协议时，应当出具检测合格证明。禁止出租检测不合格的机械设备和施工机具及配件。

3. 在施工现场安装、拆卸施工起重机械和整体提升脚手架、模板等自升式架设设施，应符合以下规定：

（1）必须由具有相应资质的单位承担。

（2）应当编制拆装方案、制定安全施工措施，并由专业技术人员现场监督。

（3）安装完毕后，安装单位应当自检，出具自检合格证明，并向施工单位进行安全使用说明，办理验收手续并签字。

（4）使用达到国家规定的检验检测期限的，必须经具有专业资质的检验检测机构检测合格后方可继续使用。检验检测机构应当对出具的检测结果负责。

第二章　安全员岗位职责及基本要求

第一节　基本条件和岗位职责

一、安全员基本条件

安全员是安全生产和劳动保护工作的监督员和检查员，是政府和企业安全工作的具体执行者，因此要不断提高安全员的基本素质，以提高安全工作的质量。安全员基本知识包括政治、技术、业务等综合方面的内容。

1. 熟悉国家及上级有关安全生产方针政策、法律法规、部门规章、标准及有关规范性文件及企业的安全规章制度；

2. 了解各工种的安全技术操作规程；

3. 具备一定的安全生产管理业务知识；

4. 有较强的安全生产责任心。

二、安全员的岗位职责

1. 认真贯彻执行国家及上级有关安全生产方针政策、法律法规、部门规章、标准及有关规范性文件；

2. 参加编制年度安全措施计划和安全操作规程、安全管理制度的制订工作；

3. 能有效地对安全生产进行现场监督检查，发现生产安全事故隐患，及时向项目负责人和安全生产管理机构报告，及时消除生产安全事故隐患；

4. 能及时制止现场违章指挥、违章作业、违反劳动纪律的行为；

5. 与有关部门配合，做好安全生产宣传教育和培训工作；

6. 指导生产班组开展好班前安全活动及电工的日巡检活动；

7. 督促有关部门人员按规定及时分发和合理使用个人防护用品；

8. 会同有关部门人员做好防尘、防毒、防暑降温和女职工保护工作；

9. 做好工伤事故的统计、分析和报告，能及时、如实报告生产安全事故，参加伤亡事故的调查和处理，协助有关部门人员提出防止事故的措施，并督促按期实现。

第二节　基本知识要求

1. 国家有关安全生产的方针政策、法律法规、部门规章、标准及有关规范性文件，本地区有关安全生产的法规、规章、标准及规范性文件；

2. 重大事故防范、应急救援措施，报告制度、调查处理方法以及防护救护方法；

3. 企业和项目安全生产责任制和安全生产规章制度；

4. 施工现场安全监督检查的内容和方法；

5. 典型事故案例分析。

第三章　建设工程安全生产管理制度

第一节　涉及政府部门的安全生产监督制度

一、建筑施工企业安全生产许可制度

为了严格规范建筑施工企业安全生产条件，进一步加强安全生产监督管理，防止和减少生产安全事故，建设部根据《安全生产许可证条例》、《建设工程安全生产管理条例》等有关行政法规，于2004年7月制定建设部令第128号《建筑施工企业安全生产许可证管理规定》(以下简称《规定》)。

国家对建筑施工企业实行安全生产许可制度。建筑施工企业未取得安全生产许可证的，不得从事建筑施工活动。

《规定》的主要内容如下：

(一) 安全生产许可证的申请条件

建筑施工企业取得安全生产许可证，应当具备下列安全生产条件：

1. 建立、健全安全生产责任制，制定完备的安全生产规章制度和操作规程；

2. 保证本单位安全生产条件所需资金的投入；

3. 设置安全生产管理机构，按照国家有关规定配备专职安全生产管理人员；

4. 主要负责人、项目负责人、专职安全生产管理人员经建设主管部门或者其他有关部门考核合格；

5. 特种作业人员经有关业务主管部门考核合格，取得特种

作业操作资格证书；

6. 管理人员和作业人员每年至少进行一次安全生产教育培训并考核合格；

7. 依法参加工伤保险，依法为施工现场从事危险作业的人员办理意外伤害保险，为从业人员交纳保险费；

8. 施工现场的办公、生活区及作业场所和安全防护用具、机械设备、施工机具及配件符合有关安全生产法律、法规、标准和规程的要求；

9. 有职业危害防治措施，并为作业人员配备符合国家标准或者行业标准的安全防护用具和安全防护服装；

10. 有对危险性较大的分部分项工程及施工现场易发生重大事故的部位、环节的预防、监控措施和应急预案；

11. 有生产安全事故应急救援预案、应急救援组织或者应急救援人员，配备必要的应急救援器材、设备；

12. 法律、法规规定的其他条件。

（二）安全生产许可证的申请与颁发

建筑施工企业从事建筑施工活动前，应当依照《规定》向省级以上建设主管部门申请领取安全生产许可证。中央管理的建筑施工企业（集团公司、总公司）应当向国务院建设主管部门申请领取安全生产许可证，其他的建筑施工企业，包括中央管理的建筑施工企业（集团公司、总公司）下属的建筑施工企业，应当向企业注册所在地省、自治区、直辖市人民政府建设主管部门申请领取安全生产许可证。

建设主管部门应当自受理建筑施工企业的申请之日起45日内审查完毕；经审查符合安全生产条件的，颁发安全生产许可证；不符合安全生产条件的，不予颁发安全生产许可证，书面通知企业并说明理由。企业自接到通知之日起应当进行整改，整改合格后方可再次提出申请。建设主管部门审查建筑施工企业安全生产许可证申请，涉及铁路、交通、水利等有关专业工程时，可以征求铁路、交通、水利等有关部门的意见。

安全生产许可证的有效期为三年。安全生产许可证有效期满需要延期的，企业应当于期满前三个月向原安全生产许可证颁发管理机关申请办理延期手续。企业在安全生产许可证有效期内，严格遵守有关安全生产的法律法规，未发生死亡事故的，安全生产许可证有效期届满时，经原安全生产许可证颁发管理机关同意，不再审查，安全生产许可证有效期延期三年。

建筑施工企业变更名称、地址、法定代表人等，应当在变更后10日内，到原安全生产许可证颁发管理机关办理安全生产许可证变更手续。

建筑施工企业破产、倒闭、撤销的，应当将安全生产许可证交回原安全生产许可证颁发管理机关予以注销。

建筑施工企业遗失安全生产许可证，应当立即向原安全生产许可证颁发管理机关报告，并在公众媒体上声明作废后，方可申请补办。

安全生产许可证申请表采用建设部规定的统一式样。安全生产许可证采用国务院安全生产监督管理部门规定的统一式样，分正本和副本，正、副本具有同等法律效力。

（三）安全生产许可证的监督管理

县级及以上人民政府建设主管部门应当加强对建筑施工企业安全生产许可证的监督管理。建设主管部门在审核发放施工许可证时，应当对已经确定的建筑施工企业是否有安全生产许可证进行审查，对没有取得安全生产许可证的，不得颁发施工许可证。

跨省从事建筑施工活动的建筑施工企业有违反本规定行为的，由工程所在地的省级人民政府建设主管部门将建筑施工企业在本地区违法事实、处理结果和处理建议抄告原安全生产许可证颁发管理机关。

建筑施工企业取得安全生产许可证后，不得降低安全生产条件，并应当加强日常安全生产管理，接受建设主管部门的监督检查。安全生产许可证颁发管理机关发现企业不再具备安全生产条件的，应当暂扣或者吊销安全生产许可证。

安全生产许可证颁发管理机关或者其上级行政机关发现有下列情形之一的，可以撤销已经颁发的安全生产许可证：

1. 安全生产许可证颁发管理机关工作人员滥用职权、玩忽职守颁发安全生产许可证的；

2. 超越法定职权颁发安全生产许可证的；

3. 违反法定程序颁发安全生产许可证的；

4. 对不具备安全生产条件的建筑施工企业颁发安全生产许可证的；

5. 依法可以撤销已经颁发的安全生产许可证的其他情形。依照前款规定撤销安全生产许可证，建筑施工企业的合法权益受到损害的，建设主管部门应当依法给予赔偿。

安全生产许可证颁发管理机关应当建立、健全安全生产许可证档案管理制度，定期向社会公布企业取得安全生产许可证的情况，每年向同级安全生产监督管理部门通报建筑施工企业安全生产许可证颁发和管理情况。

建设主管部门工作人员在安全生产许可证颁发、管理和监督检查工作中，不得索取或者接受建筑施工企业的财物，不得谋取其他利益。

任何单位或者个人对违反本规定的行为，有权向安全生产许可证颁发管理机关或者监察机关等有关部门举报。

(四) 法律责任

违反规定，建设主管部门工作人员有下列行为之一的，给予降级或者撤职的行政处分；构成犯罪的，依法追究刑事责任：

1. 向不符合安全生产条件的建筑施工企业颁发安全生产许可证的；

2. 发现建筑施工企业未依法取得安全生产许可证擅自从事建筑施工活动，不依法处理的；

3. 发现取得安全生产许可证的建筑施工企业不再具备安全生产条件，不依法处理的；

4. 接到对违反本规定行为的举报后，不及时处理的；

5. 在安全生产许可证颁发、管理和监督检查工作中，索取或者接受建筑施工企业的财物，或者谋取其他利益的。

由于建筑施工企业弄虚作假，造成第1项行为的，对建设主管部门工作人员不予处分。

取得安全生产许可证的建筑施工企业，发生重大安全事故的，暂扣安全生产许可证并限期整改。

建筑施工企业不再具备安全生产条件的，暂扣安全生产许可证并限期整改；情节严重的，吊销安全生产许可证。

违反规定，建筑施工企业未取得安全生产许可证擅自从事建筑施工活动的，责令其在建项目停止施工，没收违法所得，并处10万元以上50万元以下的罚款；造成重大安全事故或者其他严重后果，构成犯罪的，依法追究刑事责任。

违反规定，安全生产许可证有效期满未办理延期手续，继续从事建筑施工活动的，责令其在建项目停止施工，限期补办延期手续，没收违法所得，并处5万元以上10万元以下的罚款，逾期仍不办理延期手续，继续从事建筑施工活动的，依照“未取得安全生产许可证”的规定处罚。

违反规定，建筑施工企业隐瞒有关情况或者提供虚假材料申请安全生产许可证的，不予受理或者不予颁发安全生产许可证，并给予警告，一年内不得申请安全生产许可证。

建筑施工企业以欺骗、贿赂等不正当手段取得安全生产许可证的，撤销安全生产许可证，3年内不得再次申请安全生产许可证；构成犯罪的，依法追究刑事责任。

上述规定的暂扣、吊销安全生产许可证的行政处罚，由安全生产许可证的颁发管理机关决定；其他行政处罚，由县级以上地方人民政府建设主管部门决定。

同时，《规定》施行前已依法从事建筑施工活动的建筑施工企业，应当自《安全生产许可证条例》施行之日起（2004年1月13日起）一年内向建设主管部门申请办理建筑施工企业安全生产许可证；逾期不办理安全生产许可证，或者经审查不符合本规定的安全生产条件，未取得安全生产许可证，继续进行建筑施工活动的，依照“未取得安全生产许可证”的规定处罚。

二、建筑施工企业三类人员考核任职制度

依据建设部《关于印发 < 建筑施工企业主要负责人、项目负责人、专职安全生产管理人员安全生产考核管理暂行规定 > 的通知》（建质［2004］59 号）的规定，为贯彻落实《安全生产法》、《建设工程安全生产管理条例》和《安全生产许可证条例》，提高建筑施工企业主要负责人、项目负责人、专职安全生产管理人员安全生产知识水平和管理能力，保证建筑施工安全生产，对建筑施工企业三类人员进行考核认定。三类人员应当经建设行政主管部门或者其他有关部门考核合格后方可任职，考核内容主要是安全生产知识和安全管理能力。

（一）三类人员范围

三类人员是指建筑施工企业的主要负责人、项目负责人和专职安全生产管理人员。

1. 建筑施工企业主要负责人，是指对本企业日常生产经营活动和安全生产工作全面负责、有生产经营决策权的人员，包括企业法定代表人、经理、企业分管安全生产工作的副经理等。

2. 建筑施工企业项目负责人，是指由企业法定代表人授权，负责建设工程项目管理的负责人等。

3. 建筑施工企业专职安全生产管理人员，是指在企业专职从事安全生产管理工作的人员，包括企业安全生产管理机构的负责人及其工作人员和施工现场专职安全生产管理人员。

（二）三类人员考核任职的主要规定

1. 考核的目的和依据

为了提高建筑施工企业主要负责人、项目负责人和专职安全生产管理人员（以下简称建筑施工企业管理人员）的安全生产知识水平和管理能力，保证建筑施工安全生产，根据《安全生产法》、《建设工程安全生产管理条例》和《安全生产许可证条例》

等法律法规，制定三类人员考核任职制度。

2. 考核范围

在中华人民共和国境内从事建设工程施工活动的建筑施工企业管理人员以及实施对建筑施工企业管理人员安全生产考核管理的，必须遵守本规定。

建筑施工企业管理人员必须经建设行政主管部门或者其他有关部门安全生产考核，考核合格取得安全生产考核合格证书后，方可担任相应职务。

3. 三类人员考核的管理工作及相关要求

国务院建设行政主管部门负责全国建筑施工企业管理人员安全生产的考核工作，并负责中央管理的建筑施工企业管理人员安全生产考核和发证工作。

省、自治区、直辖市人民政府建设行政主管部门负责本行政区域内中央管理以外的建筑施工企业管理人员安全生产考核和发证工作。

建筑施工企业管理人员应当具备相应文化程度、专业技术职称和一定安全生产工作经历，并经企业年度安全生产教育培训合格后，方可参加建设行政主管部门组织的安全生产考核。

建筑施工企业管理人员安全生产考核内容包括安全生产知识和管理能力。

建设行政主管部门对建筑施工企业管理人员进行安全生产考核，不得收取考核费用，不得组织强制培训。

安全生产考核合格的，由建设行政主管部门在20日内核发建筑施工企业管理人员安全生产考核合格证书；对不合格的，应通知本人并说明理由，限期重新考核。

建筑施工企业管理人员安全生产考核合格证书由国务院建设行政主管部门规定统一的式样。

建筑施工企业管理人员变更姓名和所在法人单位等，应在一个月内到原安全生产考核合格证书发证机关办理变更手续。

任何单位和个人不得伪造、转让、冒用建筑施工企业管理人员安全生产考核合格证书。

建筑施工企业管理人员遗失安全生产考核合格证书，应在公共媒体上声明作废，并在一个月内到原安全生产考核合格证书发证机关办理补证手续。

建筑施工企业管理人员安全生产考核合格证书有效期为三年。有效期满需要延期的，应当于期满前三个月内向原发证机关申请办理延期手续。

建筑施工企业管理人员在安全生产考核合格证书有效期内，严格遵守安全生产法律法规，认真履行安全生产职责，按规定接受企业年度安全生产教育培训，未发生死亡事故的，安全生产考核合格证书有效期届满时，经原安全生产考核合格证书发证机关同意，不再考核，安全生产考核合格证书有效期延期三年。

建设行政主管部门应当建立、健全建筑施工企业管理人员安全生产考核档案管理制度，并定期向社会公布建筑施工企业管理人员取得安全生产考核合格证书的情况。

建筑施工企业管理人员取得安全生产考核合格证书后，应当认真履行安全生产管理职责，接受建设行政主管部门的监督检查。

建设行政主管部门应当加强对建筑施工企业管理人员履行安全生产管理职责情况的监督检查，发现有违反安全生产法律法规、未履行安全生产管理职责、不按规定接受企业年度安全生产教育培训、发生死亡事故，情节严重的，应当收回安全生产考核合格证书，并限期改正，重新考核。

建设行政主管部门工作人员在建筑施工企业管理人员的安全生产考核、发证和监督检查工作中，不得索取或者接受企业和个人的财物，不得谋取其他利益。

任何单位或者个人对违反本规定的行为，有权向建设行政主管部门或者监察等有关部门举报。

省、自治区、直辖市人民政府建设行政主管部门可以根据本规定制定实施细则。

（三）三类人员安全生产考核要点

1. 建筑施工企业主要负责人

（1）安全生产知识考核要点：

① 国家有关安全生产的方针政策、法律法规、部门规章、标准及有关规范性文件，本地区有关安全生产的法规、规章、标准及规范性文件；

② 建筑施工企业安全生产管理的基本知识和相关专业知识；

③ 重（特）大事故防范、应急救援措施，报告制度及调查处理方法；

④ 企业安全生产责任制和安全生产规章制度的内容、制定方法；

⑤ 国内外安全生产管理经验；

⑥ 典型事故案例分析。

（2）安全生产管理能力考核要点：

① 能认真贯彻执行国家安全生产方针、政策、法规和标准；

② 能有效组织和督促本单位安全生产工作，建立健全本单位安全生产责任制；

③ 能组织制定本单位安全生产规章制度和操作规程；

④ 能采取有效措施保证本单位安全生产所需资金的投入；

⑤ 能有效开展安全检查，及时消除生产安全事故隐患；

⑥ 能组织制定本单位生产安全事故应急救援预案，正确组织、指挥本单位事故应急救援工作；

⑦ 能及时、如实报告生产安全事故；

⑧ 安全生产业绩：自考核之日起，所在企业一年内未发生由其承担主要责任的死亡10人以上（含10人）的重大事故。

2. 建筑施工企业项目负责人

（1）安全生产知识考核要点：

① 国家有关安全生产的方针政策、法律法规、部门规章、标准及有关规范性文件，本地区有关安全生产的法规、规章、标准及规范性文件；

② 工程项目安全生产管理的基本知识和相关专业知识；

③ 重大事故防范、应急救援措施，报告制度及调查处理方法；

④ 企业和项目安全生产责任制和安全生产规章制度内容、制定方法；

⑤ 施工现场安全生产监督检查的内容和方法；

⑥ 国内外安全生产管理经验；

⑦ 典型事故案例分析。

（2）安全生产管理能力考核要点：

① 能认真贯彻执行国家安全生产方针、政策、法规和标准；

② 能有效组织和督促本工程项目安全生产工作，落实安全生产责任制；

③ 能保证安全生产费用的有效使用；

④ 能根据工程的特点组织制定安全施工措施；

⑤ 能有效开展安全检查，及时消除生产安全事故隐患；

⑥ 能及时、如实报告生产安全事故；

⑦ 安全生产业绩：自考核之日起，所管理的项目一年内未发生由其承担主要责任的死亡事故。

3. 建筑施工企业专职安全生产管理人员

（1）安全生产知识考核要点：

① 国家有关安全生产的方针政策、法律法规、部门规章、标准及有关规范性文件，本地区有关安全生产的法规、规章、标准及规范性文件；

② 重大事故防范、应急救援措施，报告制度，调查处理方法以及防护救护方法；

③ 企业和项目安全生产责任制和安全生产规章制度；

④ 施工现场安全监督检查的内容和方法；

⑤ 典型事故案例分析。

（2）安全生产管理能力考核要点：

① 能认真贯彻执行国家安全生产方针、政策、法规和标准；

② 能有效对安全生产进行现场监督检查；

③ 发现生产安全事故隐患，能及时向项目负责人和安全生产管理机构报告，及时消除生产安全事故隐患；

④ 能及时制止现场违章指挥、违章操作行为；

⑤ 能及时、如实报告生产安全事故；

⑥ 安全生产业绩：自考核之日起，所在企业或项目一年内未发生由其承担主要责任的死亡事故。

三、政府安全监督检查制度

（一）建筑安全生产监督管理的含义

依据《建筑安全生产监督管理规定》（中华人民共和国建设部 1991 年第 13 号文件）的内容，建筑安全生产监督管理是指各级人民政府、建设行政主管部门及其授权的建筑安全生产监督机构，对于建筑安全生产所实施的行业监督管理。凡从事房屋建筑、土木工程、设备安装、管线敷设等施工和构配件生产活动的单位及个人，都必须接受建设行政主管部门及其授权的建筑安全生产监督机构的行业监督管理，并依法接受国家安全监察。

建筑安全生产监督管理根据“管生产必须管安全”的原则，贯彻“预防为主”的方针，依靠科学管理和技术进步，推动建筑安全生产工作的开展，控制人身伤亡事故的发生。

（二）《建设工程安全生产管理条例》第五章“监督管理”对建设工程安全生产的监督管理又做了新的明确规定，其主要内容

1. 政府安全监督检查的管理体制；

（1）国务院负责安全生产监督管理的部门依照《中华人民共和国安全生产法》的规定，对全国建设工程安全生产工作实施综合监督管理。

（2）县级以上地方人民政府负责安全生产监督管理的部门依照《中华人民共和国安全生产法》的规定，对本行政区域内建设工程安全生产工作实施综合监督管理。

（3）国务院建设行政主管部门对全国的建设工程安全生产实施监督管理。国务院铁路、交通、水利等有关部门按照国务院规定的职责分工，负责有关专业建设工程安全生产的监督管理。

（4）县级以上地方人民政府建设行政主管部门对本行政区域内的建设工程安全生产实施监督管理。县级以上地方人民政府交通、水利等有关部门在各自的职责范围内，负责本行政区域内的专业建设工程安全生产的监督管理。

2. 政府安全监督检查的职责与权限

（1）建设行政主管部门和其他有关部门应当将依法批准开工报告的建设工程和拆除工程的有关备案资料主要内容，抄送同级负责安全生产监督管理的部门。

（2）建设行政主管部门在审核发放施工许可证时，应当对建设工程是否有安全施工措施进行审查，对没有安全施工措施的，不得颁发施工许可证。

（3）建设行政主管部门或者其他有关部门对建设工程是否有安全施工措施进行审查时，不得收取费用。

（4）县级以上人民政府负有建设工程安全生产监督管理职责的部门在各自的职责范围内履行安全监督检查职责时，有权采取下列措施：

① 要求被检查单位提供有关建设工程安全生产的文件和资料；

② 进入被检查单位施工现场进行检查；

③ 纠正施工中违反安全生产要求的行为；

④ 对检查中发现的安全事故隐患，责令立即排除；重大安全事故隐患排除前或者排除过程中无法保证安全的，责令从危险区域内撤出作业人员或者暂时停止施工。

（5）建设行政主管部门或者其他有关部门可以将施工现场的监督检查委托给建设工程安全监督机构具体实施。

（6）国家对严重危及施工安全的工艺、设备、材料实行淘汰制度。具体目录由国务院建设行政主管部门会同国务院其他有关部门制定并公布。

(7) 县级以上人民政府建设行政主管部门和其他有关部门应当及时受理对建设工程生产安全事故及安全事故隐患的检举、控告和投诉。

县级以上人民政府负有建设工程安全生产监督管理职责的部门在各自的职责范围内履行安全监督检查职责时，有权纠正施工中违反安全生产要求的行为，责令立即排除检查中发现的安全事故隐患，对重大隐患可以责令暂时停止施工。建设行政主管部门或者其他有关部门可以将施工现场的安全监督检查委托给建设工程安全监督机构具体实施。

第二节　施工企业的六项安全生产制度

一、安全生产责任制度

安全生产责任制度就是对各级负责人、各职能部门以及各类施工人员在管理和施工过程中，应当承担的责任做出明确的规定。具体来说，就是将安全生产责任分解到施工单位的主要负责人、项目负责人、班组长以及每个岗位的作业人员身上。安全生产责任制度是施工企业最基本的安全管理制度，是施工企业安全生产管理的核心和中心环节。依据《建设工程安全生产管理条例》和《建筑施工安全检查标准》的相关规定，安全生产责任制度的主要内容如下：

1. 安全生产责任制度主要包括施工企业主要负责人的安全责任，负责人或其他副职的安全责任，项目负责人（项目经理）的安全责任，生产、技术、材料等各职能管理负责人及其工作人员的安全责任，技术负责人（工程师）的安全责任、专职安全生产管理人员的安全责任、施工员的安全责任、班组长的安全责任和岗位人员的安全责任等。

2. 项目对各级、各部门安全生产责任制应规定检查和考核办法，并按规定期限进行考核，对考核结果及兑现情况应有记录。

3. 项目独立承包的工程在签订承包合同中必须有安全生产工作的具体指标和要求。工地由多单位施工时，总分包单位在签订分包合同的同时要签订安全生产合同（协议），签订合同前要检查分包单位的营业执照、企业资质证、安全资格证等。分包队伍的资质应与工程要求相符，在安全合同中应明确总分包单位各自的安全职责，原则上，实行总承包的由总承包单位负责，分包单位向总包单位负责，服从总包单位对施工现场的安全管理。分包单位在其分包范围内建立施工现场安全生产管理制度，并组织实施。

4. 项目的主要工种应有相应的安全技术操作规程，一般应包括：混凝土、木作、钢筋、机械、电气焊、起重司索、信号指挥、塔吊司机、架子、砌筑、拌灰、水暖、油漆等工种，特种作业应另行补充。应将安全技术操作规程列为日常安全活动和安全教育的主要内容，并应悬挂在操作岗位前。

5. 施工现场应按工程规模大小配备专（兼）职安全人员。工程造价在5000万元以内，至少配备一名安全员；5000~10000万元，至少配备2名安全员；10000万元以上，至少配备3名安全员。劳务分包施工人数50人以内，至少配备1安全员；50~200人，至少配备2名安全员。

二、安全生产教育培训制度

（一）教育和培训的时间

根据建设建教［1997］83号文件印发的《建筑企业职工安全培训教育暂行规定》的要求如下：

1. 企业法人代表、项目经理每年不少于30学时；
2. 专职管理和技术人员每年不少于40学时；
3. 其他管理和技术人员每年不少于20学时；
4. 特殊工种每年不少于20学时；

5. 其他职工每年不少于15学时；

6. 待、转、换岗重新上岗前，接受一次不少于20学时的培训；

7. 新工人的公司、项目、班组三级培训教育时间分别不少于15学时、15学时、20学时。

（二）教育和培训的形式与内容

教育和培训按等级、层次和工作性质分别进行，管理人员的重点是安全生产意识和安全管理水平，操作者的重点是遵章守纪、自我保护和提高防范事故的能力。

1. 新工人（包括合同工、临时工、学徒工、实习和代培人员）必须进行公司、项目和班组的三级安全教育。教育内容包括安全生产方针、政策、法规、标准及安全技术知识、设备性能、操作规程、安全制度、严禁事项及本工种的安全操作规程。

2. 电工、焊工、架工、司炉工、爆破工、机操工、起重工、打桩机和各种机动车辆司机等特殊工种工人，除进行一般安全教育外，还要经过本工程的专业安全技术教育。

3. 采用新工艺、新技术、新设备施工和调换工作岗位时，对操作人员进行新技术、新岗位的安全教育。

（三）安全教育和培训的形式

1. 新工人三级安全教育

对新工人或调换工种的工人，必须按规定进行安全教育和技术培训，经考核合格，方准上岗。

三级安全教育是每个刚进企业的新工人必须接受的首次安全生产方面的基本教育，三级安全教育是指公司（即企业）、项目（或工程处、施工处、工区）、班组这三级。对新工人或调换工种的工人，必须按规定进行安全教育和技术培训，经考核合格，方准上岗。

公司级：新工人在分配到施工队之前，必须进行初步的安全教育。教育内容如下：

（1）劳动保护的意义和任务的一般教育；

（2）安全生产方针、政策、法规、标准、规范、规程和安全知识；

（3）企业安全规章制度等。

项目（或工程处，施工处、工区）级：项目级教育是新工人被分配到项目以后进行的安全教育。教育内容如下：

（1）建安工人安全生产技术操作一般规定；

（2）施工现场安全管理规章制度；

（3）安全生产纪律和文明生产要求；

（4）在施工程基本情况，包括现场环境、施工特点、可能存在不安全因素的危险作业部位及必须遵守的事项。

班组级：岗位教育是新工人分配到班组后，开始工作前的一级教育。教育内容如下：

（1）本人从事施工生产工作的性质，必要的安全知识，机具设备及安全防护设施的性能和作用；

（2）本工种安全操作规程；

（3）班组安全生产、文明施工基本要求和劳动纪律；

（4）本工种事故案例剖析、易发事故部位及劳防用品的使用要求。

三级教育的要求：

（1）三级教育一般由企业的安全、教育、劳动、技术等部门配合进行；

（2）受教育者必须经过考试合格后才准予进入生产岗位；

（3）给每一名职工建立职工劳动保护教育卡，记录三级教育、变换工种教育等教育考核情况，并由教育者与受教育者双方签字后入册。

2. 特种作业人员培训

除进行一般安全教育外，还要执行《关于特种作业人员安全技术考核管理规划》（GB5306—85）的有关规定，按国家、行业、地方和企业规定进行本工种专业培训、资格考核，取得《特种作业人员操作证》后上岗。

3. 特定情况下的适时安全教育

（1）季节性，如冬季、夏季、雨雪天、汛台期施工；

（2）节假日前后；

（3）节假日加班或突击赶任务；

（4）工作对象改变；

（5）工种变换；

（6）新工艺、新材料、新技术、新设备施工；

（7）发现事故隐患或发生事故后；

（8）新进入现场等。

4. 三类人员的安全培训教育

施工单位的主要负责人是安全生产的第一责任人，必须经过考核合格后，做到持证上岗。在施工现场，项目负责人是施工项目安全生产的第一责任者，也必须持证上岗，加强对队伍培训，使安全管理进入规范化。

5. 安全生产的经常性教育

企业在做好新工人入场教育、特种作业人员安全生产教育和各级领导干部、安全管理干部的安全生产培训的同时，还必须把经常性的安全教育贯穿于管理工作的全过程，并根据接受教育对象的不同特点，采取多层次、多渠道和多种方法进行。安全生产宣传教育多种多样，应贯彻及时性、严肃性、真实性，做到简明、醒目，具体形式如下：

（1）施工现场（车间）入口处的安全纪律牌；

（2）举办安全生产训练班、讲座、报告会、事故分析会；

（3）建立安全保护教育室，举办安全保护展览；

（4）举办安全保护广播，印发安全保护简报、通报等，办安全保护黑板报、宣传栏；

（5）张挂安全保护挂图或宣传画、安全标志和标语口号；

（6）举办安全保护文艺演出、放映安全保护音像制品；

（7）组织家属做职工安全生产思想工作。

6. 班前安全活动

班组长在班前进行上岗交流、上岗教育，做好上岗记录。

（1）上岗交底。讲清当天的作业环境、气候情况、主要工作内容和各个环节的操作安全要求，以及特殊工种的配合等。

（2）上岗检查。查上岗人员的劳动防护情况，每个岗位周围作业环境是否安全无患，机械设备的安全保险装置是否完好有效，以及各类安全技术措施的落实情况等。

（四）培训效果检查

对安全教育与培训效果的检查主要是以下几个方面：

1. 检查施工单位的安全教育制度。建筑施工单位要广泛开展安全生产的宣传教育，使各级领导和广大职工真正认识到安全生产的重要性、必要性，懂得安全生产、文明施工的科学知识，牢固树立安全第一的思想，自觉地遵守各项安全生产法令和规章制度。因此，企业要建立健全安全教育和培训考核制度。

2. 检查新入厂工人三级安全教育。现在临时劳务工多，发生伤亡事故主要的多在临时劳务工之中，因此在三级安全教育上，应把临时劳务工作为新入厂工人对待。新工人（包括合同工、临时工、学徒工、实习和代培人员）都必须进行三级安全教育。主要检查施工单位、工区、班组对新入厂工人的三级教育考核记录。

3. 检查安全教育内容。安全教育要有具体内容，要把《建筑安装工人安全技术操作规程》作为安全教育的重要内容，做到人手一册。除此以外，企业、工程处、项目经理部、班组都要有具体的安全教育内容。电工、焊工、架工、司炉工、爆破工、机械工及起重工、打桩机和各种机动车辆司机等特殊工种的安全教育内容。经教育合格后，方准独立操作，每年还要年审。对从事有尘毒危害作业的工人，要进行尘毒危害和防治知识教育，并应有安全教育内容。

主要检查每个工人包括特殊工种工人是否人手一册《建筑安装工人安全技术操作规程》，检查企业、工程处、项目经理部、班组的安全教育资料。

4. 检查变换工种时是否进行安全教育。各工种的工人，特别是特殊工种的工人除需懂得一般安全生产知识外，还要知道各自的安全技术操作规程，当采用新技术、新工艺、新设备施工和调换工作岗位时，要对操作人员进行新技术操作和新岗位的安全教育，未经教育不得上岗操作。主要检查变换工种的工人在调换工种时重新进行安全教育的记录；检查采用新技术、新工艺、新设备施工时，应有进行新技术操作安全教育的记录。

5. 检查工人对本工种安全技术操作规程的熟悉程度。该条是考核各工种工人掌握《建筑工人安全技术操作规程》的熟悉程度，也是施工单位对各工种工人安全教育效果的检验。按《建筑工人安全技术操作规程》的内容，到施工现场（车间）进行随机抽查各工种工人对本工种安全技术操作规程的问答，各工种工人可抽 2 人以上进行问答。

6. 施工管理人员的年度培训。各级建设行政主管部门若有文件规定施工单位的施工管理人员进行年度有关安全生产方面的培训，施工单位应严格执行之，并应规定施工管理人员每年进行次有关安全生产工作的培训学习，同时要检查施工管理人员是否进行年度培训的记录。

7. 检查专职安全员的年度培训考核情况。建设部、各省、自治区、直辖市建设行政主管部门规定专职安全员要进行年度培训考核，具体由县级、地区（市）级建设行政主管部门经办。建筑企业应根据上级建设行政主管部门的规定，对本企业的专职安全员进行年度培训考核，提高专职安全员的专业技术水平和安全生产工作的管理水平。按上级建设行政管理部门和本企业有关安全生产管理文件，核查专职安全员是否进行年度培训考核及考核是否合格，未进行安全培训的或考核不合格的，是否仍在岗工作等。

三、专项施工方案专家论证审查制度

依据《建设工程安全生产管理条例》第二十六条的规定：施工单位应当在施工组织设计中编制安全技术措施和施工现场临时用电方案，对下列达到一定规模的危险性较大的分部分项工程编制专项施工方案，并附具安全验算结果，经施工单位技术负责人、总监理工程师签字后实施，由专职安全生产管理人员进行现场监督：

1. 基坑支护与降水工程；
2. 土方开挖工程；
3. 模板工程；
4. 起重吊装工程；
5. 脚手架工程；
6. 拆除、爆破工程；
7. 国务院建设行政主管部门或者其他有关部门规定的其他危险性较大的工程。

对前款所列工程中涉及深基坑、地下暗挖工程、高大模板工程的专项施工方案，施工单位还应当组织专家进行论证、审查。

对于“专项施工方案专家论证审查制度”的具体要求，如对专家的要求、对论证结果的要求及相应的责任问题等，暂时还没有更详细的制度去约束。

四、施工现场消防安全责任制度

（一）防火制度的建立

1. 施工现场都要建立、健全防火检查制度；
2. 成立义务消防队，人数不少于施工总人数的10%；
3. 建立动用明火审批制度，按规定划分级别，审批手续完善，并有监护措施。

（二）消防器材的配备

1. 临时搭设的建筑物区域内，每100m^{2}配备2只10L灭火器；

2. 大型临时设施总面积超过 1200m^2 时，应备有专供消防用的积水桶（池）、黄砂池等设施，上述设施周围不得堆放物品；

3. 临时木工间、油漆间和木、机具间等每 25 ㎡配备一只种类合适的灭火器，油库危险品仓库应配备足够数量、种类合适的灭火器；

4. 24m 高度以上施工现场，应设置具有足够扬程的高压水泵或其他防火设备和设施。

（三）施工现场的防火要求

1. 各单位在编制施工组织设计时，施工总平面图、施工方法和施工技术均要符合消防安全要求；

2. 施工现场应明确划分用火作业、易燃可燃材料堆场、仓库、易燃废品集中站和生活区等区域；

3. 施工现场夜间应有照明设备，保持消防车通道畅通无阻，并要安排力量加强值班巡逻；

4. 施工作业期间需搭设临时性建筑时，必须经施工企业技术负责人批准，施工结束应及时拆除，但不得在高压架空线路下面搭设临时性建筑物或堆放可燃物品；

5. 施工现场应配备足够的消防器材，指定专人维护、管理、定期更新，保证完整好用；

6. 在土建施工时，应先将消防器材和设施配备好，有条件的，应敷设好消防水管和消防栓；

7. 焊、割作业点与氧气瓶、电石桶和乙炔发生器等危险物品的距离不得少于 10m，与易燃易爆物品的距离不得少于 30m，如达不到上述要求的，应执行动火审批制度，并采取有效的安全隔离措施；

8. 乙炔发生器和氧气瓶的存放距离不得小于 2m，使用时，二者的距离不得小于 5m；

9. 氧气瓶、乙炔发生器等焊割设备上的安全附件应完整有效，否则不准使用；

10. 施工现场的焊、割作业，必须符合防火要求，严格执行“十不烧”规定；

11. 冬期施工采用保温加热措施时，应符合以下要求：

（1）采用电热器加温，应设电压调整器控制电压，导线应绝缘良好，连接牢固，并在现场设置多处测量点；

（2）采用锯末生石灰蓄热，应选择安全配方比，并经工程技术人员同意后方可使用；

（3）采用保温或加热措施前，应进行安全教育，施工过程中，应安排专人巡逻检查，发现隐患及时处理。

12. 施工现场的动火作业，必须执行审批制度：

（1）一级动火作业由所在单位行政负责人填写动火申请表，编制安全技术措施方案，报公司保卫部门及消防部门审查批准后，方可动火；

（2）二级动火作业由所在工地、车间的负责人填写动火申请表，编制安全技术措施方案，报本单位主管部门审查批准后，方可动火；

（3）三级动火作业由所在班组填写动火申请表，经工地、车间负责人及主管人员审查批准后，方可动火；

（4）古建筑和重要文物单位等场所动火作业，按一级动火手续上报审批。

五、生产安全事故应急救援制度

（一）应急救援预案的主要规定：

1. 县级以上地方人民政府建设行政主管部门应当根据本级人民政府的要求，制定本行政区域内建设工程特大生产安全事故应急救援预案。

2. 施工单位应当制定本单位生产安全事故应急救援预案，建立应急救援组织或者配备应急救援人员，配备必要的应急救援器材、设备，并定期组织演练。

3. 施工单位应当根据建设工程施工的特点、范围，对施工现场易发生重大事故的部位、环节进行监控，制定施工现场生产安全事故应急救援预案。实行施工总承包的，由总承包单位统一组织编制建设工程生产安全事故应急救援预案，工程总承包单位和分包单位按照应急救援预案，各自建立应急救援组织或者配备应急救援人员，配备救援器材、设备，并定期组织演练。

4. 工程项目经理部应针对可能发生的事故制定相应的应急救援预案。准备应急救援的物资，并在事故发生时组织实施，防止事故扩大，以减少与之有关的伤害和不利环境影响。

（二）现场应急预案的编制和管理

1. 编制、审核和确认

（1）现场应急预案的编制

应急预案的编制应与安保计划同步编写。根据对危险源与不利环境因素的识别结果，确定可能发生的事故或紧急情况的控制措施失效时所采取的补救措施和抢救行动，以及针对可能随之引发的伤害和其他影响所采取的措施。

应急预案是规定事故应急救援工作的全过程。

应急预案适用于项目部施工现场范围内可能出现的事故或紧急情况的救援和处理。

——应急预案中应明确：应急救援组织、职责和人员的安排，应急救援器材、设备的准备和平时的维护保养。

——在作业场所发生事故时，如何组织抢救，保护事故现场的安排，其中应明确如何抢救，使用什么器材、设备。

——应明确内部和外部联系的方法、渠道，根据事故性质，制定在多少时间内由谁如何向企业上级、政府主管部门和其他有关部门、需要通知有关的近邻及消防、救险、医疗等单位的联系方式。

——工作场所内全体人员如何疏散的要求。

——应急救援的方案（在上级批准以后），项目部还应根据实际情况定期和不定期举行应急救援的演练，检验应急准备工作的能力。

（2）现场应急预案的审核和确认：

由施工现场项目经理部的上级有关部门，对应急预案的适宜性进行审核和确认。

2. 现场应急救援预案的内容

应急救援预案可以包括下列内容，但不局限于下列内容：

（1）目的；

（2）适用范围；

（3）引用的相关文件；

（4）应急准备：

领导小组组长、副组长及联系电话；组员、办公场所（指挥中心）及电话。项目经理部应急救援指挥流程图。

急救工具、用具（列出急救的器材、名称）。

（5）应急响应：

① 一般事故的应急响应：

当事故或紧急情况发生后，应明确由谁向谁汇报，同时采取什么措施防止事态扩大。现场领导如何组织处理，同时，在多少时间内向公司领导或主管部门汇报。

② 重大事故的应急响应：

重大事故发生后，由谁在最短时间内向项目领导汇报，如何组织抢救，由谁指挥，配合对伤员、财物的急救处理，防止事故扩大。

项目部立即汇报：向内汇报，多少时间、报告哪个部门、报告的内容；向外报告，什么事故，可以由项目部门直接向外报警，什么事故应由项目部上级公司向有关上级部门上报。

（6）演练和预案的评价及修改：

项目部还应规定平时定期演练的要求和具体项目。

演练或事故发生后，对应急救援预案的实际效果进行评价和修改预案的要求。

六、意外伤害保险制度

根据《建筑法》第四十八条规定，建筑职工意外伤害保险是法定的强制性保险，也是保护建筑业从业人员合法权益、转移企业事故风险、增强企业预防和控制事故能力、促进企业安全生产的重要手段。中华人民共和国建设部于2003年5月23日公布了《建设部关于加强建筑意外伤害保险工作的指导意见》（建质[2003]107号），从九个方面对加强和规范建筑意外伤害保险工作提出了较详尽的规定，明确了建筑施工企业应当为施工现场从事施工作业和管理的人员，在施工活动过程中发生的人身意外伤亡事故提供保障，办理建筑意外伤害保险、支付保险费，范围应当覆盖工程项目。同时，还对保险期限、金额、保费、投保方式、索赔、安全服务及行业自保等都提出了指导性意见，其内容如下：

（一）建筑意外伤害保险的范围

建筑施工企业应当为施工现场从事施工作业和管理的人员，在施工活动过程中发生的人身意外伤亡事故提供保障，办理建筑意外伤害保险，支付保险费。范围应当覆盖工程项目。已在企业所在地参加工伤保险的人员，从事现场施工时仍可参加建筑意外伤害保险。

各地建设行政主管部门可根据本地区实际情况，规定建筑意外伤害保险的附加险要求。

（二）建筑意外伤害保险的保险期限

保险期限应涵盖工程项目开工之日到工程竣工验收合格日。提前竣工的，保险责任自行终止。因延长工期的，应当办理保险顺延手续。

（三）建筑意外伤害保险的保险金额

各地建设行政主管部门结合本地区实际情况，确定合理的最低保险金额。最低保险金额要能够保障施工伤亡人员得到有效的经济补偿。施工企业办理建筑意外伤害保险时，投保的保险金额不得低于此标准。

（四）建筑意外伤害保险的保险费

保险费应当列入建筑安装工程费用。保险费由施工企业支付，施工企业不得向职工摊派。

施工企业和保险公司双方应本着平等协商的原则，根据各类风险因素商定建筑意外伤害保险费率，提倡差别费率和浮动费率。差别费率可与工程规模、类型、工程项目风险程度和施工现场环境等因素挂钩。浮动费率可与施工企业安全生产业绩、安全生产管理状况等因素挂钩。对重视安全生产管理、安全业绩好的企业可采用下浮费率；对安全生产业绩差、安全管理不善的企业可采用上浮费率。通过浮动费率机制，激励投保企业安全生产的积极性。

（五）建筑意外伤害保险的投保

施工企业应在工程项目开工前，办理完投保手续。鉴于工程建设项目施工工艺流程中各工种调动频繁、用工流动性大，投保应实行不记名和不计人数的方式。工程项目中有分包单位的由总承包施工企业统一办理，分包单位合理承担投保费用。业主直接发包的工程项目由承包企业直接办理。

各级建设行政主管部门要强化监督管理，把在建工程项目开工前是否投保建筑意外伤害保险情况作为审查企业安全生产条件的重要内容之一；未投保的工程项目，不予发放施工许可证。

投保人办理投保手续后，应将投保有关信息以布告形式张贴于施工现场告之被保险人。

（六）关于建筑意外伤害保险的索赔

建筑意外伤害保险应规范和简化索赔程序，搞好索赔服务。各地建设行政主管部门要积极创造条件，引导投保企业在发生意外事故后立即向保险公司提出索赔，使施工伤亡人员能够得到及时、足额的赔付。各级建设行政主管部门应设置专门电话接受举报，凡被保险人发生意外伤害事故，企业和工程项目负责人隐瞒不报、不索赔的，要严肃查处。

（七）关于建筑意外伤害保险的安全服务

施工企业应当选择能提供建筑安全生产风险管理、事故防范等安全服务和有保险能力的保险公司，以保证事故后能及时补偿与事故前能主动防范。目前还不能提供安全风险管理和事故预防的保险公司，应通过建筑安全服务中介组织向施工企业提供与建筑意外伤害保险相关的安全服务。建筑安全服务中介组织必须拥有一定数量、专业配套、具备建筑安全知识和管理经验的专业技术人员。

安全服务内容可包括施工现场风险评估、安全技术咨询、人员培训、防灾防损设备配置、安全技术研究等。施工企业在投保时可与保险机构商定具体服务内容。

各地建设行政主管部门应积极支持行业协会或者其他中介组织开展安全咨询服务工作，大力培育建筑安全中介服务市场。

（八）关于建筑意外伤害保险行业自保

一些地区结合建筑行业高风险特点，采取建筑意外伤害保险行业自保或企业联合自保形式，并取得一定的成功经验。有条件的省（自治区、市）可根据本地的实际情况，研究探索建筑意外伤害保险行业自保。

第四章　施工安全强制性标准

第一节　临 时 用 电

《施工现场临时用电安全技术规范》（JGJ46—2005）（节选）

1.0.3　建筑施工现场临时用电工程专用的电源中性点直接接地的220/380V三相四线制低压电力系统，必须符合下列规定：

1. 采用三级配电系统；

2. 采用TN-S接零保护系统；

3. 采用二级漏电保护系统。

3.1.4　临时用电组织设计变更时，必须履行“编制、审核、批准”程序，由电气工程技术人员组织编制，经相关部门审核及具有法人资格企业的技术负责人批准后实施。变更用电组织设计时应补充有关图纸资料。

3.1.5　临时用电工程必须经编制、审核、批准部门和使用单位共同验收，合格后方可使用。

3.3.4　临时用电工程定期检查应按分部、分项工程进行，对安全隐患必须及时处理，并应履行复查验收手续。

5.1.1　在施工现场专用变压器的供电的TN-S接零保护系统中，电气设备的金属外壳必须与保护零线连接。保护零线应由工作接地线、配电室（总配电箱）电源侧零或总漏电保护器电源侧零线处引出。

5.1.2　当施工现场与外电线路共用同一供电系统时，电气设备的接地、接零保护应与原系统保持一致。不得一部分设备做保护接零，另一部分做保护接地。

采用TN系统作为保护零线时，工作零线（N线）必须通过总漏电保护器，保护零线（PE线）必须由电源进线零线重复接地处或总漏电保护器侧零线处，引起形成局部TN-S接零保护系统。

5.3.1 PE线上严禁装设开关或熔断器，严禁通过工作电流且严禁断线。

5.3.2 TN系统中的保护零线除必须在配电室或总配电箱处做重复接地外，还必须在配电系统中的中间处和末端处做重复接地。

在TN系统中，保护零线每一处重复接地装置的接地电阻值不应大于10Ω。在工作接地电阻允许达到10Ω的电力系统中，所有重复接地的等效电阻值不应大于10Ω。

5.4.7 做好防雷接地，机械上的电器设备所连接的PE线必须同时做重复接地，同一台机械上电器设备的重复接地和机械的防雷接地可共用同一接地体。

6.1.6 配电柜应装设电源隔离开关及短路、过载、漏电保护电器。电源隔离开关分断时应有明显可见分段点。

6.1.8 配电柜或配电线路停电维修时，应挂接地线，并应悬挂“禁止合闸、有人工作”停电标志牌。停送电必须由专人负责。

6.2.3 发电机组电源必须与外电线路电源连锁，严禁并列运行。

6.2.7 发电机组并列运行时，必须装设同期装置，并自机组同步运行后再向负载供电。

7.2.1 电缆中必须包含全部工作芯线和用作保护零线或保护线的芯线。需要三相四线制配电的电缆线路必须采用五芯电缆。

五芯电缆必须包含淡蓝、绿/黄两种颜色绝缘芯线。淡蓝色芯线必须用作N线；绿/黄色芯线必须用作PE线，严禁混用。

7.2.3 电缆线路应采用埋地或架空敷设，严禁沿地面明设，并应避免机械损伤和介质腐蚀。

8.1.3 每台用电设备必须由各自专用的开关箱，严禁用同一个开关箱直接控制2台及2台以上的用电设备（含插座）。

8.1.11 配电箱的电器安装板上必须设N线端子板和PE线端子板。N线端子板必须与金属电器安装板绝缘；PE线端子板必须与金属电器安装板做电器连接。

进出线中的N线必须通过N线端子板连接；PE线必须通过PE线端子板连接。

8.2.10 开关箱中漏电保护器的额定漏电动作电流不应大于30mA，额定漏电动作时间不应大于0.1s。

适用于潮湿或有腐蚀介质场所的漏电保护器应采用防溅型产品，其额定漏电动作电流不应大于15mA，额定漏电动作时间不应大于0.1s。

8.2.11 总配电箱中漏电保护器的额定漏电动作电流应大于30mA，额定漏电动作时间应大于0.1s，但其额定漏电动作电流与额定漏电动作电流余额顶楼点时间的乘积不应大于30mA·s。

8.2.15 配电箱、开关箱的电源进线端严禁采用插头和插座作为活动连接。

8.3.4 对配电箱、开关箱进行定期维修、检查时，必须将其前一级相应的电源隔离开关分闸断电，并悬挂“禁止合闸，有人工作”停电标示牌，严禁带电作业。

9.7.3 对混凝土搅拌机、钢筋加工机械、盾构机械等设备进行清理、检查、维修时，必须首先将其开关箱分闸断电，呈现可见电源分断点，并关门上锁。

10.2.2 下列特殊场所应使用安全特低电压照明电器：

1. 隧道、人防工程、高温、有导电灰尘、比较潮湿或等距离地面高度低于2.5m等场所的照明，电源电压不应大于36V；

2. 潮湿和易触及带电体场所的照明，电源电压不得大于24V；

3. 特别潮湿场所、导电良好的地面、锅炉或金属容器内的照明，电源电压不得大于12V。

10.2.5 照明变压器必须使用双绕组型安全隔离变压器，严禁使用自耦变压器。

10.3.11 对夜间影响飞机或车辆通行的在建工程及机械设备，必须设置醒目的红色信号灯，其电源应设在施工现场总电闸开关的前侧，并应设置外电线路停止供电时的应急自备电源。

第二节 高处作业

《建筑施工高处作业安全技术规范》(JGJ80—91)(节选)

2.0.7 雨天和雪天进行高处作业时，必须采取可靠的防滑、防寒和防冻措施。凡水、冰、霜、雪均应及时清除。

对进行高处作业的高耸建筑物，应事先设置避雷设施。遇有六级以上强风、浓雾等恶劣气候，不得进行露天攀登与悬空高处作业。暴风雪及台风暴雨后，应对高处作业安全设施逐一加以检查，发现有松动、变形、损坏或脱落等现象，应立即修理完善。

2.0.9 防护棚搭设与拆除时，应设警戒区，并应派专人监护。严禁上下同时拆除。

3.1.1 对临边高处作业，必须设置防护措施，并符合下列规定：

1. 基坑周边，尚未安装栏杆或栏板的阳台、料台与挑出平台周边、雨篷与挑檐边、无外脚手架的屋面与楼层周边及水箱与水塔周边等处，都必须设置防护栏杆。

2. 分层施工的楼梯口和梯段边，必须安装临时护栏。顶层楼梯口应随工程结构进度安装正式防护栏杆。

3. 井架与施工用电梯和脚手架等与建筑物通道的两侧边，必须设防护栏杆。地面通道上部应装设安全防护棚。双笼井架通道中间，应予分隔封闭。

4. 各种垂直运输接料平台，除两侧设防护栏杆外，平台口还应设置安全门或活动防护栏杆。

3.1.3 搭设临边防护栏杆时，必须符合下列要求：

1. 防护栏杆应由上、下两道横杆及栏杆柱组成，上杆离地高度为1.0～1.2m，下杆离地高度为0.5～0.6m。坡度大于1:2.2的屋面，防护栏杆应高1.5m，并加挂安全立网。除经设计计算外，横杆长度大于2m时，必须加设栏杆柱。

2. 栏杆柱的固定及其与横杆的连接，其整体构造应使防护栏杆在杆上任何处，能经受任何方向的1000N外力。当栏杆所处位置有发生人群拥挤、车辆冲击或物件碰撞等可能时，应加大横杆截面或减小柱距。

3. 护栏栏杆必须自上而下用安全立网封闭，或在栏杆下边设置严密固定的高度不低于180mm的挡脚板或400mm的挡脚笆。挡脚板与挡脚笆上如有孔眼，不应大于25mm。板与笆下边距离底面的空隙不应大于10mm，接料平台两侧的栏杆必须自上而下加挂安全立网或满扎竹笆。

4. 当临边的外侧面临街道时，除防护栏杆外，敞口立面必须采取满挂安全网或其他可靠的措施作全封闭处理。

3.2.1 进行洞口作业以及在因工程和工序需要而产生的，使人和物有坠落危险或危及人身安全的其他洞口进行高处作业时，必须按下列规定设置防护设施：

1. 板与墙的洞口，必须设置牢固的盖板、防护栏杆、安全网或其他防坠落的防护设施。

2. 电梯井口必须设防护栏杆或固定栅门，电梯井内应每隔两层并最多隔10m设一道安全网。

3. 钢管桩、钻孔桩等桩孔上口，杯形、条形基础上口，未填土的坑槽，以及人孔、天窗、地板门等处，均应按洞口防护设置稳固的盖件。

4. 施工现场通道附近的各类洞口与坑槽等处，除设置防护设施与安全标志外，夜间还应设红灯示警。

3.2.2 洞口根据具体情况采取设防护栏杆、加盖件、张挂安全网与装栅门等措施时，必须符合下列要求：

1. 边长在1500mm以上的洞口，四周设防护栏杆，洞口下方设安全平网。

2. 位于车辆行驶道旁的洞口、深沟与管道坑、槽，所加的盖板应能承受不小于当地额定卡车后轮有效承载力2倍的荷载。

3. 下边沿至楼板或底面低于800mm的窗台等竖向洞口，如侧边落差大于2m时，应加设1.2m高的临时护栏。

4. 对邻近的人与物有坠落危险性的其他竖向的孔、洞口，均应予以盖设或加以防护，并有固定其位置的措施。

4.1.5 梯脚底部应坚实，不得垫高使用。梯子的上端应有固定措施。立梯不得有缺档。

4.1.6 梯子如需接长使用，必须有可靠的连接措施，且接头不得超过1处。连接后梯梁的强度，不应低于单梯梯梁的强度。

4.1.8 固定式直爬梯应用金属材料制成。梯宽不应大于500mm支撑应采用不小于∟70×6的角钢，埋设与焊接均必须牢固。梯子顶端的踏棍应与攀登的顶面齐平，并加设1~1.5m高的扶手。

使用直爬梯进行攀登作业时，攀登高度超过8m，必须设置梯间平台。

4.1.9 作业人员应从规定的通道上下，不得在阳台之间等非规定通道进行攀登，也不得任意利用吊车臂架等施工设备进行攀登。

上下梯子时，必须面向梯子，且不得手持器物。

4.2.1 悬空作业处应有牢靠的立足处，并必须视具体情况，配置防护拦网、栏杆或其他安全设施。

4.2.3 构件吊装和管道安装时的悬空作业，必须遵守下列规定：

1. 悬空安装大模板、吊装第一块预制构件、吊装单独的大中型预制构件时，必须站在操作平台上操作。吊装中的大模板和预制构件以及石棉水泥板等屋面板上，严禁站人和行走。

2. 安装管道时必须有已完成结构或操作平台为立足点，严禁在安装中的管道上站立和行走。

4.2.4 模板支撑和拆卸时的悬空作业，必须遵守下列规定：

1. 支模应按规定的作业程序进行，模板未固定前不得进行下一道工序。严禁在连接件和支撑件上攀登，并严禁在同一垂直面上装、拆模板。结构复杂的模板，装、拆应严格按照施工组织设计的程序进行。

2. 支设悬挑形式的模板时，应有稳固的立足点。支设悬空构筑物模板时，应搭设支架或脚手架。模板上有预留洞时，应在安装后将洞盖没。混凝土板上拆模后形成的毛边或洞口，应进行防护。

高处拆模作业，应配置登高用具或搭设支架。

4.2.5 钢筋绑扎时的悬空作业，必须遵守下列规定：

1. 绑扎钢筋和安装钢筋骨架时，必须搭设脚手架和马道。

2. 绑扎圈梁、挑梁、挑檐、外墙和边柱等钢筋时，应搭设操作台架和张挂安全网。

3. 悬空大梁钢筋的绑扎，必须在满铺脚手板的支架或操作平台上操作。

4.2.6 混凝土浇筑时的悬空作业，必须遵守下列规定：

1. 浇筑离地 2m 以上框架、过梁和雨篷和小平台时，应设操作平台，不得直接站在模板或支撑件上操作。

2. 浇筑拱形结构，应自两边拱脚对称地相向进行。浇筑储仓，下口应先行封闭，并搭设脚手架以防人员坠落。

3. 特殊情况下如无可靠的安全设施，必须系好安全带并扣好保险钩，并架设安全网。

4.2.8 悬空进行门窗作业时，必须遵守下列规定：

1. 安装门（窗）、油漆及安装玻璃时，严禁操作人员站在樘子、阳台栏板上操作；门（窗）临时固定、封填材料未达到强度、以及电焊时，严禁手拉门、窗进行攀登。

2. 在高处外墙安装门、窗，无外脚手架时，应张挂安全网。无安全网时，操作人员应系好安全带，其保险钩应挂在操作人员上方的可靠协件上。

3. 进行各项窗口作业时，操作人员的重心应位于室内，不得在窗台上站立，必要时应系好安全带进行操作。

5.1.1 移动式操作平台，必须符合下列规定：

1. 装设轮子的移动式操作平台，轮子与平台的接合处应牢固可靠立柱底端离地面不得超过80mm。

2. 操作平台四周必须按临边作业要求设置防护栏杆，并应布置登高扶梯。

5.1.2 悬挑式钢平台，必须符合下列规定：

1. 悬挑式操作钢平台应按现行的相应规范进行设计，其结构构造应能防止左右晃动，计算书及图纸应编入施工组织设计。

2. 悬挑式钢平台的搁支点与上部拉结点，必须位于建筑物上，不得设置在脚手架等施工设施上。

3. 应设置4个经过验算的吊环。吊运平台时应使用卡环，不得使吊钩直接钩挂吊环。吊环应用甲类3号沸腾钢制作。

4. 钢平台安装时，钢丝绳应采用专用的挂钩挂牢，采取其他方式时卡头的卡子不得少于3个。建筑物锐角利口围系钢丝绳处应加衬软垫物，钢平台外口应略高于内口。

5. 钢平台左右两侧必须装置固定的防护栏杆。

6. 钢平台吊装，需待横梁支撑点电焊固定，接好钢丝绳，调整完毕，经过检查验收，方可松卸起重吊钩，上下操作。

7. 钢平台使用时，应有专人进行检查，发现钢丝绳有锈蚀损坏应及时调换，焊缝脱焊应及时修复。

5.1.3 操作平台上应显著地标明容许荷载值。操作平台上人员和物料的总重量，严禁超过设计的容许荷载。应配备专人加以监督。

5.2.1 支模、粉刷、砌墙等各工种进行上下立体交叉作业时，不得在同一垂直方向上操作。下层作业的位置，必须处于依上层高度确定的可能坠落范围半径之外。不符合以上条件时，应设置安全防护层。

5.2.3 钢模板部件拆除后，临时堆放处离楼层边沿不应小于1m，堆放高度不得超过1m。楼层边口、通道口、脚手架边缘等处，严禁堆放任何拆下物件。

5.2.5 由于上方施工可能坠落物件或处于起重机把杆回转范围之内的通道，在其受影响的范围内，必须搭设顶部能防止穿透的双层防护廊。

第三节 机械使用

《建筑机械使用安全技术程》（JGJ33—2001）（节选）

2.0.1 操作人员应体检合格，无妨碍作业的疾病和生理缺陷，应经过专业培训、考核合格并取得建设行政主管部门颁发的操作证或公安部门颁发的机动车驾驶执照后，方可持证上岗。学员应在专人指导下进行工作。

2.0.5 在工作中操作人员和配合作业人员必须按规定穿戴劳动保护用品，长发应束紧不得外露，高处作业时必须系安全带。

2.0.8 机械必须按照出厂使用说明书规定的技术性能、承载能力和使用条件，正确操作，合理使用，严禁超载作业或任意扩大使用范围。

2.0.9 机械上的各种安全防护装置及监测、指示、仪表、报警等自动报警、信号装置应完好齐全，有缺损时应及时修复。安全防护装置不完整或已失效的机械不得使用。

2.0.15 变配电所、乙炔站、氧气站、空气压缩机房、发电机房、锅炉房等易于发生危险的场所，应在危险区域界限处，设置围栅和警告标志，非工作人员未经批准不得入内。挖掘机、起重机、打桩机等重要作业区域，应设立警告标志及采取现场安全措施。

2.0.16 在产生对人体有害的气体、液体、尘埃、渣滓、放射性射线、振动、噪声等场所工作，必须配置相应的安全保护设备和三废处理装置；在隧道、沉井基础施工中，应采取通风等措施，使有害物限制在规定的限度内。

3.1.7 严禁利用大地作工作零线，不得借用机械本身金属结构作工作零线。

3.1.8 电气设备的每个保护接地或保护接零点必须用单独的接地（零）线与接地干线（或保护零线）相连接。严禁在一个接地（零）线中串接几个接地（零）点。

3.1.11 严禁带电作业或采用预约停送电时间的方式进行电气检修。检修前必须先切断电源并在电源开关上挂“禁止合闸，有人工作”的警告牌。警告牌的挂、取应有专人负责。

3.1.14 发生人身触电时，应立即切断电源，然后方可对触电者作紧急救护。严禁在未切断电源之前与触电者直接接触。

3.6.17 各种电源导线严禁直接绑扎在金属上。

3.6.19 配电箱电力容量在15kV以上的电源开关严禁采用瓷底胶木刀型开关。4.5kW以上的电动机不得用刀型开关直接启动。各种刀型开关应采用静触头接电源，动触头接载荷，严禁倒接线。

3.7.14 使用射钉枪时应符合下列要求：

1. 严禁用手掌推压钉管和将枪口对准人；
2. 击发时，应将射钉枪垂直压紧在工作面上，当两次扣动扳机，子弹均不击发时，应保持原射击位置数秒钟后，再退出射钉弹；
3. 在更换零件或断开射钉枪之前射枪内均不得装有射钉弹。

4.1.5 起重吊装的指挥人员必须持证上岗。

4.1.8 起重机的变幅指示器、力矩限制器、起重量限制器以及各种行程限位开关等安全保护装置，应完好齐全，灵敏可靠，不得随意调整或拆除。严禁利用限制器和限位装置代替操纵机构。

4.1.10 起重机作业时，起重臂和重物下方严禁有人停留、工作或通过。重物吊运时，严禁从人上方通过。严禁用起重机载运人员。

4.1.12 严禁使用起重机进行斜拉、斜吊和起吊地下埋设或凝固在地面上的重物以及其他不明重量的物体。

4.1.16 严禁将被吊重物长时间悬在空中，作业中遇突发故障，应采取措施将重物降落到安全地方，并关闭发动机或切断电源后进行检修。在突然停电时，应立即把所有控制器拨到零位，断开电源总开关，并采取措施使重物降到地面。

4.2.6 起重机变幅应缓慢平稳，严禁在起重臂未停稳前变换挡位；起重机载荷达到额定起重量的90%及以上时，严禁下降起重臂。

4.2.10 当起重机需带载行走时，载荷不得超过允许起重量的70%，行走道路应坚实平整，重物应在起重机正前方，重物离地面不得大于500mm，并应拴好拉绳，缓慢行驶。严禁长距离带载行驶。

4.2.12 起重机上下坡道时应无载行走，上坡时应将起重臂仰角适当放小，下坡时应将起重臂仰角适当放大。严禁下坡空挡滑行。

4.3.21 行驶时，严禁人员在底盘走台上站立或蹲坐，并不得堆放物件。

4.4.6 起重机的拆装必须由取得建设行政主管部门颁发的拆装资质证书的专业队进行，并应有技术和安全人员在场监护。

4.4.42 起重机载人专用电梯严禁超员，其断绳保护装置必须可靠。当起重机作业时，严禁开动电梯。电梯停用时，应降至塔身底部位置，不得长时间悬在空中。

4.4.47 动臂式和未附重的自升式塔式起重机，塔身上不得悬挂标语牌。

4.7.8 卷筒上的钢丝绳应排列整齐，当重叠或斜绕时，应停机重新排列，严禁在转动中用手拉或脚踩钢丝绳。

5.1.3 作业前，应查明施工场地明、暗设置物（电线、地下电缆、管道、坑道等）的地点及走向，并采用明显记号表示。严禁在距电缆1m以内作业。

5.1.5 机械运行中，严禁接触转动部位和进行检修。在修理（焊、铆等）工作装置时，应使其降到最低位置，并应在悬空部位垫上垫木。

5.1.9 在施工中遇下列情况之一时应立即停工，待符合作业安全条件时，方可继续施工：

1. 填挖区土体不稳定，有发生坍塌危险时；
2. 气候突变，发生暴雨、水位暴涨或山洪暴发时；
3. 在爆破警戒区内发生爆破信号时；
4. 地面涌水冒泥，出现陷车或因雨发生坡道打滑时；
5. 工作面净空不足以保证安全作业时；
6. 施工标志、防护设施损毁失效时。

5.1.10 配合机械作业的清底、平地、修坡等人员，应在机械回转半径以外工作，当必须在回转半径以内工作时，应停止机械回转并做好制动后，方可作业。

5.3.12 在行驶或作业中，除驾驶室外，挖掘装载机任何地方均严禁乘坐或站立人员。

5.4.8 推土机行驶前，严禁有人站在履带或刀片的支架上，机械四周应无障碍物，确认安全后，方可开动。

5.5.6 作业中，严禁任何人上下机械，传递物件，以及在铲斗内、拖把或机架上坐立。

5.5.17 非作业行驶时，铲斗必须用锁紧链条挂牢在运输行驶位置上，机上任何部位均不得载人或装载易燃、易爆物品。

5.10.21 装载机转向架未锁闭时，严禁站在前后车架之间进行检修保养。

5.11.4 夯实机作业时，应一人扶夯，一人传递电缆线，且必须戴绝缘手套并穿绝缘鞋。递线人员应跟随夯实机后或两侧调顺电缆线，电缆线不得扭结或缠绕，且不得张拉过紧，应保持有 3 ~4m 的余量。

5.12.10 电动冲击夯应装有漏电保护装置，操作人员必须戴绝缘手套，穿绝缘鞋。作业时，电缆线不应拉得过紧，应经常检查线头安装，不得松动及引起漏电。严禁冒雨作业。

5.13.7 严禁在废炮眼上钻孔和骑马式操作，钻孔时，钻杆与钻孔中心线应保持一致。

5.13.16 在装完炸药的炮眼 5m 以内，严禁钻孔。

5.14.3 电缆线不得敷设在水中或在金属管道上通过。施工现场应设标志，严禁机械、车辆等在电缆上通过。

6.1.15 在坡道上停放时，下坡停放应挂上倒挡，上坡停放应挂上一挡，并应使用三角木楔等塞紧轮胎。

6.2.2 不得人货混装。因工作需要搭人时，人不得在货物之间或货物与前车厢板间隙内。严禁攀爬或坐卧在货物上面。

6.2.4 运载易燃、有毒、强腐蚀等危险品时，其装载、包装、遮盖必须符合有关的安全规定，并应备有性能良好、有效期内的灭火器。途中停放应避开火源、火种、居民区、建筑群等，炎热季节应选择阴凉处停放。装卸时严禁火种。除必要的行车人员外，不得搭乘其他人员。严禁混装备用燃油。

6.3.3 配合挖装机械装料时，自卸汽车就位后应拉紧手制动器，在铲斗需越过驾驶室时，驾驶室内严禁有人。

6.3.6 卸料后应及时使车厢复位，方可起步，不得在倾斜情况下行驶。严禁在车厢内载人。

6.5.4 油罐车工作人员不得穿有铁钉的鞋。严禁在油罐附近吸烟，并严禁火种。

6.5.6 在检修过程中，操作人员如需要进入油罐时，严禁携带火种，并必须有可靠的安全防护措施，罐外必须有专人监护。

6.5.7 车上所有电气装置，必须绝缘良好，严禁有火花产生。车用工作照明应为36V以下的安全灯。

6.7.9 严禁料斗内载人。料斗不得在卸料情况下行驶或进行平地作业。

6.7.10 内燃机运转或料斗内载荷时，严禁在车底下进行任何作业。

6.9.9 以内燃机为动力的叉车进入仓库作业时应有良好的通风设施。严禁在易燃、易爆的仓库内作业。

6.12.1 施工升降机应为人货两用电梯，其安装和拆卸工作必须由取得建设行政主管部门颁发的拆装资质证书的专业（队）负责，并必须由经过专业培训，取得操作证的专业人员进行操作和维修。

6.12.9 升降机安装后，应经企业技术负责人会同有关部门对基础和附壁支架以及升降机架设安装的质量、精度等进行全面检查，并应按规定程序进行技术试验（包括坠落试验），经试验合格签证后，方可投入运行。

7.1.4 打桩机作业区内应无高压线路。作业区应有明显标志或围栏，非工作人员不得进入。桩锤在施打过程中，操作人员必须在距离桩锤中心5m以外监视。

7.1.8 严禁吊桩、吊锤、回转或行走等动作同时进行。打桩机在吊有桩和锤的情况下，操作人员不得离开岗位。

7.3.11 悬挂振动桩锤的起重机，其吊钩上必须有防松脱的保护装置。振动桩锤悬挂钢架的耳环上应加装保险钢丝绳。

7.5.18 压桩时非工作人员应离机10m以外。起重机的起重臂下，严禁站人。

7.6.7 夯锤下落后，在吊钩尚未降至夯锤吊环附近前，操作人员不得提前下坑挂钩。从坑中提锤时，严禁挂钩人员站在锤上随锤提升。

7.11.2 潜水泵放入水中或提出水面时，应先切断电源，严禁拉拽电缆或出水管。

8.2.13 搅拌机作业中，当料斗升起时，严禁任何人在料斗下停留或通过；当需要在料斗下检修或清理料坑时，应将料斗提升后用铁链或插入销锁住。

8.8.3 电缆线应满足操作所需的长度，电缆线上不得堆压物品或让车辆挤压，严禁用电缆线拖拉或吊挂振动器。

9.5.2 冷拉场地应在两端地锚外侧设置警戒区，并应安装防护栏及警告标志。无关人员不得在此停留。操作人员在作业时必须离开钢筋2m以外。

10.6.2 喷涂燃点在21℃以下的易燃涂料时,必须接好地线。地线的一端接电动机零线位置,另一端应接涂料桶或被喷的金属物体。喷涂机不得和被喷物放在同一房间里,周围严禁有明火。

12.1.2 焊接操作及配合人员必须按规定穿戴劳动防护用品，并必须采取防止触电、高空坠落、瓦斯中毒和火灾等事故的安全措施。

12.1.9 对承压状态的压力容器及管道、带电设备、承载结构的受力部位和装有易燃、易爆物品的容器严禁进行焊接和切割。

12.1.11 当需施焊受压容器、密封容器、油桶、管道、沾有可燃气体和溶液的工件时，应先消除容器及管道内压力，消除可燃气体和溶液，然后冲洗有毒、有害、易燃物质；对存有残余油脂的容器，应先用蒸汽、碱水冲洗，并打开盖口，确认容器清洗干净后，再灌满清水方可进行焊接。在容器内焊接应采取防止触电、中毒和窒息的措施。焊、割密封容器应留出气孔，必要时在进、出气口处装设通风设备；容器内照明电压不得超过12V，焊工与焊件间应绝缘；容器外应设专人监护。严禁在已喷涂过油漆和塑料的容器内焊接。

12.1.13 高空焊接或切割时，必须系好安全带，焊接周围和下方应采取防火措施，并应有专人监护。

12.14.6 电石起火时必须用干砂或二氧化碳灭火器，严禁用泡沫、四氯化碳灭火器或水灭火。电石粒末应在露开销毁。

12.14.16 未安装减压器的氧气瓶严禁使用。

第四节　脚　手　架

《建筑施工扣件式钢管脚手架安全技术规范》（JGJ130—2001）（2002年局部修订）（节选）

3.1.3　钢管的尺寸和表面质量应符合下列规定：

钢管上严禁打孔。

5.3.5　立杆稳定性计算部位的确定应符合下列规定：

当脚手架搭设尺寸中的步距、立杆纵距、立杆横距和连墙件间距有变化时，除计算底层立杆段外，还必须对出现最大步距或最大立杆纵距、立杆横距、连墙件间距等部位的立杆段进行验算。

6.2.2　横向水平杆的构造应符合下列规定：

主节点处必须设置一根横向水平杆，用直角扣件扣接且严禁拆除。

6.3.2　脚手架必须设置纵、横向扫地杆。纵向扫地杆应采用直角扣件固定在距底座上皮不大于200mm处的立杆上。横向扫地杆亦应采用直角扣件固定在紧靠纵向扫地杆下方的立杆上。当立杆基础不在同一高度上时，必须将高处的纵向扫地杆向低处延长两跨与立杆固定，高低差不应大于1m。靠边坡上方的立杆轴线到边坡的距离不应小于500mm（如下图所示）。

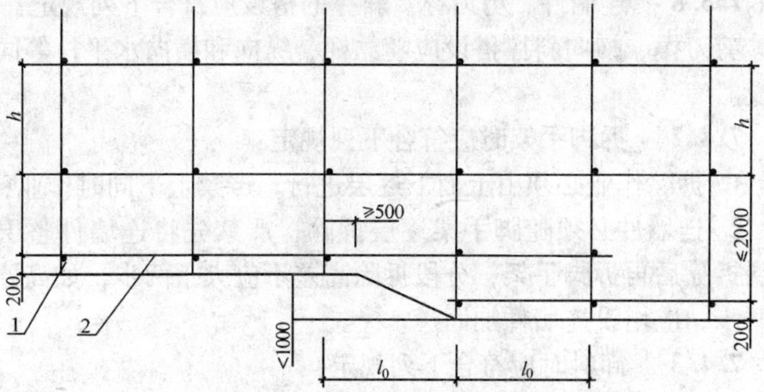

图6.3.2　纵、横向扫地杆构造

1—横向扫地杆；2—纵向扫地杆

6.3.5 立杆接长除顶层顶步外，其余各层各步接头必须采用对接扣件连接。

6.4.2 连墙件的布置应符合下列规定：

一字型、开口型脚手架的两端必须设置连墙件，连墙件的垂直间距不应大于建筑物的层高，并不应大于4m（两步）。

6.4.4 对高度24m以上的双排脚手架，必须采用刚性连墙件与建筑物可靠连接。

6.4.5 连墙件的构造应符合下列规定：

连墙件必须采用可承受拉力和压力的构造。

6.6.2 剪刀撑的设置应符合下列规定：

高度在24m以下的单、双排脚手架，均必须在外侧立面的两端各设置一道剪刀撑，并应由底至顶连续设置。

6.6.3 横向斜撑的设置应符合下列规定：

一字型、开口型双排脚手架的两端均必须设置横向斜撑。

7.1.5 当脚手架基础下有设备基础、管沟时，在脚手架使用过程中不应开挖，否则必须采取加固措施。

7.3.1 脚手架必须配合施工进度搭设，一次搭设高度不应超过相邻连墙件以上两步。

7.3.4 立杆搭设应符合下列规定：

严禁将外径48mm与51mm的钢管混合使用。

7.3.8 连墙件、剪刀撑、斜撑的搭设应符合下列规定：

剪刀撑、横向斜撑搭设应随立杆、纵向和横向水平杆等同步搭设。

7.4.2 拆脚手架时应符合下列规定：

1. 拆除作业必须由上而下逐层进行，严禁上下同时作业；

2. 连墙件必须随脚手架逐层拆除，严禁先将连墙件整层或数层拆除后再拆脚手架；分段拆除高差不应大于两步，如高差大于两步，应增设连墙件加固。

7.4.3 卸料时应符合下列规定：

各构配件严禁抛掷至地面。

8.1.3 扣件的验收应符合下列规定：

旧扣件使用前应进行质量检查，有裂缝、变形的严禁使用，出现滑丝的螺栓必须更换。

9.0.1 脚手架搭设人员必须是经过按现行国家标准《特种作业人员安全技术考核管理规则》（GB5036）考核合格的专业架子工。上岗人员应定期体检，合格者方可持证上岗。

9.0.4 作业层上的施工荷载应符合设计要求，不得超载。不得将模板支架、缆风绳、泵送混凝土和砂浆的输送管等固定在脚手架上；严禁悬挂起重设备。

9.0.7 在脚手架使用期间，严禁拆除下列杆件：

1. 主节点处的纵、横向水平杆，纵、横向扫地杆；
2. 连墙件。

《建筑施工门式钢管脚手架安全技术规范》（JGJ128—2000）（节选）

3.0.4 钢管应平直，平直度允许偏差为管长的1/500；两端面应平整，不得有斜口、毛口；严禁使用有硬伤（硬弯、砸扁等）及严重锈蚀的钢管。

6.2.2 上、下榀门架的组装必须设置连接棒及锁臂连接棒直径应小于立杆内径的1～2mm。

6.2.4 在脚手架的顶层门架上部、连墙件设置层、防护棚设置处必须设置水平架。

6.5.4 连墙件应能承受拉力与压力，其承载力标准值不应小于10 kN；连墙件与门架、建筑物的连接也应具有相应的连接强度。

6.8.1 搭设脚手架的场地必须平整坚实，并做好排水；回填土地面必须分层回填，逐层夯实。

7.3.1 搭设门架及配件应符合下列规定：

1. 交叉支撑、水平架或脚手板应紧随门架的安装及时设置；
2. 连接门架与配件的锁臂、搭钩必须处于锁住状态。

7.3.2 加固杆、剪刀撑等加固件的搭设应符合下列规定：

加固杆、剪刀撑必须与脚手架同步搭设。

7.3.3 连墙件的搭设应符合下列规定：

连墙件的搭设必须随脚手架搭设同步进行，严禁滞后设置或搭设完毕后补做。

7.5.4 脚手架的拆除应在统一指挥下按后装先拆、先装后拆的顺序及下列安全作业的要求进行：

1. 连墙件、通长水平杆和剪刀撑等，必须在脚手架拆卸到相关的门架时方可拆除；

2. 工人必须站在临时设置的脚手板上进行拆卸作业，并按规定使用安全防护用品；

3. 拆除工作中，严禁使用榔头等硬物击打、撬挖，拆下的连接棒应放入袋内，锁臂应先传递至地面并放室内堆存。

8.0.1 搭拆脚手架必须由专业架子工担任，并按现行国家标准《特种作业人员安全技术考核管理规则》（GB5036）考核合格，持证上岗。上岗人员应定期进行体检，凡不适于高处作业者，不得上脚手架操作。

8.0.2 搭拆脚手架时工人必须戴安全帽，系安全带，穿防滑鞋。

8.0.3 操作层上施工荷载应符合设计要求，不得超载；不得在脚手架上集中堆放模板、钢筋等物件。严禁在脚手架上拉缆风绳或固定、架设混凝土泵、泵管及起重设备等。

8.0.5 施工期间不得拆除下列杆件：

1. 交叉支撑，水平架；

2. 连墙件；

3. 加固杆件：如剪刀撑、水平加固杆、扫地杆、封口杆等等；

4. 栏杆。

8.0.7 在脚手架基础或邻近严禁进行挖掘作业。

8.0.10 沿脚手架外侧严禁任意攀登。

9.4.3 施工应符合下列规定：

拆除模板支撑及满堂脚手架时应采用可靠安全措施，严禁高空抛掷。

第五节　提　升　机

《龙门架及井架物料提升机安全技术规范》（JGJ88—92）（节选）

2.0.6　提升机应安装完毕后，必须经正式验收，符合要求后方可投入使用。

3.1.9　提升机架体顶部的自由高度不得大于6m。

4.0.11　提升钢丝绳不得接长使用。端头与卷筒应用压紧装置卡牢，在卷筒上应能按顺序整齐排列。当吊篮处于工作最低位置时，卷筒上的钢丝绳应不少于3圈。

5.0.1　提升机应具有下列安全防护装置并满足其要求：

1. 安全停靠装置或断绳保护装置。

安全停靠装置。吊篮运行到位时，停靠装置将吊篮定位。该装置应能可靠地承担吊篮自重、额定荷载及运料人员和装卸物料时的工作荷载。

二楼停靠栏杆（门），各楼层通道口处，应设置常闭的停靠栏杆（门）其强度应能承受1kN/m^2水平荷载。

2. 上极限位器。该装置应安装在吊篮允许提升的最高工作位置。吊篮的越程（指从吊篮的最高位置与天梁最低处的距离），应不小于3m。当吊篮上升达到限定高度时，限位器即行动作，切断电源（指可逆式卷扬机）或自动报警（指摩擦式卷扬机）。

3. 紧急断电开关。紧急断电开关应设在便于司机操作的位置，在紧急情况下，应能及时切断提升机的总控制电源。

7.2.2　附墙架与架体及建筑之间，均应采用刚性件连接，并形成稳定结构，不得连接在脚手架上。严禁使用铅丝绑扎。

7.2.3　附墙架的材质应与架体的材质相同，不得使用木杆、竹杆等做附墙架与金属架体连接。

7.3.2 提升机的缆风绳应经计算确定（缆风绳的安全系数 n 取 3.5）。缆风绳应选用圆股钢丝绳，直径不得小于 9.3mm 提升机高度在 20m 以下（含 20m）时，缆风绳不少于 1 组（4～8 根）；提升机高度在 21～30m 时，不少于 2 组。

7.3.3 缆风绳应在架体四角有横向缀件的同一水平面上对称设置，使其在结构上引起的水平分力，处于平衡状态。缆风绳与架体的连接处应采取措施，防止架体钢材对缆风绳的剪切破坏。对连接处的架体焊缝及附件必须进行设计计算。

7.3.8 在安装、拆除以及使用提升机的过程中设置的临时缆风绳，其材料也必须使用钢丝绳，严禁使用铁丝、钢筋、麻绳等代替。

8.3.1 卷扬机应安装在平整坚实的位置上，应远离危险作业区，且视线应良好。

10.1.2 使用提升机时应符合下列规定：

1. 物料在吊篮内应均匀分布，不得超出吊篮。当长料在吊篮中立放时，应采取防滚落措施；散料应装箱或装笼。严禁超载使用。

2. 严禁人员攀登、穿越提升机架体和乘吊篮上下。

3. 高架提升机作业时，应使用通讯装置联系。低架提升机在多工种、多楼层同时使用时，应专设指挥人员，信号不清不得开机。作业中不论任何人发出紧急停车信号，应立即执行。

第六节　地 基 基 础

《建筑桩基技术规范》（JGJ94—94）（节选）

6.2.13 人工挖孔桩施工应采取下列安全措施：

6.2.13.1 孔内必须设置应急软爬梯；供人员上下井，使用的电葫芦、吊笼等应安全可靠并配有自动卡紧保险装置，不得使用麻绳和尼龙绳吊挂或脚踏井壁凸缘上下。使用前必须检验其安全起吊能力。

6.2.13.2 每日开工前必须检测井下的有毒有害气体，并应有足够的安全防护措施。桩孔开挖深度超过10m时，应有专门向井下送风的设备。

6.2.13.3 孔口四周必须设置护拦。

6.2.13.4 挖出的土石方应及时运离孔口，不得堆放在孔口四周1m范围内，机动车辆的通行不得对井壁的安全造成影响。

6.2.13.5 施工现场的一切电源、电路的安装和拆除必须由持证电工操作；电器必须严格接地、接零和使用漏电保护器。各孔用电必须分闸，严禁一闸多用。孔上电缆必须架空2.0m以上，严禁拖地和埋压土中，孔内电缆、电线必须有防磨损、防潮、防断等保护措施。照明应采用安全矿灯或12V以下的安全灯。

《建筑地基处理技术规范》（JGJ79—2002）

13.3.9 石灰桩施工时应采取防止冲孔伤人的有效措施，确保施工人员的安全。

第五章　文明施工管理

第一节　施工现场封闭管理

施工现场的作业条件差，不安全因素多，在作业过程中既容易伤害作业人员，也容易伤害现场以外的人员。因此，施工现场必须实施封闭式管理，将施工现场与外界隔离，防止“扰民”和“民扰”问题，同时保护环境、美化市容。

一、围挡

1. 施工现场围挡应沿工地四周连续设置，不得留有缺口，并根据地质、气候、围挡材料进行设计与计算，确保围挡的稳定性、安全性；

2. 围挡的用材应坚固、稳定、整洁、美观，宜选用砌体、金属板材等硬质材料，不宜使用彩布条、竹笆或安全网等；

3. 施工现场的围挡一般应高于1.8m；

4. 禁止在围挡内侧堆放泥土、沙石等散状材料以及架管、模板等，严禁将围挡做挡土墙使用；

5. 雨后、大风后以及春融季节应当检查围挡的稳定性，发现问题及时处理。

二、大门

1. 施工现场应当有固定的出入口，出入口处应设置大门；

2. 施工现场的大门应牢固美观，大门上应标有企业名称或企业标识；

3. 出入口处应当设置专职门卫人员，制定门卫管理制度及交接班记录制度；

4. 施工现场的施工人员应当佩戴工作卡。

第二节 临时设施的搭设与使用管理

施工现场的临时设施较多，这是主要指施工期间临时搭建、租赁的各种房屋临时设施。临时设施必须合理选址、正确用材，确保使用功能和安全、卫生、环保、消防要求和国家有关规定。

一、办公室

施工现场应设置办公室，办公室内布局应合理，办公区、生活区划分清楚，应采取相应的隔离措施。文件资料宜归类存放，并应保持室内清洁卫生。

二、职工宿舍

1. 宿舍应当选择在通风、干燥的位置，防止雨水、污水流入；

2. 不得在尚未竣工建筑物内设置员工集体宿舍；

3. 宿舍必须设置可开启式窗户，设置外开门；

4. 宿舍内应保证有必要的生活空间，室内净高不得小于2.4m，通道宽度不得小于0.9m，每间宿舍居住人员不得超过16人；

5. 宿舍内的单人铺不得超过2层，严禁使用通铺，床铺应高于地面0.3m，人均床铺面积不得小于1.9m×0.9m，床铺间距不得小于0.3m；

6. 宿舍内应设置生活用品专柜，有条件的宿舍宜设置生活用品储藏室；宿舍内严禁存放施工材料、施工机具和其他杂物；

7. 宿舍周围应当搞好环境卫生，应设置垃圾桶、鞋柜或鞋架，生活区内应为作业人员提供晾晒衣物的场地，房屋外应道路平整，晚间有充足的照明；

8. 寒冷地区冬季宿舍应有保暖、防煤气中毒措施，火炉应当统一设置、管理，炎热季节应有消暑和防蚊虫叮咬措施；

9. 应当制定宿舍管理使用责任制，轮流负责卫生和使用管理或安排专人管理。

三、食堂

1. 食堂应当选择在通风、干燥的位置，防止雨水、污水流入，应当保持环境卫生，远离厕所、垃圾站、有毒有害场所等污染源的地方，装修材料必须符合环保、消防要求；

2. 食堂应设置独立的制作间、储藏间；

3. 食堂应配备必要的排风设施和冷藏设施，安装纱门纱窗，室内不得有蚊蝇，门下方应设不低于0.2m的防鼠挡板；

4. 食堂的燃气罐应单独设置存放间，存放间应通风良好并严禁存放其他物品；

5. 食堂制作间的灶台及其周边应贴瓷砖，瓷砖的高度不宜小于1.5m；地面应做硬化和防滑处理，按规定设置污水排放设施；

6. 食堂制作间的刀、盆、案板等炊具必须生熟分开，食品必须有遮盖，遮盖物品应有正反面标识，炊具宜存放在封闭的橱柜内；

7. 食堂内应有存放各种佐料和副食的密闭器皿，并应有标识，粮食存放台距墙和地面应大于0.2m；

8. 食堂外应设置密闭式泔水桶，并应及时清运；

9. 应当制定并在食堂张挂食堂卫生责任制，责任落实到人，加强管理。

四、厕所

1. 厕所大小应根据施工现场作业人员的数量设置；

2. 高层建筑施工超过8层以后，每隔四层宜设置临时厕所；

3. 施工现场应设置水冲式或移动式厕所，厕所地面应硬化，门窗齐，蹲坑间宜设置隔离板，隔板高度不宜低于0.9m；

4. 厕所应设专人负责，定时进行清扫、冲刷、消毒，防止蚊蝇孳生，化粪池应及时清掏。

五、防护棚

施工现场的防护较多，如加工站厂棚、机械操作棚、通道防护棚等。

大型站厂棚可用砖混、砖木结构，应当进行结构计算，保证结构安全。小型防护棚一般用钢管扣件脚手架搭设，应当严格按照《建筑施工扣件式钢管脚手架安全技术规范》要求搭设。

防护棚顶应当满足承重、防雨要求，在施工坠落半径之内的，棚顶应当具有抗砸能力。可采用多层结构。最上材料强度应能承受10kPa的均布静荷载，也可采用50mm厚木板架设或采用两层竹笆，上下竹笆层间距应不小于600mm。

六、搅拌站

1. 搅拌站应有后上料场地，应当综合考虑砂石堆场、水泥库的设置位置，既要相互靠近，又要便于材料的运输和装卸。

2. 搅拌站应当尽可能设置在施工现场大路附近，以方便运输并尽可能减少混凝土、砂浆水平运输距离。

3. 搅拌站场地周围应当设置沉淀池、排水沟：

（1）避免清洗机械时，造成场地积水；

（2）沉淀后循环使用，节约用水；

（3）避免将未沉淀的污水直接排入城市排水设施和河流。

4. 搅拌站应搭设搅拌棚，挂设搅拌安全操作规程和相应的警示标志、混凝土配合比牌，采取防止扬尘措施，冬季施工还应考虑保温、供热等。

七、仓库

1. 仓库的面积应通过计算确定，根据各个施工阶段的需要的先后进行布置；

2. 水泥仓库应当选择地势较高、排水方便、靠近搅拌机的地方；

3. 易燃易爆品仓库的布置应当符合防火、防爆安全距离要求；

4. 仓库内各种工具器件物品应分类集中放置，设置标牌，标明规格型号；

5. 易燃、易爆和剧毒物品不得与其他物品混放，并建立严格的进出库制度，由专人管理。

第三节　施工现场的卫生与防疫

一、卫生保健

1. 施工现场应设置保健卫生室，配备保健药箱、常用药及绷带、止血带、颈托、担架等急救器材，小型工程可以用办公用房兼做保健卫生室；

2. 施工现场应当配备兼职或专职急救人员，处理伤员和职工保健，对生活卫生进行监督和定期检查食堂、饮食等卫生情况；

3. 利用板报等形式向职工介绍防病的知识和方法，做好对职工卫生防病的宣传教育工作，针对季节性流行病、传染病等；

4. 施工现场作业人员发生法定传染病、食物中毒、急性职业中毒时，必须在2小时内向事故发生所在地建设行政主管部门和卫生防疫部门报告，并应积极配合调查处理；

5. 现场施工人员患有法定的传染病或病源携带者时，应及时隔离，并由卫生防疫部门进行处置。

二、保洁

办公区和生活区应设专职或兼职保洁员，负责卫生清扫和保洁，应有灭鼠、蚊、蝇、蟑螂等措施，并应定期投放和喷洒药物。

三、食堂卫生

1. 食堂必须有卫生许可证；

2. 炊事人员必须持有身体健康证，上岗应穿戴洁净的工作服、工作帽和口罩，并应保持个人卫生；

3. 炊具、餐具和饮水器具必须及时清洗消毒；

4. 必须加强食品、原料的进货管理，做好进货登记，严禁购买无照、无证商贩经营的食品和原料，施工现场的食堂严禁出售变质食品。

第四节　“五牌一图”与“两栏一报”

施工现场的进口处应有整齐明显的“五牌一图”，在办公区、生活区设置“两栏一报”。

1. 五牌指：工程概况牌、管理人员名单及监督电话牌、消防保卫牌、安全生产牌、文明施工牌；一图指：施工现场总平面图。

2. 各地区也可根据情况在增加其他牌图，如工程效果图。五牌具体内容没有作具体规定，可结合本地区、本企业及本工程特点设置。工程概况牌内容一般应写明工程名称、面积、层数、工程量、建设单位、设计单位、施工单位、监理单位、开竣工日期、项目经理以及联系电话。

3. 标牌是施工现场重要标志的一项内容，所以不但内容应有针对性，同时标牌制作、挂设也应规范整齐、美观，字体工整。

4. 为进一步对职工做好安全宣传工作，所以要求施工现场在明显处，应有必要的安全内容的标语。

5. 施工现场应该设置“两栏一报”，即读报栏、宣传拦和黑板报，丰富学习内容，表扬好人好事。

第五节 警示牌布置与悬挂

施工现场应当根据工程特点及施工的不同阶段，有针对性的设置、悬挂安全标志。

一、安全标志的定义

安全警示标志是指提醒人们注意的各种标牌、文字、符号以及灯光等。一般来说，安全警示标志包括安全色和安全标志。安全警示标志应当明显，便于作业人员识别。如果是灯光标志，要求明亮显眼；如果是文字图形标志，则要求明确易懂。

根据《安全色》（GB2893—82）规定，安全色是表达安全信息含义的颜色，安全色分为红、黄、蓝、绿四种颜色，分别表示禁止、警告、指令和提示。

根据《安全标志》（GB2894—96）规定，安全标志是用于表达特定信息的标志，由图形符号、安全色、几何图形（边框）或文字组成。安全标志分禁止标志、警告标志、指令标志和提示标志。安全警示标志的图形、尺寸、颜色、文字说明和制作材料等，均匀符合国家标准规定。

二、设置悬挂安全标志的意义

施工现场施工机械、机具种类多、高空与交叉作业多、临时设施多、不安全因素多、作业环境复杂，属于危险因素较大的作业场所，容易造成人身伤亡事故。在施工现场的危险部位和有关设备、设施上设置安全警示标志，这是为了提醒、警示进入施工现场的管理人员、作业人员和有关人员，要时刻认识到所处环境的危险性，随时保持清醒和警惕，避免事故发生。

三、安全标志平面布置图

施工单位应当根据工程项目的规模、施工现场的环境、工程结构形式以及设备、机具的位置等情况，确定危险部位，有针对性地设置安全标志。施工现场应绘制安全标志布置总平面图，根据施工不同阶段的施工特点，组织人员有针对性的进行设置、悬挂或增减。安全标志设置位置的平面图，是重要的安全工作内业资料之一，当一张图不能表明时可以分层表明或分层绘制。安全标志设置位置的平面图应由绘制人员签名，项目负责人审批。

四、安全标志的设置与悬挂

根据国家有关规定，施工现场入口、施工起重机械、临时用电设施、脚手架、出入通道口、楼梯口、电梯井口、孔洞口、桥梁口、隧道口、基坑边沿、爆破物及有害危险气体和液体存放处等属于危险部位，应当设置明显的安全警示标志。安全警示标志的类型、数量应当根据危险部位的性质进行选择设置，如：在爆破物及有害危险气体和液体存放处设置禁止烟火、禁止吸烟等禁止标志；在施工机具旁设置当心触电、当心伤手等警告标志；在施工现场入口处设置必须戴安全帽等指令标志；在通道口处设置安全通道等指示标志；在施工现场的沟、坎、深基坑等处，夜间要设红灯示警。

安全标志设置后应当进行统计记录，并填写施工现场安全标志登记表。

第六节　施工现场材料堆放

一、一般要求

1. 施工材料的堆放应当根据用量大小、使用时间长短、供应与运输情况的确定，用量大、使用时间长、供应运输方便的，应当分期分批进场，以减少堆场和仓库面积；

2. 施工现场各种工具、构件、材料的堆放必须按照总平面图规定的位置放置；

3. 位置应选择适当，便于运输和装卸，尽量减少二次搬运；

4. 地势较高、坚实、平坦、回填土应分层夯实，要有排水措施，符合安全、防火的要求；

5. 应当按照品种、规格堆放，并设明显标牌，标明名称、规格和产地等；

6. 各种材料物品必须堆放整齐。

二、主要材料半成品的堆放

1. 大型工具，应当一头见齐；

2. 钢筋应当堆放整齐，用方木垫起，不宜放在潮湿和暴露在外受雨水冲淋；

3. 砖应丁码成垛，不准超高并距沟槽坑边不小于0.5m，防止坍塌；

4. 砂应堆成方，石子应当按不同粒径规格分别堆放成方；

5. 各种模板应当按规格分类堆放整齐，地面应平整坚实，叠放高度一般不宜超高1.6m；大模板存放应放在经专门设计的存架上，应当采用两块大模板面对面存放，当存放在施工楼层上时，应当满足自稳角度并有可靠的防倾倒措施；

6. 混凝土构件堆放场地应坚实、平整，按规格、型号堆放，垫木位置要正确，多层构件的垫木要上下对齐，垛位不准超高；混凝土墙板宜设插放架，插放架要焊接或绑扎牢固，防止倒塌。

三、场地清理

作业区及建筑物楼层内，要做到工完场地清，拆模时应当随拆随清理运走，不能马上运走的应码放整齐。

施工现场清理的垃圾不得长期堆放，应当及时运走，不能及时运走的应分类集中存放。

第七节　社区服务与环境保护

一、社区服务

施工现场应当建立不扰民措施，有责任人管理和检查，并与周围社区定期联系，听取意见，对合理意见应当及时采纳处理。工作应当有记录。

二、环境保护的相关法律法规

国家关于保护和改善环境，防治污染的法律、法规主要有：《环境保护法》、《大气污染防治法》、《固体废物污染环境防治法》、《环境噪声污染防治法》等，施工单位在施工时应当自觉遵守。

三、防治大气污染

1. 施工现场宜采取措施硬化，其中主要道路、料场、生活办公区域必须进行硬化处理，土方应集中堆放。裸露的场地和集中堆放的土方应采取覆盖、固化或绿化等措施；

2. 使用密目式安全网对在建构筑物进行封闭，防止施工过程扬尘；

拆除旧有建筑物时，应采用隔离、洒水等措施防止扬尘，并应在规定期限内将废弃物清理完毕；不得在施工现场熔融沥青，严禁在施工现场焚烧含有有毒、有害化学成分的装饰废料、油毡、油漆、垃圾等各类废弃物。

3. 从事土方、渣土和施工垃圾运输应采用密闭式运输车辆或采取覆盖措施；

4. 施工现场出入口处应采取保证车辆清洁的措施；

5. 施工现场应根据风力和大气湿度的具体情况，进行土方回填、转运作业；

6. 水泥和其他易飞扬的细颗粒建筑材料应密闭式存放，砂石等散料应采取覆盖措施；

7. 施工现场混凝土搅拌场所应采取封闭、降尘措施；

8. 施工现场应设置密闭式垃圾站，施工垃圾、生活垃圾应分类存放，并及时清运出场；

9. 城区、旅游景点、疗养区、重点文物保护地及人口密集区的施工现场应使用清洁能源；

10. 施工现场的机械设备、车辆的尾气排放应符合国家环保排放标准要求。

四、防治水污染

1. 施工现场应设置排水沟及沉淀池，现场废水不得直接排入市政污水管网和河流；

2. 现场存放的油料、化学溶剂等应设有专门的库房，地面应进行防渗漏处理；

3. 食堂应设置隔油池，并应及时清理；

4. 厕所的化粪池应进行抗渗处理；

5. 食堂、漱洗室、淋浴间的下水管线应设置隔离网，并应与市政污水管线连接，保证排水通畅。

五、防治施工噪声污染

1. 施工现场应按照现行国家标准《建筑施工场界噪声限制》（GB 12523）及《建筑施工场界噪声测量方法》（GB 12524）制定降噪措施，并应对施工现场的噪声值进行监测和记录；

2. 施工现场的强噪声设备宜设置在远离居民区的一侧；

3. 对因生产工艺要求或其他特殊需要，确需在22时至次日6时期间进行强噪声施工的，施工前建设单位和施工单位应到有关部门提出申请，经批准后方可进行夜间施工，并公告附近居民；

4. 夜间运输材料的车辆进入施工现场，严禁鸣笛，装卸材料应做到轻拿轻放；

5. 对产生噪声和振动的施工机械、机具的使用，应当采取消声、吸声、隔声等有效控制和降低噪声。

六、防治施工照明污染

夜间施工严格按照建设行政主管部门和有关部门的规定执行，对施工照明器具的种类、灯光亮度就以严格控制，特别是在城市市区居民居住区内，减少施工照明对城市居民的危害。

七、防治施工固体废弃物污染

施工车辆运输砂石、土方、渣土和建筑垃圾，采取密封、覆盖措施，避免漏露、遗撒，并按指定地点倾卸，防止固体废弃物污染环境。

第二篇　市政工程安全生产技术管理

第六章　管道施工

第一节　明挖法基坑管道施工安全技术

一、基坑工程施工应按现行行业标准《建筑基坑支护技术规程》（JGJ120）规定执行

（一）设计原则

基坑支护结构设计应选用相应的侧壁安全等级及重要性系数（见表6.1.1）。

侧壁安全等级重要性系数　　**表6.1.1**

安全等级	破坏后果	γ_0
一级	支护结构破坏、土体失稳或过大变形对基坑周边环境及地下结构施工影响很严重	1.10
二级	支护结构破坏、土体失稳或过大变形对基坑周边环境及地下结构施工影响一般	1.00
三级	支护结构破坏、土体失稳或过大变形对基坑周边环境及地下结构施工影响不严重	0.90

根据承载能力极限状态和正常使用极限状态的设计要求，基坑支护应按下列规定进行计算和验算：

1. 基坑支护结构均应进行承载能力极限状态的计算，计算内容应包括：

（1）根据基坑支护形式及其受力特点进行土体稳定性计算；

（2）基坑支护结构的受压、受弯、受剪承载力计算；

（3）当有锚杆或支撑时，应对其进行承载力计算和稳定性验算。

2. 对于安全等级为一级及对支护结构变形有限定的二级建筑基坑侧壁，尚应对基坑周边环境及支护结构变形进行验算。

3. 地下水控制计算和验算：

（1）抗渗透稳定性验算；

（2）基坑底突涌稳定性验算；

（3）根据支护结构设计要求进行地下水位控制计算。

（二）勘察要求

基坑周边环境勘查应包括的内容：

1. 查明影响范围内建（构）筑物的结构类型、层数、基础类型、埋深、基础荷载大小及上部结构现状；

2. 查明基坑周边的各类地下设施，包括上、下水、电缆、煤气、污水、雨水、热力等管线或管道的分布和形状；

3. 查明场地周边和邻近地区地表水汇流、排泻情况，地下水管渗漏情况以及对基坑开挖的影响程度；

4. 查明基坑四周道路的距离及车辆载重情况。

（三）支护结构选型

支护结构可根据基坑周边环境、开挖深度、工程地质与水文地质、施工作业设备和施工季节等条件，选用排桩、地下连续墙、水泥土墙、逆作拱墙、土钉墙、原状土放坡或采用上述型式的组合。

1. 悬臂式及单支点排桩或地下连续墙支护结构嵌固深度值取 h_d（完全埋入土内）=0.3h（基坑深度）；

2. 多支点支护排桩或地下连续墙结构嵌固深度宜 $h_d=0.2h$。

二、基坑排水

针对地质条件的勘察结果正确选择地下水控制方法，设置排水系统，满足施工需要。

为确保安全生产在基坑（槽）开挖前和开挖时必须做好排水工作，保持土体干燥才能保障安全，基坑（槽）的排水工作，应持续到基础工程施工完毕，并进行回填后才能停止。

当基坑底为隔水层且层底作用有承压水时，应进行坑底突涌验算，必要时可采取水平封底隔渗或钻孔减压措施保证坑底上层稳定。

1. 集水明排：排水沟和集水井可按实际情况和规定布置。

2. 降水：降水井宜在基坑外缘采用封闭式布置，井间距应大于15倍井管直径，在地下水补给方向应适当加密；当基坑面积较大、开挖较深时，也可在基坑内设置降水井。

降水井的深度应根据设计降水深度、含水层的埋藏分布和降水井的出水能力确定。设计降水深度在基坑范围内不宜小于基坑底面以下0.5m。

三、基坑开挖

（一）一般规定

1. 当机械开挖与人工开挖配合操作时，人员不得进入挖土机械作业半径内，必须进入时，待机械作业停止后，人员方可进行坑底清理、边坡找平等作业。

2. 基坑周边严禁超堆荷载。软土基坑必须分层均衡开挖，层高不宜超过1m。

3. 基坑开挖过程中，应采取措施防止碰撞支护结构、工程桩或扰动基底原状土。

4. 基坑开挖前应做出系统开挖监控方案（重点监控：基坑、维护结构稳定性；支撑稳定性；地基变形；毗邻建筑物；地下水位变化等），监控方案应包括监测目的、监测项目、监控报警值、监测方法及精度要求、监测点布置、监测周期、工序管理和记录制度以及信息反馈系统等。

5. 发生异常情况时，应停止挖土，立即查清原因和采取措施，方能继续挖土。

6. 坑界周围地面应设排水沟，且应避免漏水、渗水进入坑内；放坡开挖时，应对坡顶、坡面、坡脚采取降排水措施。

7. 基坑开挖至坑底标高后坑底应及时封闭并进行基础工程施工。

8. 监测点的布置应满足监控要求，从基坑边缘以外1~2倍开挖深度范围内的需要保护物体均应作为监控对象。

（二）挖土时应遵守的规定

1. 人工开挖时，两个人操作间距应保持2~3m，并应自上而下逐层挖掘，严禁采用掏洞的挖掘操作方法。

2. 挖土时要随时注意土壁的变异情况，如发生有裂纹或部分塌落现象，要及时进行支撑或改缓放坡，并注意支撑的稳固和边坡的变化。

3. 上下坑沟应先挖好阶梯或设好木梯，不得踩踏土壁及其支撑上下。

4. 用挖土机施工时，挖土机的作业范围内，不得进行其他作业；且至少保留0.3 m厚不挖，最后由人工修挖至设计标高。

5. 在坑边堆弃土、材料和移动施工机械，应与坑边保持一定距离；当土质良好时，要距坑边0.8m以外，堆放高度不能超过1.5 m。

四、坑槽支护

（一）一般规定

1. 必须严格遵守先支撑后开挖的原则。

2. 钢结构支撑构件在已承载的情况下，严禁进行焊接。

3. 施工过程中必须保证支护设施的完好。

4. 支撑拆除前应在主体结构与支护结构之间设置可靠的换撑传力构件或回填夯实。

（二）支撑体系施工应符合的要求

1. 支撑结构的安装与拆除顺序，应同基坑支护结构的设计计算工况相一致。必须严格遵守先支撑后开挖的原则。

2. 立柱穿过主体结构底板以及支撑结构穿越主体结构地下室外墙的部位，应采用止水构造措施。

3. 钢支撑的端头与冠梁或腰梁的连接应符合设计的要求。

4. 钢支撑预加压力的施工应符合的要求：

（1）支撑安装完毕后，应及时检查各节点的连接状况，经确认符合要求后方可施加预压力，预压力的施加应在支撑的两端同步对称进行；

（2）预压力应分级施加，重复进行，加至设计值时，应再次检查各连接点的情况，必要时应对节点进行加固，待额定压力稳定后锁定。

五、上下通道与作业环境

1. 基坑施工作业人员上下必须设置专用安全通道。
2. 人员专用通道应在施工组织设计中确定。
3. 人员作业必须有安全立足点。
4. 交叉作业或多层作业上下应设置隔离层。

六、管道施工准备

管道工程施工前，应根据施工需要进行调查研究，并掌握管道沿线的情况和有关资料，组织施工人员进行刨验核实，并制定有效的安全防护措施。市政排水管道工程施工前，应根据施工需要进行调查研究，并应掌握管道沿线的安全相关情况和资料：

1. 现场地形、地貌、建筑物、各种管线和其他设施的情况；
2. 工程用地、交通运输及排水条件；
3. 供电条件；

4. 工程材料、施工机械供应条件；

5. 在地表水水体中或岸边施工时，应掌握地表水的水文和航运资料。在寒冷地区施工时，尚应掌握地表水的冻结及流冰的资料；

6. 结合工程特点和现场条件的其他情况和资料。

市政排水管道工程施工前应编制施工组织设计。施工组织设计的内容，应有安全措施和用电、支护等安全专向方案。

七、沟槽开挖与回填

（一）施工排水

1. 排水井点应做临边防护，加设警示标志。

2. 排水井井深大于1.2m时必须加设支护措施。

3. 降水应符合现行行业标准《建筑与市政降水工程技术规范》（JGJ/T111）的要求。

4. 沟槽边界周围地面应设排水沟，且应避免漏水、渗水进入坑内；放坡开挖时，应对坡顶、坡面、坡脚采取降排水措施。

5. 冬季施工时，排水系统的管路应采取防冻措施；停止抽水后应立即将泵体及进水管内的存水放空。

6. 在开挖地下水水位以下的土方前，应先修建排水井。排水井的井壁宜加支护；当土层稳定、井深不大于1.2 m时可不加设支护。井点降水应使地下水水位降至沟槽底面以下，并距沟槽底面不应小于0.5 m。

（二）沟槽开挖

1. 一般规定：

（1）沟槽开挖时应严格按照施工组织设计根据土质情况进行放坡；

（2）当开挖深度超过3m时，必须分层开挖，并控制每层开挖深度；

（3）沟槽两侧荷载不得超过施工规定荷载；

（4）沟槽的开挖应在一个施工作业段完成，并搭设临边防护及警示标志。

2. 当沟槽挖深较大时，应合理确定分层开挖的深度，并应符合的规定：

（1）人工开挖沟槽的槽深超过3m时应分层开挖，每层的深度不宜超过2 m；

（2）人工开挖多层沟槽的层间留台宽度：放坡开槽时不应小于0.8 m，直槽时不应小于0.5 m，安装井点设备时不应小于1.5 m；

（3）采用机械挖槽时，沟槽分层的深度应按机械性能确定。

3. 沟槽每侧临时堆土或施加其他荷载时，应符合的规定：

（1）不得影响建筑物、各种管线和其他设施的安全；

（2）不得掩埋消火栓、管道闸阀、雨水口、测量标志以及各种地下管道的井盖，且不得妨碍其正常使用；

（3）人工挖槽时，堆土高度不宜超过1.5 m，且距槽口边缘不宜小于0.8 m。

（三）沟槽支撑与回填

1. 一般规定：

（1）沟槽支撑应根据沟槽的土质、地下水位、开槽断面、荷载条件等因素进行设计。支撑的材料可使用钢材、木材或钢材木材混合使用。

（2）撑板支撑应随挖土的加深及时安装。

（3）在软土或其他不稳定土层中采用撑板支撑时，开始支撑的开挖沟槽深度不得超过1.0m；以后开挖与支撑交替进行，每次交替的深度宜为0.4 ~0.8m。

（4）横梁、纵梁和横撑安装必须达到施工规范要求，确保施工安全。

（5）采用钢板支撑应通过计算，确定钢板桩的入土深度和横撑的位置与断面。

（6）钢板支撑必须保证横梁和横撑与钢板桩连接牢固，并设专人进行检查。当发现支撑构件有弯曲、松动、位移或劈裂等迹象时，应及时处理，确保支撑系统的稳定。

（7）拆除撑板支撑前，应对沟槽两侧的建筑物和槽壁进行安全检查，并应制定拆除支撑的实施方案和有针对性的安全措施。

2. 撑板支撑的横梁、纵梁和横撑得布置应符合下列规定：

（1）每根横梁或纵梁不得少于2根横撑；

（2）横撑的水平间距宜为1.5 ~2.0 m；

（3）横撑的垂直间距不宜大于1.5 m；

（4）撑板支撑应随挖土的加深及时安装；

（5）在软土或其他不稳定土层中采用撑板支撑时，开始支撑的开挖沟深度不得超过1.0 m；以后开挖与支撑交替进行，每次交替的深度宜为0.4 ~0.8 m。

3. 横梁、纵梁和横撑的安装，应符合下列规定：

（1）横梁应水平，纵梁应垂直，且必须与撑板紧贴，连接牢固；

（2）横撑应水平并与横梁或纵梁垂直，且应支紧，连接牢固；

（3）采用横排撑板支撑，当遇有地下钢管道或铸铁管道横穿沟槽时，管道下面的撑板上缘应紧贴管道安装；管道上面的撑板下缘距管道顶面不宜小于100 mm。

4. 拆除撑板支撑时应符合的规定：

（1）支撑的拆除应与回填土的填筑高度配合进行，且在拆除后应及时回填；

（2）采用排水沟的沟槽，应从两座相邻排水井的分水岭向两端延伸拆除；

（3）多层支撑的沟槽，应待下层回填完成后再拆除其上层槽的支撑；

（4）拆除单层密排撑板支撑时，应先回填至下层横撑底面，再拆除下层横撑，待回填至半槽以上，再拆除上层横撑；

（5）当一次拆除有危险时，宜采取替换拆撑法拆除支撑。

5. 采用钢板桩支撑应符合的规定：

（1）钢板桩支撑可采用槽钢、工字钢或定型钢板桩；

（2）钢板桩支撑按具体条件可设计为悬臂、单锚或多层横撑的钢板桩支撑，并应通过计算确定钢板桩的入土深度和横撑的位置与断面；

（3）钢板桩支撑采用槽钢作横梁时，横梁与钢板桩之间的空隙应采用木板垫实，并应将横梁和横撑与钢板桩连接牢固。

6. 拆除钢板桩支撑时，应符合的规定：

（1）在回填达到规定要求高度后，方可拔除钢板桩；

（2）钢板桩拔除后应及时回填桩孔；

（3）回填桩孔时应采取措施填实。当采用砂灌填时，可冲水助沉；

（4）当控制地面沉降有要求时，宜采取边拔桩边注浆的措施；

（5）支撑应经常检查。当发现支撑构件有弯曲、松动、移位或劈裂等迹象时，应及时处理。雨季及春季解冻时期应加强检查；

（6）上下沟槽应设置安全扶梯，不得攀登支撑；

（7）承托翻土板的横撑必须加固。翻土板的铺设应平整，其与横撑的连接必须牢固。

八、预制管的安装

1. 管及管件吊装采用起重设备时应符合现行行业标准《建筑机械使用安全技术规程》（JGJ33）的要求。

2. 管节堆放应符合管节堆放层高要求，严格超高违章堆放。

3. 雨季施工应制定雨季施工安全措施。

第二节　顶管法管道施工安全技术

一、工作坑

1. 工作坑周边必须搭设不低于1.2 m高的牢固护栏，并用密目网围严。

2. 工作坑的支撑宜形成封闭式框架，矩形工作坑的四角应加斜撑。

二、设备安装

导轨、千斤顶、油泵、顶铁、机头等严格按照顶管设备安装要求及有关规定进行安装，全部设备经过安全检查并经过试运转，确保设备运行良好。

三、顶进

初始顶进前必须对所有设备进行检查，液压、电气、压浆、气压、水压、照明、通讯、通风等操作系统是否能正常进行工作，各种电表、压力表、换向阀、传感器、流量计等是否能正确显示其进入的工作状态，然后进行联动调试，确认无故障后，方可开始初始顶进。

四、顶管法施工应注意事项

1. 顶管前，根据地下顶管法施工技术要求，按实际情况制定出符合规范、标准、规程的专项安全技术方案。

2. 顶管后座安装时，如发现后背墙面不平或顶进时枕木压缩不均匀，必须调整加固后方可顶进。

3. 顶管工作坑采用机械挖土方时，现场应有专人指挥装车，堆土应符合有关规定，不得损坏任何构筑物和预埋立撑；工作坑如果采用混凝土灌注桩连续壁，应严格执行有关的安全技术规程操作；工作坑四周或坑底必须有排水设备及措施；工作坑内应设符合规定并固定牢固的安全梯，下管作业的全过程中工作坑内严禁有人作业。

4. 吊装顶铁或管材时，严禁把杆回转半径内人员停留；往工作坑内下管时，应穿保险钢丝绳，并缓慢的将管子送入轨道就位，以便防止滑脱坠落或冲击轨道，同时坑下人员应站在安全角落。

5. 垂直运输设备的操作人员，在作业前对设备各部分进行安全检查，确认无异常后方可作业，作业时精力集中，服从指挥，严格执行起重设备作业有关的安全操作规程。

6. 安装后的轨道应牢固，不得在使用中产生位移，并应经常检查校核；两导轨应顺直、平行、等高，其纵坡应与管道设计坡度一致。

7. 在拼接管段前或因故障停顿时，应加强联系及时通知管头操作人员停止挖进，防止因超挖造成塌方，并应在长距离顶进过程中加强通风。

8. 顶进过程中，对机头进行维修和排除障碍时，必须采取防止冒顶塌方的安全措施，严禁在运行的情况下进行检查和调整，以防伤人。

9. 顶进过程中，油泵操作工应严格注意观察油泵压力是否均匀渐增，若发现压力骤然上升，应立即停止顶进，待查明原因后方能继续顶进。

10. 管子的顶进或停止，应以管头发出信号为准。遇到顶进系统发生故障或在拼管子前20min，即应发出信号给管头操作人员，引起注意。

11. 顶进作业时，一切操作人员不得在顶铁上方、两侧站立操作，严禁穿行。对顶铁要有专人观察，以防发生崩铁伤人事故。

12. 顶进作业一般应连续进行，不得长期停顿，以防止地下水渗出，造成坍塌。顶进时应保持管头部有足够多的土塞；若遇土质差、因地下水渗流可能造成塌方时，则将管头部灌满以增大水压力。

13. 管道内的照明电信系统应采用安全电压宜采用12V，每班顶管前电工要仔细检查各种线路是否正常，确保安全施工。

14. 纠偏千斤顶应与管节绝缘良好，操作电动高压油泵应戴绝缘手套。

15. 顶进中应有防毒、防燃、防爆、防水淹的措施，顶进长度超过 50 m 时，应有通风供氧的措施，防止管内人员缺氧窒息。

16. 在土质较差、土中含水量大、容易塌方的地段施工时管前端应加一定长度的刚性管帽，管帽应先顶入土层中，再按规定的掏挖长度挖土。

17. 顶进作业中，坑内上下吊运物品时，坑下人员应站在安全位置。吊运机具作业应遵守有关的安全技术操作规程。

18. 在公路、铁路段施工时，应对路基采取一定的保护措施。确保汽车、列车运行安全。当列车通行时，应停止作业，人员应暂时撤离到离土坡（作业区）1m 以外的安全地区。

19. 氧气瓶与乙炔瓶（罐）不得进入坑内。

第三节　井下作业安全技术（封堵、拆堵施工）

一、准备工作

1. 施工前应制定施工安全技术方案及措施。

2. 作业前必须履行批准手续，并经项目负责人批准后方可施工。

3. 作业前必须进行气体检测，提前采取通风措施。

4. 井下作业必须执行下井作业票：下井作业前必须由有关人员填写《下井安全作业票》，不填写作业票不得下井作业。

5. 下井作业人员必须进行安全技术培训，合格后方可允许作业。

二、井下作业

1. 井下作业必须有监护人监护；若进入管道作业应在井内增加监护人作中间联络，监护人不准擅离岗位。

2. 作业区应设现场医护人员，现场医护人员必须经市防治院培训考核合格方能上岗，在作业中不得擅自离岗。

3. 作业场所应配备急救车辆，且不准他用。

4. 井下作业严禁动明火。井上、井下作业人员严禁吸烟。

5. 严禁进入管径小于0.8m及以下的管道内作业。

三、现场防护及防护用品

1. 开启井盖后，必须立即在井口四周设置安全护栏，夜间应悬挂警示灯。在繁华地区作业时，应指派专人维护现场及交通秩序。

2. 在井下或管道内作业，严禁使用过滤式防毒面具和隔离式供氧面具，必须使用供压缩空气的隔离式供氧面具及供压缩空气的全隔绝式防护装具。

四、照明及通讯

1. 必须采用防爆型照明设备，其供电电压不得大于12 V。

2. 井上、井下人员之间的联系应采用有线或无线通讯设备，不得以喊话或手势代替。

第七章　道路工程

第一节　道路基层施工安全技术

路基和基层施工是整个道路工程的重要部分，它直接影响着道路的整体稳定性、技术等级和使用年限，影响着工程的工期和造价。

一、施工前准备

为了确保工程的质量、安全和进度，必须作好施工前的准备工作。首先应组织有关人员认真熟悉设计图纸，掌握施工要求和质量标准，深入调查施工现场和周围环境，核实现有的劳力和机具设备，编制施工组织设计，制订施工安全措施，配备劳动防护用品；其次，还必须建立安全生产责任制，做到职责清楚、任务明确，使安全工作贯穿到路基施工的全过程。根据现场具体情况设警戒区或派专人负责警戒，防止事故发生。

在增设水准点和移桩时，锤把要安装牢固，防止打桩时锤头脱落伤人。在打坡顶桩时，首先排除坡上的土块、石块，防止打桩时出现土块、石块陨落伤人。打桩人员脚要站在稳妥的位置，防止沿坡滑下跌伤。

施工前要妥善修筑临时道路。临时道路必须要保证行车和行人的安全。并要有明确的指示标志和交通管制措施。

对工地临时用水、用电，应调查了解临时水源的位置，确定临时供水、供电的方式，制定施工现场用水、用电的方案，并绘制临时供水、供电的平面草图，对全体参加施工人员进行用水、用电的安全教育，对施工用电操作人员要严格遵守持证上岗制度。

施工前应对埋设在地下的自来水管线、电缆管线、煤气管线等做出明显的标志，防止施工中出现漏水、漏气、触电和爆炸烧伤事故。当挖方经过危险建筑物附近时，对裂缝的墙壁、歪斜的烟囱等必须事先进行支撑、加固或拆除，以防止施工中倒塌伤人。对水准点、电杆等重点位置应设置安全防护围栏，对雨期施工中容易塌方的路段，应制订切实可行的安全施工方案。施工区域必须悬挂国家规定的安全标志，危险、警告符号和标语，告诫人们保护的范围和危险的区域。

在城市闹市区施工中在无条件断绝交通的情况下，应有安全巡逻人员，沿施工线巡逻，引导车辆和行人绕行安全地带。

二、路基施工

常用的路基施工机械有：松土机、推土机、铲运机、平地机、挖土机等。在使用机械施工中，往往需要配备一定数量的人工，完成机械达不到的工作面，如边角和边坡部位的修整、路床的整型等。同时还需要配备相当数量的车辆和压实机械，完成土方运输和路基的压实。这些机械、车辆、人工按照各自的分工，完成路基土方工程的部分和全部工序。

机械进入路基施工现场，人工与机械的联合作业，机械与机械的联合作业，情况变化复杂，如果组织不好、调度不力，就可能造成人身或机械事故。因此开工前应根据道路路基断面尺寸和挖填高度、工作量的大小和施工条件、运输距离和施工期限、现有设备状况和机械性能等因素，选择机械及拟定技术操作方案，编制严密的施工组织计划，制订严格的施工规范和安全技术操作规程，对参与路基工程的施工人员都必须进行安全教育，布置施工现场的安全防护设施，配备施工人员必须的安全防护用品，一切准备就续方可开始路基工程施工。

（一）挖方路基

挖方路基一般遵循挖土、外运、修整路床、碾压等工序来进行。挖方施工中遇到原有道路的标志（如水准点、坐标点等）和不拆除的电杆时，应按有关单位的安全规定给予保护。需要迁移的设施应督促有关单位尽快迁移，以保证施工安全。

挖方施工中对地下隐蔽管线的具体位置，必须做出明显的标志，向施工人员进行详细的交底；施工人员开挖时要细心、准确，防止挖断电缆线发生触电，防止挖破自来水管或污水管出现漏水，防止挖破煤气管道发生爆炸等。

挖方施工区域必须设置专人进行交通管理，对人员、车辆、机械实行统一指挥。以免发生人身、机械事故。人工挖土，前后应保持 1.5m 以上距离，左右应保持 1m 以上距离。机动车辆和装载机配合挖土时，必须距离人工挖土面保持 5 m 以上的距离。

人、机配合挖方施工，人员不准站在机械前进的工作面上。一定要站在机械工作面以外。挖土机挖土时，人员不允许在回转半径内通过。压路机碾压时需要人工清理轮上黏土时，人工应在压路机的后面清理，严禁沿压路机前进方向倒退清理，防止后退时绊倒发生人身伤亡。

机械挖土施工，必须保证一定的施工场地，施工范围内不准安排其他作业。运土汽车进入施工场地必须有专人指挥，以保证安全。施工场地禁止行人通过。在挖填交接处或悬崖边缘进行挖土施工，必须保留 1m 以上的安全距离。

人工挖土，施工前应详细检查所用的工具是否完好，对活动、开裂、断把的工具必须及时地修理和加固，防止施工中脱落伤人，挖土时，必须自上而下分层开挖，压层厚度一般不得超过 1m，最厚不得超过 1.5m。两侧堆土时，堆土区必须留出必要的人行道，尽量避免靠墙堆土，必须堆土时高度不得超过 1m，并应设有良好的排水沟管，人员不允许靠墙边休息，以防发生坍塌伤人。

（二）填方路基

填方路基施工前应清除原地面上的树根、淤泥、草皮和排除积水。清除淤泥草皮和排除积水时，一定要穿胶鞋，防止树枝、瓦片等坚硬的东西划破脚、腿，施工中一定要稳步前进，防止滑倒跌伤。

填方施工时，每侧均应宽于该层填筑坡角50cm，保证压路机碾压时边缘留足安全的距离，防止碾压时发生事故。

机械填方时，应设立明显的分层和路边桩的标志，防止机械施工时闪空。人工配合机械控制分层摊铺时，人工找平必须和机械保持一定的安全距离，施工现场必须设立专人指挥，保证人工和机械安全施工。

填方段内的排水管道和填方施工同时进行时，一定要做出详细的施工计划和工程进度规定，制订出安全措施，保证各工序衔接紧密，配合和谐，安全无事故。

如填方人工夯实时，拉夯人员必须用力均匀，行动一致，绳索要结实可靠，防止因用力不均、行动不一或绳断造成压脚伤人事故。用电夯夯实时，接夯软线必须绝缘良好，启动、制动开关必须灵敏安全，工作中不允许夯在电线上，以防止发生触电事故。机械压实时，施工人员应站在压实作业面以外，碾压施工中要修整和检查作业面时，应有专门的安全员管理现场的施工安全。

三、基层施工

基层是位于面层之下，土基之上的中间面承重的主要部分，所以基层又称承重层。基层要求材料强度高，变形小，具有一定整体性。目前施工中常用石灰土，灰土掺石，碎石、级碎（砾）石作基层。

对于石灰土、掺合施工中，备土应本着就地取材的原则，对大的土块应打碎和过筛，在打碎土块时要防止土块飞溅伤人和迷眼，筛土、筛白灰时均应站在上风头。备灰时应先将石灰充分热化。筛白灰的工人应穿上工作服，脖颈围上毛巾，戴上手套、口罩、护目镜、防护帽和鞋盖等，防止白灰腐蚀皮肤。为了防止环境污染，保证周围居民的身心健康，筛灰前应用芦席或篷布将筛灰区域进行围栏隔离。

装运土和石灰粉时，装车要轻、稳，防止飞扬。运送路上必须盖上篷布或塑料布，防止污染环境。卸车时要尽量落低，减少飞扬。保证周围群众和施工人员的身心健康，尽量采用袋装石灰。

翻拌灰土时，应该低翻低拌，禁止高抛乱扬，危害周围群众和施工人员的健康。人工翻拌灰土时，应该按次序，保持等距离的循环翻拌，保证翻拌均匀，防止出现工具交错碰撞发生事故。机械拌合灰土时应先密后疏，机械周围不允许站人，要保证机械前进后退翻拌自如，现场必须有专人指挥，防止发生人员伤亡事故。

摊铺整平中，施工人员必须穿高腰鞋袜，防止白灰烧伤皮肤。灰土摊铺整平后，接近最佳含水量时应立即组织碾压。第一遍碾压过后，人工要进行补坑、铲包，检查平整度、高程。此时碾压机械并未停止作业，所以施工人员必须注意力高度集中，机动灵活，按照现场指挥人员指示的位置避让机械压实。必要时压路机操作手也可按现场指挥人员的指示，临时停机，保证人机安全施工。

现场运输石料不能装车过满，以防沿路抛洒伤人。卸石料时车辆周围不允许站人，人工上车卸石料时，脚一定要站稳，防止人随石料一块滑落。

摊铺碎（砾）石基层，要严格遵守安全技术操作规程，不允许出现粗细骨料分家的现象。

拌合泥浆、灰砂浆时，一定要控制用水适量，搅拌均匀。拌合和灌浆的施工人员要穿工作服、高腰胶鞋，戴手套、护目镜等。跟随压路机洒水人员，应在压路机后面跟机洒水，禁止站在压路机前面退着洒水，防止绊倒。对泥结碎石基础的扫浆、补浆人员应随时避让碾压机械，以免发生事故。

对碾压成活的路段上，限制施工车辆行驶时，应用木马拦挡或用旗语指挥，禁止跑到车前去挡车，以免发生车祸。

施工结束，必须清理现场，剩余的石料、泥浆、灰砂浆等不准乱堆乱倒在人行道上，影响行人安全。

第二节 沥青混凝土路面施工安全技术

沥青混凝土面层是由适当比例的各种不同大小颗粒的矿料和沥青，在一定的温度下拌合成混合料，经过摊铺压实而成的路面面层结构。

沥青混凝土的强度是按密实的原则构成的。依靠粘结力较强的沥青材料作结合料，强度较高的密实矿料为骨料，保证沥青混凝土路面具有强度高、整体性好、抵抗自然因素破坏作用能力强等优点，可作为高级路面面层，适用于高速公路、交通繁重的公路干道、城市道路以及机场工程。

在摊铺沥青混凝土施工前,应做好一系列的准备工作,包括编制施工计划,制定安全制度,准备施工机具,合理组织劳力,配备劳保用品,进行安全技术交底,检查和清理基层,要装路缘石和修路肩,进行施工放线,准备安全标志和交通管制用具等工作。

另外，还应认真检查机具设备是否完好、安全可靠，若发现问题应立即修复或更新。工具的把柄必须要安装牢固、结实，防止施工中发生掉头出现意外事故。并设置安全轻便的护栏和“禁止通行”、“危险慢行”的安全标志牌，夜晚悬挂红灯示警，派出专人负责交通管理，指挥车辆和行人，禁止非施工人员和车辆进入施工现场，以免影响施工和发生不安全的事故。若在不断交通情况下施工时，施工人员要随时注意避让来往的车辆和行人，防止发生交通或人员伤亡事故。

人工洒布结合油时，必须穿紧袖口、紧裤角的工作服，戴口罩、帆布手套、护目镜，脚盖和围腰，穿带温鞋，用毛巾围住脖颈，洒结合油时，油桶装油不能装满，应只装多半桶，防止行走溢出烫伤。刷结合油时刷子禁止乱洒，应沿断面按顺序逐步前进，禁止刷油中间玩笑打闹，发生烧伤等事故。

使用各种小型沥青洒布机时，施工人员要站在风头操作，喷头朝下，并经常检查喷枪是否可靠，避免因管路堵塞、接头不牢而造成漏喷、伤人等。使用手摇洒布机，摇泵用力需均匀，禁止一会大一会小。若发现摇泵时特别费力，喷嘴出油不畅或阻塞时，应立即停止摇泵进行检查维修。使用真空压力喷油车时，必须经常检查气压表和安全阀，发现异常应立即停工抢修，防止发生爆炸事故。

人工摊铺沥青混凝土，必须按顺序由路边开始，扣锨摊铺，锨锨重叠，保持横向齐头并进。摊铺时对卸料的料底必须翻松，对结块成团或颗粒离析的沥青混合料应再次掺拌后使用。人工摊铺时施工人员比较集中，应随时防止工具碰人。

机械摊铺沥青混凝上时，应有专人跟机检查摊铺情况，指挥调整熨平板和合理卸料。需要人工跟机补料时，动作要快、要灵活，防止发生事故。检查井、收水口应在作油前盖好，以防止在摊铺时发生绊跌等事故。摊铺机摊铺作业中，禁止闲杂人员上机或接近机械。

沥青混凝土摊铺过后，在碾压工作时，压路机司机应检查压路机前后左右是否有人、工具或障碍物，以免事故。碾压中压路机司机必须随时注意压路机周围的环境，保证施工安全。

现场拌合与熬油时，周围应设置防火器具，熬油场地应远离易燃易爆场地。拌合场地内应妥善安排好场内交通，避免拥挤干扰。对运转设备应加防护罩，各种油料要分类堆放整齐。

第三节　水泥混凝土路面施工安全技术

水泥混凝土路面强度高，耐久性好，能适应现代化重载、快速而繁忙的交通运输要求，在我国城市街道，厂矿道路，停车场、机场跑道采用较多，特别适宜于立交桥路面、隧道路面和过水路面。随着我国交通运输事业的发展，行车密度增大，载重量加大和行车速度日益提高，水泥混凝土路面将在我国城市道路和公路建设中越来越多，水泥混凝土路面是以级配的碎（砾）石为骨料，水泥和水合成的水泥浆为结合料，经过摊铺，振捣和养生等工序所修筑的路面结构。

一、在水泥混凝土路面施工准备和安装配模中应注意的安全事项

施工前应该设置明显的安全标志，悬挂醒目的安全标语，对施工人员进行安全技术教育。指派专人管制交通，禁止非工作人员、机械、车辆进入施工现场。

材料准备，各种施工材料在现场堆放整齐，不准乱堆乱放。通向施工场地的电路必须架空，保证车辆和行人不受影响。穿越施工现场的自来水管道，应埋入地下，防止影响车辆和行人的安全。水电线路要求整齐不紊乱，防止施工中发生漏水漏电现象。

对皮带运输机安装紧固螺丝、移动位置、调整角度时，在搭设搅拌站的砌石、铺设枕木、安装搅拌机具中，在电线的架设中，在安装临时管道中都应该注意，防止发生压伤、砸伤，触电等不安全事故。

在测量打桩放线时，若未断交通，必须设置明显的安全标志，打桩时防止锤把脱落和打伤手指，用斧头劈桩时，防止劈偏和滑落。

在安装模板时，各种材料要求堆放有条理，防止发生绊伤、扎伤，用手锤固定铁橛时，锤把一定要牢固，并要防止打偏伤手。安装模板要求高程、位置准确，模板直顺，接头平整、牢固稳定，经过振捣不下沉，不变形，不移位。调整模板高程时要防止挤伤手指。

二、混凝土拌合分人工拌合和机械拌合，拌合混凝土时应注意的安全事项

人工拌合多在拌合板上进行，拌合板最好采用大块钢板。使

用钢板作拌合板，四周应稍垫高，两块钢块中的缝子处应重叠10cm以上，要求稳妥牢固，在抬钢板搭设拌合台时，抬板人员要齐心协力，防止压脚、压手。若无钢板改用木板作拌合板时，应将板面刨光，板缝镶拼严密。制作木拌合板时要防止电刨刃伤手，抬木板时抬板人应同时下放，禁止乱抛，防止一头落地一头跳起伤人。

人工拌合前应将拌合板上积存的水泥浆、石碴，尘泥清除干净。清除时要防止滑锨、防止迷眼。清除干净后，将砂子、水泥按重量比在拌合板上干拌均匀，禁止抛扬，然后倒入石子，一面拌合一面加水，直到拌合物完全均匀为止。

砂子和水泥容易飞扬，倒砂、水泥和翻拌时要落低，禁止高抛远扬。拌合人员应戴手套、口罩和护目镜。翻拌时两人应对头由一边向同一方向翻拌，保证翻拌均匀，防止锨把伤人。对推运材料的道路必须经常清扫干净，防止掉落在道路上的砂石滑倒或绊倒人。用抬筐或小车运送材料，必须事先对抬杠、筐绳，小车进行检查，防止工作中发生事故。

机械拌合时，先将搅拌机安装在牢固的基础或底架上。用方木搭设基础和底架时，要防止木料压人，防止铁钉或铁丝扎手。同时应将轮子支垫稳固，以防移动，支轮子时一定要注意安全，防止压手。电气设备应绝缘良好，电线应架空。接线时，应注意当地电源的电压是否与电动机电压相符，防止电动机起动时被烧坏或带不动出现事故。搅拌机需另配电动机时，注意电压必须相符，符合搅拌机的转速，以免发生飞车等事故。

给搅拌机进料时，推车不准抢跑、拥挤，行走间距不得小于2m，下坡间距不得小于10m。在搅拌机料斗边缘应设挡掩，预防车子进斗。车子向内倒料不准撒把松手。搅拌机在转动过程中，不准用手或工具伸入搅拌筒内扒料或捣料。每次加料不得超过规定的重量，严禁搅拌机超负荷工作。搅拌机在搅拌运转中，突然发生故障，不能继续运转时，应立即切断电源，并将拌台筒内的拌合物清除干净，然后进行检查修理，搅拌机在工作中中断

1h 以上，应将搅拌筒内清理干净。搅拌机拌合前或搅拌结束时均应将搅拌筒清理干净。

搅拌机如有自动供水设备，在搅拌前应按照拌合用水量标准调整好水量刻度盘指针，保证定量加水。

搅拌机进行检修时，应切断电源，将料斗用保险链条锁住后方可进行。需进入拌合筒内进行检修和清理工作时应有人在筒外监护。

三、混凝土在摊铺和振捣中应注意的安全事项

混凝土摊铺应分板块进行施工，每个板块摊铺应连续进行，直到全部摊完。摊铺施工因范围小，人员集中，搅拌料浇入模板中的位置要适中，卸料速度要缓，边角空白部位要扣锹摊铺，注意施工中锹把转动时的安全。当混凝土摊铺到板厚的 2/3 时，应拔掉内侧固定模板的铁橛。在端锹摊铺时要防止模板和铁橛绊跤。在摊铺加钢筋混凝土时，要保证水泥垫块位置和钢筋的位置不变，摊铺施工要防止铁丝扎脚和钢筋绊跤。编扎钢筋，布置传力杆、边缘及角隅钢筋时位置要准确，安放要稳妥，编扎和布置钢筋要防止压脚、夹手和扎手。

振捣器启动前应检查电路的开关是否完好、线路是否绝缘良好、接头是否良好，防止漏电和发生断路而造成事故。振捣前先进行试运转，保证运转正常。行夯振动前要检查模内侧的固定铁橛是否拔完，模板外侧铁橛是否低于模板，防止阻挡行夯工作和发生事故。振捣施工中应有专人拉软线随振动器同时前进，防止在振捣施工中发生扭线、压线造成漏电伤人。

水泥混凝土浇筑好后，强度的增长要在一定的温度、湿度和时间的情况下进行。为了保证水泥混凝土的质量，必须进行养生。路面板养生期间，应禁止重型车辆和强烈振动的车辆、机具从附近通过，洒水养生应在路面板上用锯末或草帘覆盖，避免水直接冲击未达强度的路面板，防止水分蒸发，保证路面板上经常保持湿润。塑料薄膜养生时，喷洒塑料溶液人员要站在上风头，

喷枪距混凝土板面 40～50cm，在配制塑料溶液时，室内要保持通风，操作人员要戴护目镜、口罩、手套，穿工作服。配制和喷洒时要严禁烟火，因为塑料溶液容易燃烧，所以必须始终作好防火工作。

拆膜时，拆下的铁钉、铁橛、模板等物品要堆放整齐，禁止乱堆乱放，防止绊人和伤人。

第八章 桥梁施工

第一节 桩基施工

桩基按照施工方法分类有钻孔灌注桩和打入桩、振动下沉桩等。本节重点介绍钻孔灌注桩施工安全管理要点。

1. 现场布置要安全文明

施工组织设计中明确各种设备的位置，线路布置走向，泥浆流向及泥浆池位置等。

2. 机械设备要安全可靠

（1）主机、副机的钢丝绳、夹具、安全套等是否完好。

（2）钻杆和吊杆的完好性，是否有裂缝等隐患。

（3）钻机是否稳定，机座或承垫木是否座落在原地面上，桩机承垫木是否垫实。

（4）钻机的电动机、传动装置等试运转是否正常。

（5）其他附属设备，如混凝土拌合机、汽车起重机、电焊机等是否安全正常。

3. 操作人员须经过专业培训持证上岗，按照本岗操作规程进行作业。

4. 钻机工作前必须算好整个机械使用电流，是否满足变压器所承受的载荷，如超载应采取相应措施保证用电安全。

5. 钻孔过程中，机械有故障，必须停机排除。

6. 浇筑前必须将钻成的孔用铁板或木板盖住，正式浇筑也不得将其全部去掉，以免人员不慎掉入孔中。

第二节　承台、立柱、盖梁施工

一、承台

（一）陆上承台施工

1. 基坑开挖时的一些常识性安全注意事项：

（1）坑边原则上不允许堆土。

（2）地质资料中反映出有细砂、粉砂、黏质粉土等有可能产生流砂现象的土层中，必须考虑采取井点降低地下水位。

（3）地形图中反映出有各类管道管线于基坑附近区域时，须开挖样洞，摸清管线走向，加以妥善保护。

（4）经常性地排水是十分必要的，无论是坑底或基坑边缘周围的明水，对于基坑边坡的稳定都是不利的，应采取有效措施，给予引流或排除。

2. 承台施工安全操作应注意如下事宜：

（1）禁止基坑边缘堆物；注意支撑及支护的稳定。

（2）立柱的预留钢筋应予以固定，若立柱较高，还应在承台表面留出稳固立柱模板的缆风绳地钩。

（3）进行桩顶的敲拆必须有起重设备配合作业自始至终，并还应确认钢丝绳的安装正确，能有效、平稳地提升卸载体的重量，防止在气割时从某一侧面突然倾覆伤害作业人员。

（4）选择商品混凝土浇捣，还要注意混凝土泵车臂与附近架空线的安全距离。

（二）水上承台施工

1. 围堰法施工的安全事项：

（1）围堰法施工首要问题是防汛，应有切实可行的保险措施及应急措施。

（2）筑围堰要与航道部门取得联系，晚上在两边挂上并点亮安全示宽灯等，并按照航道管理部门的要求来组织施工。

（3）要按照水上作业的有关规定，组织操作人员认真贯彻实施。

（4）围堰完成后，要派专人进行观测、养护，平时要准备好必要的养护材料，一旦发现情况异常，立即组织人员进行堵漏、加固。

2. 套箱施工

套箱施工的关键是施工方案的设计，应考虑浇捣承台混凝土时，套箱的几个吊点又要承受整个承台混凝土的重量（扣除浮力），潮涨潮落又使各个吊点承受的荷载不断发生变化。

二、立柱

（一）立柱的模板一般都采用定型大模板。吊车配合拼装立模，应注意两点：

1. 立模前，在承台上放样定位后，还要照顾到前后左右立柱的整齐划一，尽量满足视线舒适。

2. 有些立柱较高，需要两节或三节模板拼接，这时也应注意拼接缝尽量不留在视线范围内。另外还要用缆风绳稳固高立柱模板。

（二）人员进入立柱内浇捣混凝土，应采取切实有效的安全措施，保证操作者的生命安全。

三、盖梁

盖梁施工搭设脚手架严格按照设计要求进行，其操作脚手架一般采取在底模每边挑出1m左右的宽度，再铺设底面行走脚手板和临边防护的方法，若盖梁自身高度较高，应铺设双层操作脚手架，并用密目式安全网围护。

第三节　预制构件施工

一、模板工程

(一) 制作模板的常用机械及其安全操作

1. 圆锯机及其安全操作

(1) 圆锯机的锯片必须平整，锯齿锐利，不得使用有裂纹或连续缺齿的锯片。

(2) 锯片与机轴连接螺栓要旋紧，锯片上方必须装设安全罩。

(3) 上锯前应先清除木料中的铁钉、混凝土渣块及灰垢等杂物。操作人员应配戴防护眼镜。

(4) 进行锯木作业时，进料要握稳拿平，匀速推进且用力不要过猛，不许将木料左右扳动或抬高。如发生锯线走偏，不要强行扭扳，应停机纠正；遇有硬节要放慢推进速度，以防木节飞弹伤人；木料将要锯至尾端时，禁止用手继续推按，应用推棍或由接料人员将木料锯完；接料人员必须在木料出离锯片 35cm 以上时才能接料，不要用力硬拉；锯短料、窄料时必须使用推棍送料，用刨钩接料；长度不足 50cm 的短料和厚度超过锯片半径的大料禁止上锯；锯台及锯片附近的碎屑应用木方及时清除，不准直接用手去清理锯片处的碎块。

2. 平刨机及其安全操作

(1) 平刨机要有安全防护罩或增装自动压进料安全装置。

(2) 同台刨机上的刀片重量、厚度应一致，且与刀架夹板相吻合，使旋转平稳。

(3) 焊缝超出刀具或有裂纹的刀片不得使用。

(4) 紧固刀片螺钉应嵌入钉槽内。调整刀削量或换刀片，必须断开电源。

(5) 进行刨削作业时，作业人员应保持身体平稳，双手持料，手按住木料上面推进，手指与刀刃距离不应少于3cm。进料速度要均匀，遇有木节疤应减慢刨进速度。木料将要刨完时用力要轻，禁止用手在料后推进。一面刨完后，不得在刀刃上方往回拖料。当所刨木料厚度小于1.5cm或长度短于30cm时，必须用压板或推棍送料，不准用手直接推进以防发生事故。刨长度为2m以上的木料时应两人配合操作。刨旧木料时，要先清除木料上的铁钉、混凝土残渣与灰垢等杂物。使用压刨机刨料应先进木料大端，当木料走偏时，应先停机将台面降下，拨正木料后再继续进刨。

3. 砂轮机及其安全操作

砂轮机是圆锯机专用的配套木工机械设备，主要用来锉磨锯片。对于有裂纹、不圆、磨损严重及有松动现象的砂轮不得使用。防护罩必须齐全完好。操作人员锉磨锯片时，应戴防护眼镜和手套，并扎紧衣袖口，不得正对砂轮站立。砂磨锯齿时要精力集中，端正握稳锯盘，注视砂轮与锯齿间的起落接触，锯齿接近砂轮时要缓慢，不得猛力撞击砂轮。

4. 手持电动工具及其安全操作

制模、支模常用的手持电动工具有手电锯、手电刨、手电钻和手砂轮等。

(1) 使用手持电动工具前应检查机体有无漏电现象；加强对电源插座及电线的检查，设置单独开关箱。

(2) 操作人员作业时必须戴绝缘手套，穿绝缘胶鞋或站在干燥的木板上。

(3) 发现有漏电、异响情况，应立即停机检查。

(4) 电线应用软胶皮线，不准用塑料胶质线；电线牵引距离不要过长，不得用力拖拉，切忌擦磨砸破线皮。

(5) 所有手持电动工具上的防护罩不得任意拆动。

(二) 安装模板注意事项

1. 支撑基础要牢固。

2. 保证模板和支撑的稳固性。

3. 特殊结构建筑物的模板要按设计安装。

4. 按规程安装组合定型钢模板。

5. 支模人员要保护模板装置。

（三）模板拆除注意事项

1. 拆模时操作人员应选位站在安全位置，有足够的操作面及避让处，不得站在正在拆除模板的支撑上操作。

2. 多人协同拆模要有统一信号和指挥。

3. 拆除模板不要硬撬、硬砸或强力振敲，禁止采取大面积同时撬落或整体拉倒模板的方法。

4. 对明显已松动的模板，拆除其支撑时要防止模板自行脱落。

5. 在拆模中如果发现混凝土有影响结构安全的质量问题时，应暂停拆除，经处理后再继续进行。

6. 拆除稳定性差的构件模板时应两面加侧向支撑顶固，以防倾倒。

7. 拆模中途间歇时，要注意将已拆活动的模板、撬杠、支撑妥善处理，防止因人员扶空、踩空而发生坠落或被物击伤事故。

8. 拆下的模板材料应及时清理，对木模上的钉子应预处理或暂时将钉头朝下放置，以免被钉扎伤。

9. 对混凝土上的较大预留孔洞，在拆模后必须随即盖好或加拦护。

10. 拼装钢模的整模拆除时，应先锁好吊环、拴好吊索，然后才能拆除斜撑和连结两块拼装板的连杆、U 型卡及 L 型插销。

二、钢筋工程

（一）钢筋加工常用机具

1. 除锈机及操作安全

（1）使用电动除锈机时，钢丝刷的固定螺钉应紧固，封闭式防护罩装置和排尘设备应齐全完好。

（2）使用除锈机除锈要在钢筋基本调直后进行，严禁将带钩的钢筋上机除锈。

（3）进行钢筋除锈作业时，操作人员必须将袖口扎紧、戴好口罩、手套，特别要戴好防护眼镜。

（4）操作人员必须侧身送料，除锈机的正前方不准站人。对整根的长钢筋除锈一般要由两人互相呼应、配合操作。

2. 调直机及操作安全

（1）调直机上不准搁置工具物件以防落入机体。

（2）调直钢筋时，应按所调钢筋直径大小选用机上适当的调直模和传送压辊。

（3）长度小于3m或直径大于9mm的钢筋，应用低速调直。

（4）钢筋端头装入调直机压辊时，手与压辊必须离开一定距离并不准戴手套操作。

（5）在调直过程中，不准调整压辊。

（6）当放料盘上的钢筋将尽时，要防止钢筋甩弹伤人。

（7）钢筋调直到末端时操作人员应注意避让。

3. 切断机及操作安全

（1）使用切断机前，应先检查刀片水平及垂直间隙是否适当，刀片不得钝缺、裂纹，连结刀片的螺栓必须紧固。

（2）断料一定要待机械运转正常后方可进行。操作人员手与刀口间的距离不得小于15cm，要在活动刀片后退时，才能将钢筋送入刀口。

（3）在活动刀片前进中如一感到压手时，应立即用手压住握稳钢筋，防止因钢筋大幅度摆动击伤人。操作时，手握端长度不得小于40cm，否则必须用套管压住或用钳子夹紧钢筋。

（4）切断长钢筋时，应有专人协作配合操作，不要任意拖拉。

（5）切断机运行时，严禁用手直接去清除刀口处的断头或杂物。

（6）一次进行多根钢筋切断时，不得超过切断机允许剪切能力。

(7) 不准在切断机上切断中碳钢以上硬度或烧红的钢筋。

4. 弯曲机及操作安全

(1) 操作人员应戴防护眼镜，防止锈渣崩溅伤人。

(2) 按钢筋的直径正确选用弯曲速度。直径小于18mm的钢筋可用快速，直径为18～24mm的钢筋宜用中速。直径大于25mm的钢筋必须用慢速。

(3) 弯曲操作时，放入心轴的位置不得弄错，放置钢筋要与挡板及工作盘旋转方向相配合，要紧贴挡板并用手压紧和正确控制工作盘回转方向。

(4) 变化工作盘回转方向时应先停转再反转。多根钢筋一次弯曲必须先进行钢筋截面换算，防止超过机械的弯曲能力。

5. 钢筋焊接和镦头设备的操作安全

常用的钢筋焊接和镦头设备有对焊机、点焊机、电弧焊机、埋弧焊机、接触电渣焊机及镦头机。焊接、镦头作业主要应防止触电、电弧火花灼伤及防火和防尘毒危害。

放置焊接设备的场地要干燥、防雨、防潮和防火。禁止两台焊机使用同一个电源闸刀。焊工要经培训合格持证操作并严格遵守操作规程。

镦粗钢筋端头时，应保持钢筋端头伸出长度一致，一般为12cm，最短不应小于8cm。

(二) 钢筋的冷拉和冷拔

1. 冷拉操作安全

(1) 冷拉钢筋场地两端和两侧应采取防护措施和设置警戒标志。

(2) 冷拉作业时，正对钢筋两端不允许站人，以防因钢筋被拉断或滑钩脱钩时钢筋弹力伤人。

(3) 冷拉用卷扬机前面应设防护挡板或将卷扬机与冷拉线方向成90°摆放。

2. 冷拔操作安全

（1）拔丝机开动后，操作人员应离开机台，站在便于控制电钮的位置。

（2）禁止用手触及钢筋和滚筒，并随时监视放线架、压辊架、滚筒的运行情况。

（3）钢筋末端即将通过拔丝模时，应立即松开离合器并防钢丝弹出伤人。

（三）钢筋的绑扎和安装

1. 绑扎安装钢筋作业前，应认真做好准备工作，包括熟悉图纸、校核钢筋材质书、编拟配料单及料牌、决定绑扎顺序，备好工具用料等。

2. 绑扎时，操作扎钩的扭力要适度，一般紧绕铁丝拧转两圈半即可。扎紧后的铁丝尖头应朝下方或向内，以防刺伤人。

3. 人工弯曲钢筋时，所用平头横口扳子的规格应与所扳钢筋的直径相吻合。弯曲时起弯用力要慢、稳，不要过猛，防止扳脱和人员摔跌。特别是在高处作业时，应遵守高处作业规程，尽量避免在高空扳弯粗钢筋。

4. 多人抬运长的钢筋或钢筋骨架及网片时，要注意周围环境，前后照应、协调一致，防止抬运中冲撞或触及电气设备。不准多人抬着钢筋在墙上行走。

5. 垂直吊运成捆钢筋时应将钢筋理整齐，长短分开捆紧，防止钢筋松滑坠落。吊运预制钢筋骨架网片时，应正确选择吊点系结吊索，不能让其在空中乱摆动，防止骨架网片变形、坠落、勾挂脚手架或电线。若用架子车吊运钢筋，必须将钢筋与车绑牢。

6. 直接在地面预制绑扎骨架，应在指定地点垫平放齐。骨架较高、侧向稳定性差时，应架设临时支撑，以防倾倒。

7. 高处绑扎钢筋应有上下人梯，操作人员不得攀登钢筋上下，不准站在柱子箍筋上绑扎。柱子钢筋骨架高 5m 以上时，骨架中间应设支撑加以稳固。绑扎临边的钢筋时，应搭设脚手架、张挂安全网，作业人员必须拴挂安全带。

8. 在建筑体上绑扎钢筋前应先对作业环境的安全状态进行检查，查看跳板、模板支撑是否牢固可靠。

9. 在模板或脚手架上堆放钢筋不要超负荷；在深坑下或较密的钢筋中绑扎钢筋时，照明电源应用低压并禁止将高压电线拴挂在钢筋上；立体交叉作业，电弧焊接钢筋与绑扎钢筋作业竖向位置应相互错开，防止火花溅落灼伤人。

三、混凝土工程

(一) 一般安全规定

施工负责人首先应对参与混凝土施工的人员进行合理的劳动组织安排，认真进行安全技术交底，做到统一指挥、落实责任。浇筑混凝土前，必须对施工的每个作业环节进行全面检查，如模板支撑是否牢固，钢筋埋件及隐蔽检验、施工机具、脚手架平台、运输车辆、水电及照明等状况是否良好，经确认后，才能开始浇筑施工。参加施工的各工种除应遵守有关安全技术规程外，必须坚守职责，随时检查混凝土浇筑过程中的模板、支撑、钢筋、架子平台、电气设备等工作动态，发现模板有松动、变形、走移，钢筋埋件移位等情况，应立即整改。

(二) 原材料运输和堆放的安全要求

1 取水泥时必须逐层顺序拿取。

2. 用手推车运输水泥、砂、石子，不应高出车斗，行驶不应抢先爬头。

3. 临时堆放备用水泥，不应堆叠过高，如堆放在平台上时，应不超过平台的容许承载能力。叠垛要整齐平稳。

4. 运输通道要平整，走桥要钉牢，不得有未钉稳的空头板，并保持清洁，及时清除落料和杂物。

5. 上落斜坡时，坡度不应太陡，坡面应采取防滑措施，在必要时坡面设专人帮力拉上。

6. 车子向搅拌机料斗卸料时，不得用力过猛和撒把，防车翻转，料斗边沿应高出落料平台 10cm 左右为宜，过低的要加设车挡。

（三）混凝土的浇筑及操作安全

1. 预制构件采用翻转架脱模时，多人协同翻架用力要一致，当翻至翻转架与地面垂直时，应用手或脚在把手处压拉一下，防止因倾翻力不足而导致模架回弹造成猛烈跳动而影响质量。

2. 预制构件采用平卧重叠法预制构件时，重叠高度一般不宜超过 3 ~ 4 层，且要待混凝土的强度达到 4.90MPa 后，方可继续浇筑上层构件混凝土，并应有隔离措施。

3. 滑模施工浇筑混凝土，必须要有严密的施工方案、严格的材质计量、合理的控制滑升速度、认真的测量监视、科学的管理和检查。操作平台上的荷载必须按设计规定布置，不得随意改动和增加。操作平台上铺板要密实防滑。操作平台和吊篮四周必须满挂拴牢安全网。平台护身栏杆高度不得低于 1.2m。操作平台应保持整洁，残留的混凝土、拆下的模板和其他材料、工具应加强清理。施工人员上下应有专门提升罐笼装置或专用行人坡道，不准用临时直梯。垂直提升装置必须设高度限位器，载人罐笼还必须有安全抱闸。操作平台上、起重卷扬机房、信号控制点和测量观测点等之间的通讯指挥信号必须明显可靠。滑模建筑物抛面四周，必须根据建筑高度设定警戒区域并有专人看守。操作平台上要有接地保护，防雷设施应不少于 3 处。滑模施工期间应注意了解气象情况，做好预防措施，遇有雷雨大风应停止施工。

（四）混凝土机具操作安全

1. 混凝土搅拌机

（1）先检查其传动离合器和制动器是否灵活可靠，钢丝绳有无损坏，轨道滑轮是否良好，机器四周有无障碍以及各部件润滑状况，然后进行空载试转升斗，确认可靠后才可正式搅拌。

（2）操作人员应站在垫木平台上操作，并配戴防尘口罩。

（3）操作时，起落料斗要平稳，当料斗降至接近地面时，应稍停后再放至坑底。料斗升起后，严禁在料斗下方站人。

（4）搅拌机运转中，严禁将工具、硬物等伸入拌筒内。

（5）已搅拌好的混凝土在未全部卸出之前，不得再向拌合筒内投入生料。

（6）在机器转动时人员不得进入机体后面滑道处从事清洗或挂钩，防止因操作不慎人体误触动离合器的操纵杆而导致料斗升起造成伤害。

（7）拌筒中装满料时不应停转，若遇突然停电再来电时，不宜重载满负荷强行再启动，以防启动电流过大烧坏电机，应及时将拌筒内的混凝土清除。

（8）人员进入筒内作业时，外面必须要有专人监护并看好电源。

（9）检修搅拌机时，必须将料斗用双挂钩固定牢靠并切断电源。每次搅拌完毕，操作人员应将料斗放至地面或挂牢，将全机里外清洗干净并断电锁闸。

2. 混凝土运输机具（车辆运输）

（1）应加强对车辆的制动、转向机构、轮胎气压进行检查。

（2）车辆驶上浇筑平台时，必须听从指挥，车辆重量不准超过平台承重规定，以防坍塌事故。

（3）车辆倾倒混凝土时，严禁只图卸料省事、冒险高速前靠或后退，造成驶进基坑或压伤操作人员。

（4）车辆卸料处应铺设好铁板，加设车轮限位防护横挡。

3. 泵送浇筑混凝土

（1）泵送混凝土输送管的各节头连接必须紧固。

（2）泵送时，输送管下不得站人，防止因脱扣造成高压喷料伤人。

（3）操作人员应严格控制泵送压力，并与下料浇筑振捣人员保持密切联系。

（4）混凝土泵送应连续进行，保持受料斗内存有足够的混凝土，防止吸入空气形成阻塞。

（5）若因停运或停泵时间超过规定时间而发生混凝土初凝、离析现象时，应停止泵送。

（6）发生混凝土堵管时，可在被堵塞段管壁外侧用木棒敲击疏通，必要时应停泵拆卸节头进行处理，但禁止用加大压力的办法来排除故障。

（7）冬期施工发生管道冻结时，只准用热水加热泵管，禁止用火烘烤。

4. 混凝土振捣器

（1）插入式振动棒。使用混凝土振动棒前，必须将棒轴与电机连结紧固，验证旋转方向与标志方向是否一致。进行试转时，不应将振动棒放在模板、脚手架以及未凝固的混凝土表面上振动。冬季因棒体冻结不易启振时，可用微火缓烤棒体，但不得使用烈火或沸水解冻。振捣操作人员应穿绝缘胶靴、戴绝缘手套，湿手不要接触电机开关。作业时应一人持棒振捣，专人配合控制开关并监护电线。振捣混凝土操作应快插慢拔，插入混凝土中应将棒体上下微微抽动以捣制均匀。一般振动棒的作用半径为30～40cm。不要将棒的软轴部分沉陷入混凝土中，振捣操作中软轴的弯曲半径不要小于50cm。还应防止钢筋卡夹棒体，避免棒体碰触钢筋、模板、埋件、芯管或空心胶囊，一般棒体距离模板不应大于作用半径的1/2。连续分层浇筑混凝土时，为使上下层混凝土结合成一个整体，棒端应插入下层5cm深。振捣操作中如发现脱轴、漏电时，应立即停机检修。

（2）表面平板式振动器。使用表面平板振动器时，应先检查电机与振动板连接的螺栓是否紧固，导线是否固定可靠，要保持机壳表面清洁和牵引拉绳绝缘干燥。平板振动器的有效作用深度，在无筋或单层筋板构件中，一般为20cm，在双层筋板构件中约为12cm。因此，往模板中浇筑混凝土时必须控制一次浇筑厚度。两人操作应密切配合，在每一位置上连续振动时间一般为25～40s，以混凝土表面均匀出现浆液为止。移动平饭时，应成排依次前进，前后位置和排间应互相压接，压接长度应有3～5cm。移动转向时，不要用脚蹬踩电机。振至构件边沿时，要防止坠机砸人。

四、张拉工程

（一）先张法作业

1. 预应力钢筋的张拉

（1）张拉前的安全准备工作。张拉前，检查定位板上的钻孔位置是否与设计要求相符，要量准孔眼与台面的距离，以保证混凝土保护层的尺寸。还应计算好钢筋的张拉力，再把张拉力换算成千斤顶或油压拉伸机上的油压表读数。

（2）张拉程序。为了降低因预应力钢筋松弛而造成的预应力损失，不能一次就张拉到控制张拉力。

2. 张拉安全技术

（1）每天上班时，由焊工先焊接两个试件，自行检验合格后，再正式焊接成品。

（2）预应力钢筋要在冷拉之前对焊，因为冷拉可以考验对焊接头的质量。

（3）为了保证接头有良好的质量，对焊前应在钢筋端部约12cm长度范围内除污、去锈和校直，以免在焊接过程中烧伤钢筋表面及轴线发生偏移，在操作间隙中应随时清除粘附在轴板上的氧化铁。

（4）根据每批钢种的特性，操作人员的熟练程度，气候情况，实际电压，对焊机的性能等具体情况，通过试验自行修正。在操作过程中，受手工及外界条件等因素的影响时，也应及时进行修正，以符合控制温度的规律。

（5）对焊机必须安装稳固，经过试验正常后才可使用；焊机变压器的电流调节器不得超过负荷。焊接过程中如发现有不正常情况应立即进行检修。

（6）钢筋冷拉到控制吨位时，应稳拉4min，以检验钢筋的碰焊接头质量是否过关。

（7）冷拉时一切行动听指挥，操作人员必须离冷拉钢筋3～4m距离，冷拉线两端不得站人，避免钢筋拉断时飞出伤人，禁止行人跨越钢筋。

(8)采用钢绞线时，为了消除它的构造变形，减少应力松弛损失，调整钢绞线中各根钢丝的初始长度（或初应力）使达到一致，钢绞线在张拉前需经预拉，预拉应力按规范采用钢绞线抗拉强度的85%，当达到预拉应力后，需等5~10min，然后放松，这样避免了个别钢丝可能被拉断的现象。

(9)张拉时，构件两端不准站人，张拉台座两端要设置防护罩，防止钢丝或钢筋拉断伤人。

(10)油泵要放在台座的侧面，操作人员要站在油泵的外侧面进行操作。

(11)油泵上的安全阀在达到额定的最大压力时，必须能灵敏地自动开启卸荷。

(12)钢丝、钢筋拉到预拉应力后，要停2~3min，待稳定后再旋紧工具帽一端螺母时，操作人员须站在横梁上面或侧面。

（二）后张法作业

张拉安全技术：

1. 张拉现场尤其是张拉操作地点必须清除一切障碍物，并适当平整附近的场地，以供张拉设备车行走和张拉操作。

2. 张拉时，构件两端不准站人，并设置防护罩。高压油泵应放在离构件端部的左右两侧；旋紧锚固螺母时，操作人员应站在预应力钢筋位置的侧面。张拉完毕后，稍等几分钟再拆卸张拉设备。

3. 对后张法来说，在钢丝束的端头延长线15m及其两侧各1.5m内作为禁区，设立明显标志，并用带小旗的绳子围拦，严禁非张拉人员进入。张拉人员操作时须站于构件两侧，严禁在应力筋的端部以及中间行走和操作。

4. 张拉设备必须定期校验和维修，以保证张拉顺利进行。在张拉中，须随时注意不正常情况出现，如遇张拉值和计算值相比过大、过小，压力表指针回不到零，张拉机械发生故障等时，必须停止张拉，待会同有关人员分析弄清情况排除故障并采取措施后，方可继续进行张拉。

5. 孔道灌浆时，掌握喷嘴的人必须戴防护眼镜、穿雨鞋、戴手套，喷嘴插入孔道后，喷嘴后面的胶皮垫圈要压紧在孔洞上，灰浆泵与胶皮管要连接牢固后才能开动，堵灌浆孔时应站在孔的侧面，以防灰浆喷出伤人。

6. 为保证预应力构件质量和安全生产，凡遇下列情况之一，不予张拉：

（1）混凝土强度达不到设计要求不张拉。

（2）没有预应力筋出厂材料合格证明书不张拉。

（3）准备工作不充分及安全措施未做好不张拉。

（4）张拉前交底不清，要求不明确不张拉。

（5）预应力筋规格不符合设计要求不张拉。

（6）预应力配套螺母、螺杆不符合规格要求或太松、太紧不张拉。

（7）张拉过程中发现问题，未查明原因，并未采取措施不张拉。

（三）挂篮现浇箱型连续梁桥

1. 挂篮制作上的安全技术

（1）材质：制作挂篮用各种材质的钢材，使用前必须要有表明钢材物埋性能及化学成分分析的材质合格证书，否则应作检验，其各项指标必须满足钢结构设计中的有关规定。

（2）钢材锈蚀严重，有弯、扭、裂缝、脱层和夹灰等现象不得使用。

（3）对轻微弯曲的钢材，可进行修整，其钢材用辗压机械校直，其弯曲不得超过规范要求。对零星部件可用锤击修整。

（4）钢材制作加工时，其锯切和气割应作修整，修整后的边线和钢材弯曲必须满足挂篮设计的要求。

（5）钻孔要求：成孔直径必须为正圆形，且垂直于板面，孔缘无不平、损坏等现象，孔眼直径公差必须满足设计的要求。

（6）焊接：焊接连接的形式为平接、搭接和顶接三种，其角钢与钢板、圆钢与钢板、圆钢与圆钢之间的焊接应满足规范要求。焊缝连接还必须满足规定的构造要求。

2. 挂篮安装及使用的安全技术

（1）挂篮安装时，要注意挂篮的安装顺序，在每个顺序中都要验算稳定性，以防止倾覆，保证安全。

主桁安装时，必须进行抗倾覆验算，必要时在主桁下增设临时支点或拉杆。

底模托架安装时，必须进行抗倾覆验算，并调节压重或采取临时后锚措施。

压重安装时，必须进行抗倾覆验算，一般情况下，压重安装和挂篮底模架交叉进行，每压重一次，都应进行抗倾覆验算。

（2）挂篮施工大都在河中高墩上进行，对大型钢构件的运输和安装必须制订完整的技术方案，特别在某些省略了0#块下扇形支架的施工桥梁中，其主桁架安装必须制订特殊的安全技术措施。

（3）行走系中滑槽下应设置垫木，滑槽必须平整，滑槽内一般应加设钢板，支座下应加设滑板，以减小挂篮移动时的摩阻力。安装挂篮时，滑槽内支承点要有防滑措施，防止挂篮滑出桥面造成重大安全事故。

（4）锚固系是确保安全的重要部件，必须保证各部件的材质合格，无明显的受损现象。施工中，要注意保护桥面锚固系预埋件完整无损，使之能承受锚固拉力。锚固预埋件一般承受垂直拉力，挂篮制作前，必须作承力试验，其安全系数应大于2。如遇特殊情况，后锚需倾斜设置时，应该进行挂篮承受侧向力验算，并增设水平传力杆。

（5）挂篮设计时，支点位置应设置在混凝土箱型梁的肋上，以免箱梁顶板承受较大的集中荷载而破坏。如果遇特殊情况支点无法设置在肋上，应在支点下加设钢板路基箱等措施。

（6）挂篮提升系统中千斤顶等不宜焊接固定的装置，应采取固定措施，避免因千斤顶等物件落下造成人员伤亡。千斤顶提升钢吊带必须用钢销设置保险装置。

(7) 吊带和吊带连接时，除设置钢销外，还应在吊带钢板两边焊接钢筋等，以固定吊带连接，吊带应平直，不能弯曲；多根吊带安装时，应保持在同一平面上。

(8) 由于钢销的材质和规格不同，在使用时，应严加区别，不得混用。

(9) 某些挂篮后下横梁在箱梁内底板上设置承力支点，其箱梁混凝土必须用钢筋网加强，加强钢筋网格应该通过试验，确定使用钢筋网的钢筋间距和规格。

(10) 用挂篮施工时，开放航道要有一定要求，收集资料，把附近桥梁的通航标高，本河道通航等级等与挂篮施工方案相比较，得出限制船只航运要求，并和航运管理部门协商，发布航运通告。河道内施工区域必须根据船只航行通告的要求做好安全防护措施，并严格规定在挂篮施工的正下方不能通航。

(11) 挂篮上、下层应设专用扶梯，方便施工人员上下挂篮。挂篮应全封闭施工，在挂篮四周应设钢护栏或木护栏，护栏底部应设踢脚板，板高不小于30cm并设安全网，以免施工时，人员、块件从高处坠入河中，伤及船只及人员。

(12) 挂篮运行前，应进行加载试验，以确定各承力部件是否达到设计要求。加载重量应略大于设计重量即箱块重量。加载顺序应模拟箱块混凝土浇筑时的加载方法进行。

(13) 挂篮钢吊带收、放应一致，如个别钢带收入过度，会引起局部集中荷载，对挂篮受力不利。吊带收紧后，应检查钢吊带受力是否均衡，否则应重新调整钢吊带。

(14) 挂篮行走两侧手动葫芦（或卷扬机）工作应一致，避免挂篮行走偏位造成挂篮因受扭被破坏。挂篮行走槽钢接头应平整，不应有高差，接头连接钢板应点焊固定。

3. 预应力钢筋张拉的安全技术

(1) 编束要正确，以免断丝。

（2）锚塞、锚固、锚垫板三个圆心要重合，防止断丝。

（3）应力要控制正确、千斤顶、压力表、油泵安全阀要经常校验。

（4）要配带防护眼镜，以免在敲打铁楔块时铁屑飞出伤人眼睛。

（5）要经常检查千斤顶悬吊系统，避免千斤顶掉下伤人。

五、支架现浇箱型连续梁桥

1. 桐木桩基础为临时结构，其入土深度应设计验算符合有关规定，桐木桩应该整体承力，每排桐木桩上必须用大方木作盖方，盖方和桐木桩用 U 形夹箍固定，桩与桩、排与排之间必须设剪刀撑增加稳定。

2. 钢筋混凝土方桩应作承力验算，并满足有关设计规范，方桩预制和施打必须满足有关安全操作规程。混凝土方桩上应设钢筋混凝土承台。

3. 钢筋混凝土扩大基础应作土基承载力验算。施工时，土基应整平、压实，必要时加设碎石垫层。

4. 支架的基础要可靠，构件结合紧密并加入纵、横向连接杆件，使支架成为整体。

5. 钢横梁及桁架应作设计验算，其验算必须符合钢结构设计中有关规定，制作和安装见前面挂篮施工部分。

6. 在河道中施工的支架要充分考虑洪水和漂浮物的影响，除对支架的结构构造有所要求外，对没有条件封航的河道，桥式支架要充分考虑通航的要求，并有安全技术措施。

7. 支架在受荷后的变形，在安装前要充分的估计和计算，并在安装支架时设置预拱度，使就地浇筑的主梁线形符合设计要求。

8. 支架的卸落设备有木楔、砂筒和千斤顶等数种，卸架时要对称、均匀，不应使主梁发生局部受力的状态。支架拆除时应从上至下进行。

六、顶推法施工箱型连续梁桥

1. 用导梁时应设置拼装导梁的场地，底座长度应考虑预制梁段长及导梁长。

2. 在引桥上设预制底座时，引桥的强度、刚度和稳定性应符合设计要求。

3. 向第一跨顶推导梁时，应考虑预制底座长度的防倾覆安全度。

4. 聚四氟乙烯滑板与不锈钢或镀铬钢板的摩擦系数，启动时按 0.07 ~ 0.08，滑动后按 0.05 考虑。启动时，可在聚四氟乙烯板与钢板间涂以中性润滑剂以降低摩擦阻力。

5. 严格控制梁段的外形尺寸，底面的平整度应特别注意。

6. 严格控制钢筋，预应力钢筋的孔道位置和混凝土灌筑质量。

7. 配制混凝土时应尽可能使用早强水泥或掺入减水剂，以提高早期强度，缩短顶推周期。

8. 尽可能采用机械化装拆的模板、底模板宜采取升降式，侧模板宜采取旋转式，芯模板宜采取易于按节移动取出的构造。

9. 预制场可搭建活动盖棚（可顶推）作台使用，避免受天气影响，以加快施工。

10. 当跨径较大时，应设置临时墩，临时墩的结构型式应通过计算决定。

第四节　大型预制构件运输与安装

一、运输

（一）平板车或活络平板车运输安全技术措施

1. 预制构件起吊装车时，混凝土强度必须达到有关规定。

2. 龙门吊车两点吊装上车时，起吊应垂直，两辆龙门吊车应同步。一台起重机吊装时，两根钢丝绳夹角应小于45°。起吊及卸车工作应在专职人员指挥下缓慢进行，以免构件碰撞损坏，或者发生事故。

3. 预制构件装车时，应该在设计规定的吊点下设支点，支点可用方木等垫实，并与车身固定。对T型梁等易倾覆预制构件运输时，应有抗倾覆措施，可在支点处设木结构托架或钢结构托架，保证运输途中的稳定。

4. 对槽型梁、T形梁等横向刚度较差的构件，宜选择平板车运输，以免在运输途中受侧向力等影响使构件产生裂缝。如构件长度超过平板车本身长度，要在平板车上设钢托架但运输时的倾覆力矩必须验算。

5. 构件运输时，应预先了解运输途中的路况。了解范围包括路面、路宽、沿途各转弯点半径、桥梁限载、跨路电气线高度及电压等情况，选择最佳运输路线。超重车辆过桥时，应办理有关过桥手续。对城市内超长构件运输，还必须进行交通组织，如设置引道车、局部封锁交通等。

（二）船运安全技术措施

1. 大梁上船时，跑道应在船的重心线附近对称设置，跑道设置两头高差应一致。船只构件支点处应用方木垫实，构件和船应固定，对T形梁应设置托架以防失稳。

2. 预制桩上船堆放应对称、均匀进行，桩吊点处设支承道木，卸船必须均匀对称进行以免船体失稳。

3. 压舱应在船两侧及前后对称布置，以免船只倾斜过大。

4. 应避免在风浪过大的情况下运输，以免造成意外事故。

二、安装

（一）人字扒杆安装安全技术措施

1. 人字扒杆必须有足够起重量和起重高度（包括构件高度、索具高度、起吊后安全余地等）。

2. 起重滑车必须安放在人字扒杆的交叉中心。

3. 缆风绳应设在交叉点处，后缆风绳不少于2根，且宜设立滑车组缆风绳，缆风绳夹角控制在45°~60°之间，坡度一般考虑2∶1。

4. 扒杆主杆夹角应控制在20°~30°以内，两脚用钢丝绳绊住，扒杆脚下要加枕木或方木，不要垫木板。

5. 起吊前对构件要加设溜绳防止构件撞击。

6. 缆风绳、卷扬机、地锚（地垄）设置须经过计算，且要留有一定的安全系数。

7. 起重卷扬机须和扒杆脚导向滑车垂直。

8. 如须斜吊时，扒杆侧向加设旁风绳，防止扒杆侧翻，但扒杆的前倾值，不得大于扒杆高度的1/10。

9. 操作前要进行试吊，试吊后对各部件、地锚、卷扬机（制动）及索具进行检查，必要时进行加固处理以确保安全。

（二）起重机安装安全技术措施

1. 使用前要对起重机进行检查，检查各操作系统、制动系统、安全系统（力矩限制器、变幅限制器等）运转是否正常，同时要检查钢丝绳、轧头、吊钩等是否符合规定，发现有不符合要求或损坏者应立即更换。

2. 作业前应了解熟悉作业环境情况，有否障碍物和高压输电线路，若有则必须采取有效措施（按国务院保护电力线路规定办理）。由分管安全工程师、安全员、施工员、起重指挥人员、起重机司机等人员一起制定起重安装方案和应采取的安全措施，并严格按此方案作业。

3. 起重机移动的通道在作业前应予修整，工作处地基应平整、坚实。汽车起重机支腿支撑要水平，支腿脚下应垫上垫木或路基板，以免在起重时地面下陷，造成事故。

4. 起重臂最大仰角不得超过规定，如无资料可查时，其仰角不准超过78°。

5. 构件绑扎要牢固平稳，当满载荷重时，构件吊起离地20~30cm时应制动，检查机身是否平稳，轧头是否松动，吊点是否牢固，在情况良好的前提下，方可继续作业。

6. 吊钩须有防止钢丝绳滑脱的保险装置。

7. 起重机起吊时和转向时速度要均匀，构件要平稳（起吊构件时要设置溜绳）构件下落时须慢速轻放，禁止或快或慢和突然制动。

8. 起重机禁止作斜吊，或当卷扬机使用。汽车起重机严禁吊着构件行驶；履带式起重机，如必须作短距离吊运就位，其吊运重量不得超过吊臂在该倾角时允许荷载量的1/2，同时吊臂方向应顺直履带方向禁止在斜坡上行驶。

9. 双机抬吊时，应选用起重性能相似的起重机进行，两机吊臂应保持一定距离，按起重机的起重能力进行合理负荷分配（每台起重机负荷量不宜超过其安全负载的80%），并配备持起重指挥证的专人指挥，起重机司机必须听从统一指挥信号，动作协调。

（三）门式架桥机安装安全技术措施

1. 门式架桥机行走地基须平整坚实。

2. 枕木铺设须符合要求（枕木间距50cm）。

3. 两轨顺直平整。

4. 架梁机、行走轨道及台车的两端应设置限位装置。

5. 龙门架纵向行走时，牵引方向和铁轨走向一致。

6. 起吊时，龙门架应垂直起吊。

7. 轨道应固定牢固，以保证架桥机行走时不发生移动。

（四）导梁法安装安全技术措施

1. 万能构件拼装如在墩、台上分段直接拼装时，应注意防止构件坠落，分段划分应结合起重能力设置，导梁拼装其截面形式要通过计算，必要时可加强钢导梁。

2. 双导梁架梁如需设临时支点时，支点下土基应进行处理。导梁纵移如要跨河应考虑其他的技术措施，确保导梁运行安全，导梁支点应设在导梁节点处。

3. 大梁架设时，前后台车行走应一致，台车行走应缓慢平稳，同时应设专人观察和指挥。

4. 大梁横向滑移时，两头要同步，应设置滑板以减小混凝土接触面的摩阻力。

5. 导梁中的轨道接点处要错开，钢轨要固定在枕木上。

（五）浮运安装安全技术措施

1. 大型预制构件特别是大梁上船一般都为大梁顶头上船，上船时有一定难度，关键要掌握好船体自身稳定。

（1）由于构件本身是活载，船体本身受水的浮力影响也有一定起伏，因而，随着构件上船，船本身的重心亦在不断变化。施工中应考虑船的总排水量。

（2）大型构件上船时，为了避免船的一侧受力过大，应在构件跑道的形式上采取措施，亦即在河岸一侧支架和两船中心支架用大方木连接垫实，此时，方木作为承力结构（又为跑道）呈简支状态，这样对船只稳定较有利。对超大型构件的上船，构件可设工字钢跑道，甚至可用贝雷架和万能构件行架作导梁。在施工方案设想时，支架及跑道还要便于拆除。

2. 船上支架设置应便于在上面设跑道，支架可用方木或道本形成木支架，也可用各类标准钢构件支架，一般来说，船只摆渡时都是赶潮安装大梁。因而船上支架设置应结合安装及梁落架时所需高度统筹考虑。

3. 船只摆渡安装构件时，其运行动力一般为卷扬机，有时也用船上原有绞盘安装构件。用钢丝绳拖运时，卷扬机设置和锚缆对应。错缆一般设置 4 根上下水缆，2 根牵引缆，设置数量不得少于6 根，通过调整卷扬机（或绞盘）钢丝绳的收、放带动船只前进。

4. 采用船只浮运安装大梁时，捆船是个非常关键的工作，必须注意以下事项：

（1）捆船时船只的选择要考虑到它的排水量与它所负担的工作负荷。

（2）要考虑到潮水影响，在有潮水的河道里进行水上作业，流速越大，水对船的冲击力也越大，因此捆船钢丝绳的道数应当多一些（一般情况不小于4道）。

（3）钢丝绳要捆紧，防止经常受水冲击后松动造成事故，钢丝绳的选择应根据船只的大小来选用。捆绑的钢丝绳一定要排列整齐，以便收紧。

5. 捆船完成后应进行压舱，必须注意以下事项：

（1）首先要了解船只排水量。

（2）两只船压舱要均匀，在单边受力的情况下要通过调整两只船压舱重量，使两船保持同一水平高度。

（3）压舱物应选择重量大，体积小的物体，使重心降低。

（4）除了注意船之间的压舱平衡外，还要注意船只前后舱的平衡。

6. 捆船后的移动和定位，是依靠船上的卷扬机和岸上的地锚来完成的，因此地锚的布置是非常重要的，必须注意以下事项：

（1）对土的压力应不超过土的允许承载能力，必要时用垂直木栅或柱木和挡木来扩大受压面积，降低土体压强。

（2）要使木捆地锚稳定，防止从土中被拔出来，所以土坑要有一定的深度和长度，回填土必须夯实，并增设压板，使坑内回填土形成整体，充分地发挥土重的作用。

（3）地锚木的尺寸要根据拉力的大小和系绳索点的多少来确定，保证木料不致被拉断，而且要考虑到绳索不勒伤木料，在拉力很大时，也可用粗钢筋加工成环状来代替捆绑钢丝绳。

（4）锚的埋设点要比较平整，不潮湿，不积水。

（5）地锚埋设后要经过试拉，使用时要专人检查，以便及时抢修，防止事故的发生。

（6）不得使用腐朽木料做地锚木，生根钢丝绳和钢筋在吊装负重时，处在拉、压、弯、剪、疲劳等复杂受力情况下，往往被拉成极度弯曲的形状。因此，对生根钢丝绳的索环，无论是编接或卡接的，都要牢固可靠。对钢筋环要焊接良好，单面搭接焊的焊缝长度要大于10倍钢筋的直径，还要有足够的抗拉和抗剪能力。生根钢丝绳的方向应尽量与受力方向一致，以便更好地发挥其受拉性能。

第五节 桥面系施工

1. 桥面施工应做好临边的安全防护。

2. 防水层施工应做好防毒措施以及沥青加热时的防火措施。

3. 桥面混凝土施工的安全关键是混凝土运输车辆与人的防撞措施。危险区必须悬挂安全标志、危险信号及标语，提醒司机和施工人员。车辆多的交叉路口，应设临时交通指挥，引导车辆和行人。

第六节 桥梁施工高处作业的安全要求

根据国家标准《高处作业分级》（GH3608—93）所述“凡在坠落高度基准面2m以上（含2m）有可能坠落的高处进行的作业”称为高处作业。

一、一般安全要求

1. 高处作业的安全技术措施及其所需料具，必须列入工程的施工组织设计。

2. 单位工程施工负责人应对工程的高处作业安全技术负责。

3. 施工前，应逐级进行安全技术教育及交底，落实所有安全技术措施和人身防护用品，未经落实时不得进行施工。

4. 高处作业中的安全标志、工具、仪表、电气设施和各种设备，必须在施工前加以检查，确认其完好，方能投入使用。

5. 攀登和悬空高处作业人员以及搭设高处作业安全设施的人员，必须经过专业技术培训及专业考试合格，持证上岗，并必须定期进行体格检查。

6. 施工中对高处作业的安全技术设施，发现有缺陷和隐患时，必须及时解决；危及人身安全的，必须停止作业。

7. 施工作业场所所有可能坠落的物件，应一律先行撤除或加以固定。

8. 高处作业中所用的物料，均应堆放平稳，不妨碍通行和装卸。工具应随手放入工具袋；作业中的走道、通道板和登高用具，应随时清扫干净；拆卸下的物件及余料和废料均应及时清理运走，不得随意乱置或向下丢弃。传递物件禁止抛掷。

9. 雨天和雪天进行高处作业时，必须采取可靠的防滑、防寒和防冻措施。凡水、冰、霜均应及时清除。

对进行高处作业的高耸建筑物，应事先设置避雷设施。遇有6级以上大风、浓雾等恶劣气候，不得进行露天攀登与悬空高处作业，暴风雪及台风暴雨后，应对高处作业安全设施逐一加以检查，发现有松动、变形、损坏或脱落等现象，应立即修理完善。

10. 因作业必须临时拆除或变动安全防护设施时，必须经施工负责人同意，并采取相应的可靠措施，作业后应立即恢复。

11. 防护棚搭设与拆除时，应设警戒区，并应派专人监护。严禁上下同时拆除。

12. 高处作业安全设施的主要受力杆件，力学计算按一般结构力学公式，强度及挠度计算按现行有关规范进行，但钢受弯构件的强度计算不考虑塑性影响，构造上应符合现行相应规范的要求。

二、攀登作业

借助登高用具或登高设施，在攀登条件下进行的高处作业称为攀登作业。登高应借助于建筑结构或脚手架上的登高设施，也可采用载人的垂直运输设施，进行攀登作业可使用梯子或采用其他攀登设施。

（一）移动式梯子

1. 梯脚底部应坚实，不得垫高使用，梯子的上端应有固定措施，立梯的工作角度以75°、±5°为宜，踏板上下间距以30cm为宜，不得有缺挡。

2. 梯子如需接长使用，必须有可靠的连接措施，且接头不得超过1处。

3. 折梯使用时上部夹角以35°~45°为宜，铰链必须牢固，并应有可靠的拉撑措施。

（二）固定式直爬梯

1. 应用金属材料制成。

2. 梯宽不应大于50cm，支撑应采用不小于∟70×6的角钢，埋设与焊接均必须牢固，梯子顶端的踏棍应与攀登的顶面齐平，并加设1.2m高的扶手。

3. 使用直爬梯进行攀登作业，高度以5m为宜，超过2m时，宜加设护笼，超过8m时必须设置梯间平台。

（三）挂梯

挂梯不易过长，高度不应超过1.8m，挂钩处应焊接牢固。

（四）安装钢梁的登高设施

登高安装钢梁时，应视钢梁高度，在两端设置挂梯或搭设钢管脚手架。

梁面上需行走时，其一侧的临时护栏横杆可采用钢索，当改用扶手绳时，绳的自然下垂度不大于1/20，并应控制在10cm以内。

三、悬空作业

在四周两边临空状态下进行的高处作业叫悬空作业。施工现场悬空作业的条件往往并不相同，安全措施的要求也随之而不同，原则上应做到：

1. 悬空作业处应有牢靠的立足处，并必须视具体情况，配置防护栏网、栏杆或其他安全设施。

2. 悬空作业所用的索具、脚手板、吊篮、吊笼、平台等设备，均需经过技术鉴定或检证方可使用。

（一）构件吊装和管道安装时的悬空作业，必须遵守下列规定

1. 钢结构的吊装，构件应尽可能在地面组装，并应搭设进行临时固定、电焊、高强螺栓连接等工序的高空安全设施，随构件同时上吊就位。拆卸时的安全措施，亦应一并考虑和落实。高空吊装预应力混凝土屋架、桁架等大型构件前，也应搭设悬空作业中所需的安全设施。

2. 悬空安装大模板、吊装第一块预制构件、吊装单独的大中型预制构件时，必须站在操作平台上操作，吊装中的大模板和预制构件以及石棉水泥板屋面板上，严禁站人和行走。

3. 安装管道时必须有已完结构或操作平台为立足点，严禁在安装中的管道上站立和行走。

（二）进行预应力张拉的悬空作业，必须遵守下列规定

1. 进行预应力张拉时，应搭设站立操作人员和设置张拉设备用的牢固可靠的脚手架或操作平台。雨天张拉时还应搭设防雨棚。

2. 预应力张拉区域应设置明显的安全标志，禁止非操作人员进入。张拉钢筋的两端必须设置挡板。挡板应距所拉钢筋的端部1.5～2m，且应高出最上一组张拉钢筋0.5m，其宽度应距张拉钢筋两外侧各不小于1m。

3. 孔道灌浆应按预应力张拉安全设施的有关规定进行。

四、操作平台作业

施工操作平台必须设置防护栏杆，封挂安全网，严禁堆放过重荷载。

五、交叉作业

在施工现场的上下不同层次，于空间贯通状态下同时进行的高处作业称为交叉作业。

交叉作业应做好安全防护：

1. 由于上方施工可能坠落物件或处于起重机把杆回转范围之内的通道在其影响的范围内，必须搭设双层防护棚。防护棚的宽度，根据建筑物与围墙的距离而定，如距离超过6m，防护棚搭设宽度为6m。凡距离不足6m的，应搭满这之间的距离。

2. 各工种进行立体交叉作业时，不得在同一垂直方向上操作。可采取时间交叉位置交叉，如时间交叉位置交叉不能满足施工要求必须采取隔离封闭措施后，方可施工。

六、临边作业

施工现场中工作面边沿无围护设施或围护设施高度不足80cm的高处作业称为临边作业。

搭设临边防护栏杆时，必须符合下列要求：

1. 防护栏应由上、下两道横杆及栏杆柱组成，上杆离地高度为1.0～1.2m，下杆离地高度为0.5～0.6 m，坡度大于1:2.2的屋面，防护栏杆应高1.5m，并加挂安全立网。除经设计计算外，横杆长度大于2m时，必须加设栏杆柱。

2. 栏杆柱的固定应符合下列要求：

（1）当在基坑四周固定时，可采用钢管并打入地面50～70cm深。钢管离边口的距离，不应小于50mm。当基坑周边采用板桩时，钢管可在板桩外侧。

（2）当在混凝土桥面固定时，可用预埋件与钢管或钢筋焊牢，进行临边搭设。

3. 栏杆柱的固定及其与横杆的连接，其整体构造应使防护栏杆在上杆任何处，能经受任何方向的1000N外力。当栏杆所处位置有发生人群拥挤、车辆冲击或物件碰撞等可能时，应加大横杆面或加密柱距。

4. 防护栏杆必须自上而下用安全立网封闭，或在栏杆下边设置严密固定的高度不低于18cm，的挡脚板或40cm的挡脚笆。挡脚板与挡脚笆上如有孔眼，不应大于25mm。板与笆下边距离地面的空隙不应大于10mm。

5. 当临边的外侧面临通道时，除防护栏杆外，敞口立面必须采取满柱安全网或其他可靠措施作全封闭处理。

七、洞口高处作业

洞与孔边口旁的高处作业，包括施工现场通道旁深度在2m及2m以上桩孔、人孔、沟槽与管道、孔洞等边沿上的作业称为洞门作业。施工现场因工程和工序需要产生洞口，常见的有楼梯口、电梯井口、预留洞口、井架通道口，这就是常称的“四口”。

1. 电梯井口防护

电梯井口必须设防护栏杆或固定栅门。

2. 洞口防护设施的要求

（1）钢管桩、钻孔桩等桩孔上口，杯形、条形基础上口，未填土的坑槽，均应按洞口防护设置稳固的盖件。

（2）施工现场通道附近的各类洞口与坑槽等处，除设置防护设施与安全标志外，夜间还应设红灯示警。

（3）位于车辆行驶道旁的洞口、深沟与管道坑、槽加盖板应能承受不小于当地额定卡车后轮有效承载力2倍的荷载。

第九章 隧道施工

第一节 盾构法施工的安全技术

一、盾构的构造

盾构是开挖土砂围岩的主要机械，由切口环、支承环及盾尾三部分组成。盾构的基本构造包括盾构壳体、推进系统、拼装系统三大部分。

二、盾构的种类

随着施工技术的不断革新与发展，盾构的种类也越来越多，主要有：手掘式盾构、挤压式盾构、半机械式盾构、机械式盾构等四大类。

三、施工前的准备

（一）施工前的调查

1. 地表环境调查

（1）土地利用情况；

（2）道路种类和路面交通情况；

（3）工程用地情况；

（4）河川、湖海情况；

（5）工程用电和给排水设施。

2. 障碍物调查

（1）地上和地下的结构物；

（2）地下埋设物；

（3）井和古井；

（4）结构物和临时工程的遗迹。

3. 工程地质勘察

（1）地质勘察为了判断是否对应地采取加固等措施；

（2）确定有害气体的有无、性质、浓度、分布规律和气压大小。

（二）施工计划与安全技术原理

1. 在编制施工计划时，必须从安全的角度对设计方案中的关键问题加以研究，以便采取相应对策。

2. 必须根据通过地面的地表和施工条件等对竖井和施工基地的位置、规模和机能等进行认真的规划，然后根据设计图所表明的工程目的、路线，隧道的构造以及围岩条件（土质、地形、地下水等）、环境条件（障碍物、地面交通、环境保护等）选择或确认与三者相适应的盾构施工方法。

3. 在软弱地层或含水地层中建造隧道时，为了保持开挖面的稳定以及处理涌水，必须根据围岩条件、施工条件等事先研究加固的方法。对于因盾构推进可能产生下沉或变形的建筑物和构筑物，为防止其下沉或裂损，必须事先进行必要的处理。

（三）障碍物的处理

1. 对各种地上或地下的结构物，如果妨碍施工，应与有关单位协商，确定迁移或者拆除。对隧道沿线的煤气管、上下水道、电力和通信电缆等埋设物，应联系建设单位，由建设单位会同有关单位研究拆除或者改道。

2. 施工过程中发现事先不曾了解的地下障碍物，必须立即停止施工、调查清楚，并采取有效措施进行处理后才能继续施工。

（四）盾构施工中的地面辅助设施

盾构施工中的常用地面辅助设施有：接缝防水处理场、拌浆间、配电间、充电间、空压机房、水泵房等。根据所选盾构不同，可能只用到它们中某几个。为方便施工，在平面布置时，应合理安排辅助设施。还应根据它们本身的特点和施工要求，分别制定相应的安全措施。

四、盾构的运输和维修

（一）盾构的临时拼装、运输和现场组装

1. 盾构在工厂临时拼装必须根据预先制定的顺序进行。当检查合格后，要彻底清扫，然而按规定进行组装。需要分块运输时，还要加印组装时所必须的标志。

2. 当盾构总重量在 150t 以下时，宜采用整体运输；150t 以上宜采用分块运输。无论采取何种运输方法，均必须制定详细的方案。

3. 在盾构施工段的始端和终端要布置基坑或井，用以进行盾构的安装和拆卸工作。若盾构推进线路特别长时，还应设置检修工作井。

盾构现场组装的工作竖井必须符合下列要求：

（1）工作竖井的大小必须满足盾构安装、垂直运输、拆除洞门临时封板等工序的要求。若车架不能在井内全部安装，必须在井内设置临时设备安装平台。

（2）工作竖井的宽度必须比盾构机直径大 1.6 ~ 2.0m，长度必须满足初期掘进时出土、管片运输等工序的要求，底板高度应满足洞口防水处理的要求，一般应低于洞口 1m 左右。

（3）工作竖井的设置位置必须考虑施工的排水条件。

（4）工作竖井井口标高必须满足防汛要求，若工作竖井永久顶板低于地面，施工期间必须在工作竖井四周设置临时挡土墙。

4. 现场组装时的吊装，必须制定吊装方案，并报企业总工程师审批，吊装时要严格遵守起重安全规定，两次以上的接力指挥必须清楚准确。

5. 现场组装的作业人员在进行登高作业时，必须按登高作业规定，设置防护措施或佩戴保险带，防止坠落和滑倒等事故的发生。

（二）对盾构系统的安全检验

1. 对制造和安装好的盾构必须严格检验，各项指标都检验合格才能投入使用。

2. 液压设备（油压千斤顶、油泵、油压电动机）安装后，应通过运转试验来检验其是否有漏油、异声和发热等现象，以确认有否异常。

3. 对容量 3000L 以上的油缸必须进行静水压试验，并取得主管部门的认可。

4. 对压力容器及相当于压力容器的设备的采购和加工，必须选择国家指定厂的产品。对受压容器的检验，必须按国家有关规定执行。

以上检验应有专业人员参加，并有详细的记录，以备安全检查。

（三）盾构的维修和管理

1. 日常检查

（1）各部位螺母松弛检查。

（2）异声和发热检查。

（3）油（工作油、润滑油、润滑脂）、气、水异常泄漏检查。

（4）确认检查各部位给油、脂情况，进行补充。

（5）工作油缸油面检查。

（6）电源电压检查。

（7）确认操作盘的按钮、指示灯、计器类的动作是否正常。

（8）盾构本体与台车间软管和电线的连接情况检查。

（9）检查安全阀的压力。

（10）油压机械整备、过滤器清扫后回路内通气孔检查。

2. 月检查

（1）油箱排气孔检查。

（2）电动机类精密检查（轴承给油、测定绝缘阻抗等）。

（3）检查控制盘和配线器具（绝缘阻抗测定、配线管及导管的损伤等）。

3. 半年检查

工作油、润滑油定期检查。

4. 长期运转后停机时的检查

（1）各种装置的无负荷运转（每隔 10 ~15d）检查。

（2）汽缸标尺、汽门弹簧等滑动面露出部分的检查和给油。

（3）检查用垫片，防止动力盘内结露。

除由专人负责检查外，操作工人应在操作同时对机器自检，发现不正常，应停止操作，报告上级，等待检修。只有故障排除后，方可再次操作。

五、管片的运输和贮存

（一）管片的运输

管片在运输中必须绑扎牢固，防止管片坠落对人造成伤害以及管片本身受到损伤。

（二）管片的贮存

1. 管片的贮存场地应合理布置，既不妨碍安全管理，又方便施工。管片堆放的场地必须平整坚实，且有良好的排水系统。

2. 管片的临时贮存应与盾构预定进度相适应，贮存的环数至少要有两天的需用量。

3. 混凝土管片的重叠堆放块数最多为 3 块，而且上下垫木必须在同一垂直线上；对于露天堆放的钢、铁制的管片，应用罩布覆盖，防止受到锈蚀和油类等异物的污损。

4. 堆放好的管片之间必须留有 1m 宽的人行通道，通道上不准堆放任何物品，保持通道的畅通。

5. 管片堆放必须按顺序，吊运必须严格执行有关的起重机械安全操作现程防止事故发生。

六、附属设施的安全管理

（一）供、变电的安全管理

1. 确定供、变电设备计划时，必须向供电部门办理有关手续。供、变电的操作和管理应由专业电工负责，无关人员不得违章作业。在危险区，应有明显标志牌，晚上应有照明，以保证安全。

2. 要根据机械设备的投入计划来计算供电设备的容量，并有一定的宽余量可备应急或突击作业。

3. 对超高压及高压用电设备，应选用密封型电器；洞内配线原则应与人行通道各为一侧。若因需要设在同一侧时，电缆应距走道板 2.2m 高以上。

4. 如在洞内设有高压电器设备（变压器、开闭器、高压电动机等），除应防止作业人员、洞内运输车辆触电外，应在适当处设置安全装置（断路器、警报装置等）。

5. 为了防止停电事故的发生，供、变电设备应有一定的应付能力。同时，为了方便用电，沿隧道方向每隔 100m 可设一个安全用电箱，拉线、接线应由电工操作，严禁乱拉线，违章用电。

（二）照明的安全管理

1. 隧道内照明可采用白炽灯和荧光灯，为提高作业效率，在开挖面应采用相同的照明方法；需要局部照明时，可使用投光器。

2. 工作面一般采用不大于 24V 的安全电压，但若工程施工需要采用 220V 时，必须配备漏电保护开关，作业区的灯头必须是防水型的。

3. 为使在停电时作业人员可退避至安全地段，应在出入口、阶梯、通道等必要场所设置紧急照明设备。必须经常对紧急照明设备进行检修，使其处于随时都可以使用的状态。

（三）通信联络中的安全管理

1. 为了掌握洞内进度，确保洞内作业安全和各作业场所及设备间紧密联系，必须设置通信设备和发生紧急事故时可直接通知的警报装置等设备。

2. 洞内与洞外通信可采用小型内线电话机或有类似功能的通话装置。采用气压法施工时，为保证通信畅通，必须装设双重系统。

3. 在预计可能会出现危险的隧道中，在必要之处应安装可在紧急情况发生时发出警报或警铃的设备。

4. 必须具备当警报装置和通信设备的电源发生故障时，有可直接为警报装置和通信设备使用的预备电源。

（四）通风的安全管理

1. 根据盾构的断面、施工长度、通风量、开挖及衬砌的施工方式、作业机械种类等选择通风方式。

2. 根据工作面实际操作人数，供给新鲜空气，并注意调节工作面的温度与湿度。

3. 隧道内使用电焊、气割、化学灌浆堵漏时应加大通风量。

4. 当距离较长，使用几台送风机接力送风时，必须采用低噪声的送风机，将送风管道直接延伸至工作面，还必须防止在局部地段产生环流。

5. 有害气体释放，必须测试上述气体并排除；当有危险和有害时，作业人员必须尽快退出并禁止人员入洞。

6. 送风的空气质量除氧的含量不低于20%以外，二氧化碳和一氧化碳分别不能超过0.05%和0.002%。应有专人负责对进风和回风进行含量分析。

七、隧道运输的安全管理

（一）水平运输

1. 轨道的基本要求：

（1）轨道运输的轨枕根数、间距等应根据衬砌（管片）环的宽度而定，轨枕及铁轨必须固定牢固，并应经常维修保养，调整轨距，防止出轨等翻车事故发生。

（2）轨道安装和检修必须按如下标准：

两轨之间的间距误差≤8mm；两轨之间的高差≤1mm；两轨接头交差≤2mm；道叉尖轨不得低于正轨 2mm。

（3）轨道安装竣工后，必须经工地负责人会同有关部门检验合格后，方可使用。

（4）为保障行车安全，必须定期去除轨道上及机车铁轮上的油腻，保证轨道与机车的铁轮之间必要的摩擦系数。

（5）轨道两侧不得堆放任何材料、杂物，严禁行人。

（6）为防止车辆溜行和交通事故，必须设车辆制动装置以及运转所需的安全设备、连接器、防脱离装置、飞车停止装置等。

2. 电机车的使用安全要求

（1）电机车车头上方必须设置黄色、间隔 1s 的闪光警示灯；开车时，应打开警灯，引起注意。

（2）洞内运输的速度最大不能超过 10km/h，在进出材料闸、道岔、弯道、活动轨道等处时均应减速慢行。

（3）电机车的制动装置应经常检查，保持其良好的制动性能。

（4）电机车在运输管片时，应将管片重心摆在平板车的中心，并用木垫块将管片垫实，防止运送过程中因摇晃、碰撞。

（5）电机车严禁装载超高、超宽、超长的货物。

（6）作为运载施工材料的电机车严禁带人运行；电机车电瓶上禁止堆放任何物品。

3. 电机车司机操作要求

电机车司机必须经过培训考试合格，取得驾驶证，才能上岗。司机不准擅离岗位，机车运行中严禁将头、手脚、身体伸出车外。非司机人员等，严禁在驾驶室中，更不得代位驾驶。司机离开座位时必须切断电源，扳紧车闸。机车在坡上停留时，必须用木楔阻牢两侧的车轮。

4. 机车运行前或交接班时，必须进行以下检查：

（1）必须认真检查确保制动灵敏可靠、轮轴车闸和平板车连接正常牢固。

（2）必须检查电瓶的电流和电压，使电压保持在110～120V之间，低于100V不得使用。

（二）垂直运输

隧道内材料的垂直运输可采用起重机吊运，因此必须严格执行有关起重机械的标准和安全操作规程。

1. 吊运时，起重机司机与指挥人员应采用统一规范的信号，二次传递指挥必须清楚明确。

2. 垂直吊运时，井下作业人员都必须进入隧道口部躲避，指挥人员也应站在上述位置，若因指挥需要稍向外站一点是允许的，但必须注意观察，并计划好发生紧急情况时的躲避路线。

八、人行通道的安全管理

1. 进入隧道应单独设置型钢的上下通道，其坡度为1:3、宽度不得小于1m；中途必须设置转角平台。

2. 隧道内的人行通道要平稳坚固，与轨道应有一定间隔，严禁在人行通道上堆放物品材料。

3. 人员进入隧道内必须走人行通道，严禁跨越道轨或在行车道上行走。

4. 人行通道坡度宜在300以下，当坡度超过150，必须采取防滑措施；人行通道宽度不得小于0.5m；采用二块以上走道板时，其间隙应不大于0.03m，且不允许搭接；人行通道要设置高度1.2m的固定隔离护栏。

5. 人行通道随着长度的延伸，必须设置安全岛。

6. 井下通道与隧道相连，应设置安全门；不能与隧道相连，应在盾构推进前单独设计架空人行通道。

九、给水和排水中的安全措施

1. 在施工组织设计中，应对给水和排水进行周密的筹划和安排。

2. 消防用水应单独供给，确保水量。

3. 为防止意外灾害，必须配备具有足够能力的备用运转动力系统或自备发电设备，以防排水突然中断。

4. 竖井排水除考虑从洞内排出的水量外，还必须考虑四周的雨水等水量。

十、盾构法施工中的安全要求

（一）盾构进出洞安全要求

1. 盾构的出洞与进洞工序，必须编制专项施工方案，经上级审批后实施。

2. 洞口封门拆除所使用的吊挂式脚手架应经设计计算，以满足承重负荷要求；架体上的作业人员不得超过 2 人，并配备防护用品。

3. 洞口封门拆除工作应设专人监护，气割钢筋应保持连续性，气割后禁止作业人员随意靠近不稳定的洞口封门土体。

4. 盾构机进洞临近洞口封门时，要随时调整推进压力，防止推力过大损坏封门，伤及拆除人员。

5. 推进过程中，盾构司机必须与拼装机操作人员密切配合，防止因误操作造成千斤顶对人员的伤害；非操作人员严禁进入盾构的机头、机尾。

6. 盾构机在运行期间必须由专人负责检修和设备调试，并做好记录。

（二）衬砌、拼装

1. 一次衬砌

为保证管片拼装时的安全，首先必须保证管片组装机构的可靠性。其中最主要的拼装机的工具必须满足以下要求：

（1）可安全、迅速地抓住管片。

（2）孔、槽重合容易，结构简单。

（3）备有防止起吊时管片下落的装置。

2. 二次衬砌

二次衬砌的拱顶施工要设置各种防范措施，在拱顶施工时还应注意，施工材料不能乱堆乱放，施工机具不可随便乱扔，物件吊运必须严格遵守有关规定，防止事故发生。

3. 拼装

（1）在拼装前，盾构司机必须检查拼装机的液压设备及各部分机具动作是否正常，拼装人员必须检查举重夹具是否灵活、安全、可靠。

（2）拼装时，盾构司机要保证盾构不后退、不变坡、不转向，按要求缩回千斤顶。

（3）在拼装过程中，严禁将手伸进管片之间以及在起吊管片时要保证牢固。管片下方严禁站人。

（4）所有参加拼装的操作人员，必须经过技术培训，了解拼装质量要求及安全操作规程。在拼装过程中，应分工明确，有专人指挥。

十一、施工中的防灾措施

隧道施工中，因为其施工的特殊性，灾害一旦发生，危害往往很大，所以在施工组织和安全技术管理阶段，应制订出详尽合理的防灾对策。

（一）防止火灾

1. 隧道内的火灾与洞外的火灾截然不同，因此必须在施工计划阶段对可能出现的火灾危险充分地进行研究，并认真采取防火措施。

2. 为了防止火灾，除了尽量选择洞内可燃物少的施工方法或不使用明火的方法、建立防火体制、明确责任制、对火源及可燃物进行严格管理外，还必须配备初期灭火措施。

3. 当火灾发生后的初期灭火活动无效时，必须按照预定的撤离方法和路线，迅速退到安全地点，防止灾害扩大。

4. 在贮存、使用危险品、设置电器设备、使用烟火、进行焊接、切割作业等场所必须设置必要的消防设备。

5. 消防设备必须根据火灾的预想性质、周围作业空间、湿度、有无气压等周围环境来选择，并根据有关的消防规程进行布置、性能检验和维修管理。

（二）防止因可燃性气体而产生的爆炸、火灾

1. 施工时，必须指定人员对可燃性气体的浓度进行测定。

2. 对于测试仪器和装置必须做好维修管理工作，每天至少一次，确保其机能，使其随时处于正常使用状态。

3. 当可燃气体浓度超过容许值时，必须立即使作业人员退避至安全地点，禁止使用明人或可成为火源的物品进行通风、排气。

（三）防止缺氧和中毒事故

为了防止缺氧和中毒事故，除必须加强测定和记录外，还必须进行足够的通风，使洞内的含氧量不低于容许值（18%），有害气体的浓度不高于容许值。为防止中毒事故，作业面必须备有防毒面具，以防事故时使用。

（四）防止起吊和运输事故

1. 充分考虑各种设备的配备、布置的安全性，设置防护装置或保险装置，对有关设备的构造、规格等必须合乎规定。

2. 制定与现场条件相适应的运输、运行规定，并使有关作业人员都知晓。

十二、施工中的应急措施

由于盾构施工中事故的特殊性，所以在施工中应有一定的应急措施，对作业人员应进行应急培训，并反复提醒、教育。主要应急措施有：

1. 停止作业，迅速撤离。

2. 报警和报告。

3. 急救处理。

4. 防止二次事故。

第二节　箱涵顶进法施工的安全技术

一、箱涵顶进法调查和施工注意事项

（一）施工前应对顶进地点的地形、地质、水文、交通和构筑物等情况进行调查。

（二）施工注意事项

1. 编制方案一定要征得铁路有关部门的同意才可进行施工。

2. 必须严格听从现场监护人员在划定的安全范围内进行施工。

3. 必须严格在规定的时间内进行施工。

箱涵顶进的方法较多：有顶进法、牵引法、对拉法和顶拉法。这里重点介绍顶进法。

二、工作坑及滑板

（一）工作坑开挖注意事项

1. 挂牌施工。

2. 施工区域和非施工区域要有隔离措施。

3. 机械施工要与当地交通管理部门取得联系，指定人员指挥运土车辆进出。

4. 夜间施工要有足够的照明。

5. 在边坡或板桩围护的两侧要有车辆防滑、防坠落措施。

6. 晚间停止施工时，加强人员警戒，设置危险信号，防止车辆、行人跌入。

7. 随着深度的增加，要及时采取临边围护措施。

（二）滑板混凝土施工注意事项

1. 滑板与钢板桩接口处要采用油毛毡隔离，防止拔钢板桩时导致滑板断裂和难于起拔。

2. 采用吊运混凝土时，要有专人指挥，防止在吊运过程中

伤人。

3. 小型电动工具和移动照明设备必须采用漏电保护装置。

4. 滑板坡度为1‰前高后低，为了控制箱涵起动空顶阶段方向，在箱涵两侧5～10cm处设置混凝土方向墩进行导向。

三、箱涵制作

箱涵制作过程中的安全注意事项：

1. 模板工程不论采用大模板、木模、钢模，外模必须安装牢固，防止模板倒下伤人或固定模板用的方子或工字钢掉下伤人。内模不论用木质和钢管做支撑必须要设立纵向横向水平联系和剪刀撑，防止在拆模时支撑整体向一个方向倒下伤人。

2. 钢筋工程在吊机起吊过程中，要有专人指挥和绑扎，防止钢筋在空中散落伤人。水平钢筋搬运绑扎时，动作要协调一致，在利用钢筋攀登时要检查钢筋的焊点，防止抓空坠落。混凝土工程在四周要做好围护，防止人员坠落和物体下落时伤人。

四、顶进工艺

顶进工艺过程包括挖土、运土、开顶、顶进、换顶铁或顶柱，接长车道及测量校正等项工作。

（一）箱涵起动

箱涵起动是与滑板分离，也是对顶进设备及后背的检验。箱涵起动时，后背及滑板出现裂缝均属于正常现象，由于后背及滑板在箱涵顶进后即告报废，因而采用较小的安全系数，并对裂缝的宽度也不作严格的限制。

（二）挖掘土注意事项

1. 每次顶进约20～30cm，根据土质情况决定，在松散的或软塑性的土质中顶进，严禁超挖。

2. 挖土时应掌握好土坡的角度，一般取60°较安全，严禁挖成逆坡。

3. 为保证列车运行安全，在列车通过时不能挖土，当顶进设备出现故障时，停止挖土。

4. 挖土工作必须与观测工作配合，根据偏差分析，决定挖土方法。

（三）顶进时注意事项

1. 顶进的千斤顶、油泵、顶铁等设备应根据计算的最大顶力确定所需要的规格和数量，进场前检查整修并作压力实验，以保证安全。

2. 千斤顶以箱涵的中心线为轴对称布置，若千斤顶型号不同应对称组合，以保证两侧顶力相等。

3. 液压传动系统的动力机构、高压油泵、油箱及辅助装置等宜安装在顶进系统的中部，使油压基本保证一致。

4. 在顶进过程中，当液压系统发生故障时，严禁在工作情况下进行检查和调整。

（四）铁路加固

为了保证施工过程中铁路安全行车，必须对铁路进行加固，这项工程由铁路工程部门负责。此外，还必须与铁路运营部门密切配合，确保施工人员安全。

第十章 施工用电安全管理

第一节 施工现场用电组织设计

按照《施工现场临时用电安全技术规范》（JGJ46—2005）的规定：“施工现场用电设备在5台及以上或设备总容量在50kW及以上者，应编制用电组织设计。”

编制用电组织设计的目的是为指导建造适应施工现场特点和用电特性的用电工程，并且指导所建用电工程的正确使用。用电组织设计应由电气工程技术人员组织编制，经相关部门审核及具有法人资格企业的技术负责人批准后实施。临时用电工程必须经编制、审核、批准部门和使用单位共同验收，合格后方可投入使用。

一、施工现场用电组织设计的基本内容

（一）现场勘测。

（二）确定电源进线、变电所、配电装置、用电设备位置及线路走向。

（三）负荷计算

负荷是电力负荷的简称，是指电气设备（例如变压器、发电机、配电装置、配电线路、用电设备等）中的电流和功率。

它们在配电系统设计中是选择电器、导线、电缆以及供电变压器和发电机的重要依据。

（四）选择变压器

施工现场电力变压器的选择主要是指为施工现场用电提供电

力的 10/0.4kV 级电力变压器的形式和容量的选择。

（五）设计配电系统

配电系统主要由配电线路、配电装置和接地装置三部分组成。其中配电装置是整个配电系统的枢纽，经过配电线路、接地装置的连接，形成一个分层次的配电网络，这就是配电系统。

（六）设计防雷装置

施工现场的防雷主要是防直击雷，对于施工现场专设的临时变压器还要考虑防感应雷的问题。

施工现场防雷装置设计的主要内容是选择和确定防雷装置设置的位置、防雷装置的形式、防雷接地的方式和防雷接地电阻值。按照《施工现场临时用电安全技术规范》（JGJ46—2005）的规定，所有防雷冲击接地电阻值均不得大于30Ω。

（七）确定防护措施

施工现场在电气领域里的防护主要是指施工现场对外电线路和电气设备对易燃易爆物、腐蚀介质、机械损伤、电磁感应、静电等危险环境因素的防护。

（八）制定安全用电措施和电气防火措施

安全用电措施和电气防火措施是指为了正确使用现场用电工程，并保证其安全运行，防止各种触电事故和电气火灾事故而制定的技术性和管理性规定。

对于用电设备在 5 台以下和设备总容量在 50kW 以下的小型施工现场，按照《施工现场临时用电安全技术规范》（JGJ46—2005）的规定，可以不系统编制用电组织设计，但仍应制定安全用电措施和电气防火措施，并且要履行与用电组织设计相同的“编制、审核、批准”程序。

二、安全技术档案

按照《施工现场临时用电安全技术规范》（JGJ46—2005）的规定，施工现场用电安全技术档案应包括八个方面的内容，它们是施工现场用电安全管理工作重点的集中体现。

1. 施工现场用电组织设计的全部资料。

2. 修改施工现场用电组织设计资料。

3. 用电技术交底资料。

4. 施工现场用电工程检查验收表。

5. 电气设备试、检验凭单和调试记录。

6. 接地电阻、绝缘电阻、漏电保护器漏电动作参数测定记录表。

7. 定期检（复）查表。

8. 电工安装、巡检、维修、拆除工作记录。

第二节　供配电系统和基本保护系统

一、供配电系统

施工现场用电工程的基本供配电系统应当按三级设置，即采用三级配电。

（一）系统的基本机构

三级配电是指施工现场从电源进线开始至用电设备之间，应经过三级配电装置配送电力。按照《规范》的规定，即由总配电箱（一级箱）或配电室的配电柜开始，依次经由分配电箱（二级箱）、开关箱（三级箱）到用电设备。这种分三个层次逐级配送电力的系统就称为三级配电系统。它的基本结构如图10.2.1所示。

（二）系统的设置规则

三级配电系统应遵守四项规则，即分级分路规则，动、照分设规则，压缩配电间距规则，环境安全规则。

1. 分级分路

（1）从一级总配电箱（配电柜）向二级分配电箱配电可以分路。即一个总配电箱（配电柜）可以分若干分路向若干分配电箱配电；每一分路可分支支接若干分配电箱。

（2）从二级分配电箱向三级开关箱配电同样也可以分路。

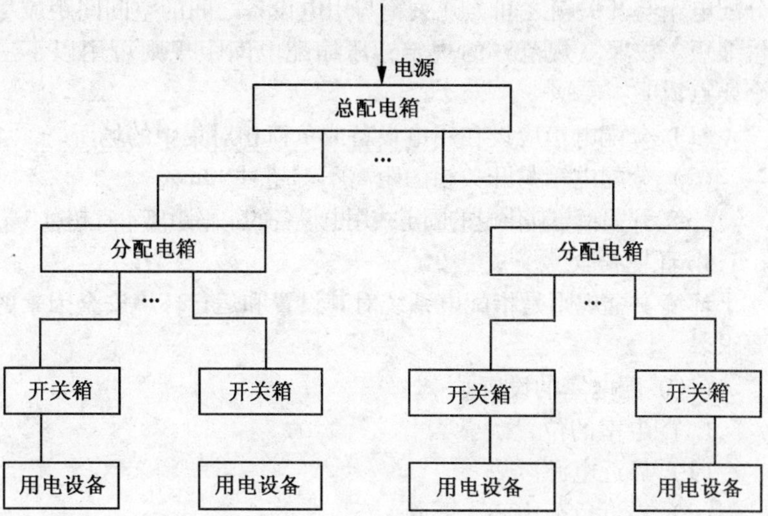

图 10.2.1　三级配电系统结构示意图

即一个分配电箱也可以分若干分路向若干开关箱配电，而其每一分路也可以支接或链接若干开关箱。

（3）从三级开关箱向用电设备配电实行“一机一闸”制，不存在分路问题。即每一开关箱只能连接控制一台与其相关的用电设备（含插座），包括一组不超过30A负荷的照明器，或每一台用电设备必须有其独立专用的开关箱。

按照分级分路规则的要求，在三级配电系统中，任何用电设备均不得越级配电。

2. 动、照分设

（1）动力配电箱与照明配电箱宜分别设置；若动力与照明合置于同一配电箱内共箱配电，则动力与照明应分路配电。

（2）动力开关箱与照明开关箱必须分箱设置，不存在共箱分路设置问题。

3. 压缩配电间距

压缩配电间距规则是指除总配电箱、配电室（配电柜）外，分配电箱与开关箱之间，开关箱与用电设备之间的空间间距应尽量缩短。按照《规范》的规定，压缩配电间距规则可用以下三个要点说明：

（1）分配电箱应设在用电设备或负荷相对集中的场所。

（2）分配电箱与开关箱的距离不得超过30m。

（3）开关箱与其供电的固定式用电设备的水平距离不宜超过3m。

4. 环境安全

环境安全规则是指配电系统对其设置和运行环境安全因素的要求。

（三）配电室的设置

1. 配电室的位置

（1）靠近电源。

（2）靠近负荷中心。

（3）进、出线方便。

（4）周边道路畅通。

（5）周围环境灰尘少、潮气少、振动少、无腐蚀介质、无易燃易爆物、无积水。

（6）避开污源的下风侧和易积水场所的正下方。

2. 配电室的布置

配电室的布置主要是指配电室内配电柜的空间排列。

（1）配电柜正面的操作通道宽度，单列布置或双列背对背布置时不小于1.5m；双列面对面布置时不小于2m。

（2）配电柜后面的维护通道宽度，单列布置或双列面对面布置时不小于0.8m；双列背对背布置时不小于1.5m；个别地点有建筑物结构突出的空地，则此点通道宽度可减少0.2m。

（3）配电柜侧面的维护通道宽度不小于1m。

（4）配电室内设值班室或检修室时，该室边缘距配电柜的水平距离大于1m，并采取屏障隔离。

（5）配电室内裸露母线与地面通道的垂直距离不小于2.5m，小于2.5m时应采用遮栏隔离，遮栏下面的通道高度不小于1.9m。

（6）配电室围栏上端与其正上方带电部分的净距不小于75mm。

（7）配电装置上端（含配电柜顶部与配电母线排）距顶棚不小于0.5m。

（8）配电室经常保持整洁，无杂物。

3. 配电室的照明

配电室的照明应包括二个彼此独立的照明系统。一是正常照明，二是事故应急照明。

（四）自备电源的设置

按照《规范》的规定，施工现场设置的自备电源，即是指自行设置的230/440V发电机组。

施工现场设置自备电源主要是基于以下二种情况：

（1）正常用电时，由外电线路电源供电，自备电源仅作为外电线路电源停止供电时的后备接续供电电源。

（2）正常用电时，无外电线路电源可供取用自备电源即作为正常用电的电源。

（3）发电机组电源与外电线路电源连锁，严禁并列运行。发电机组并列运行时，必须装设同期装置，并在机组同步运行后再向负载供电。

二、基本保护系统

施工现场的用电系统，不论其供电方式如何，都属于电源中性点直接接地的220/380V三相四线制低压电力系统。为了保证用电过程中系统能够安全、可靠地运行，并对系统本身在运行过程中可能出现的诸如接地、短路、过载、漏电等故障进行自我保护，在系统结构配置中必须设置一些与保护要求相适应的子系统，即接地保护系统、过载与短路保护系统、漏电保护系统，它们的组合就是用电系统的基本保护系统。

基本保护系统的设置不仅仅限于保护用电系统本身，而且更重要的是保护用电过程中人的安全和财产安全，特别是防止人体触电和电气火灾事故。

（一）TN-S 系统

在 TN 系统中，如果中性线或零线分为二条线，其中一条零线用作工作零线，用 N 表示；另一条零线用作接地保护线，用 PE 表示，即将工作零线与保护零线分开使用，这样的接零保护系统称为 TN-S 系统，其组成形式如图 10.2.2 所示。

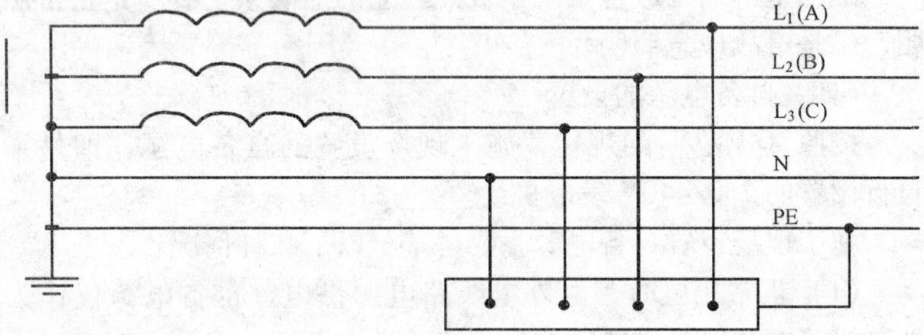

图 10.2.2 TN-S 系统组成形式

TN-S 系统的确定

（1）在施工现场用电工程专用的电源中性点直接接地的 220/380V 三相四线制低压电力系统中，必须采用 TN-S 接零保护系统，严禁采用 TN-C 接零保护系统。

（2）当施工现场与外电线路共用同一供电系统时，电气设备的接地、接零保护应与原系统保持一致。不得一部分设备作保护接零，另一部分设备作保护接地。

当采用 TN 系统作保护接零时，工作零线（N 线）必须通过总漏电保护器，保护零线（PE 线）必须由电源进线零线重复接地处或总漏电保护器电源侧零线处引出形成局部 TN-S 接零保护系统。

1）PE 线的引出位置。对于专用变压器供电时的 TN-S 接零保护系统，PE 线必须由工作接地线、配电室（总配电箱）电源侧零线或总漏电保护器（RCD）电源侧零线处引出；对于共用变压器三相四线供电时的局部 TN-S 接零保护系统，PE 线必须由电源进线零线重复接地处或总漏电保护器电源侧零线处引出。

2）PE 线与 N 线的连接关系。经过总漏电保护器 PE 线和 N 线即分开，尔后不得再做电气连接。

3）PE 线与 N 线的应用区别。PE 线是保护零线，只用于连接电气设备外漏可导电部分，在正常工作情况下无电流通过，且与大地保持等电位；N 线是工作零线，作为电源线用于连接单相设备或三相四线设备，在正常工作情况下会有电流通过，被视为带电部分，且对地呈现电压。所以，在实用中不得混用和代用。

4）PE 线的重复接地。PE 线的重复接地不应少于三处，应分别设置于供配电系统的首端、中间、末端处，每处重复接地电阻值（指工频接地电阻值）不应大于 10Ω。

重复接地必须与 PE 线相连接，严禁与 N 线相连接，否则 N 线中的电流将会分流经大地和电源中性点工作接地处形成回路，使 PE 线对地电位升高而带电。

PE 线重复接地的目的，一是降低 PE 线的接地电阻，二是防止 PE 线断线而招致接地保护失效。

5）PE 线的绝缘色。按照国际统一标准，PE 线一律采用绿/黄双色绝缘线。

在施工现场用电工程的用电系统中，作为电源的电力变压器和发电机中性点直接接地的工作接地电阻值不大于 4Ω。

（二）漏电保护系统设置要点

1. 采用二级漏电保护系统。是指在施工现场基本供配电系统的总配电箱（配电柜）和开关箱首、末二级配电装置中，设置漏电保护器。其中，总配电箱（配电柜）中的漏电保护器可以设置于总路，也可以设置于各分路，但不必重叠设置。

2. 实行分级、分段漏电保护原则。实行分级、分段漏电保护的具体体现是合理选择总配电箱（配电柜）、开关箱中漏电保护器的额定漏电动作参数。《规范》从确保防止人体间接触电危害角度出发，对设置于开关箱和总配电箱（配电柜）的漏电保护器的漏电动作参数作出了如下规定：

1）开关箱中的漏电保护器，其额定漏电动作电流 I_{Δ} 为：一

般场所 $I_{\triangle} \ngtr 30$mA，潮湿与腐蚀介质 $I_{\triangle} \ngtr 15$mA；其额定漏电动作时间为 $T_{\triangle} \ngtr 0.1$s。

2）总配电箱中的漏电保护器，其额定漏电动作电流为 $I_{\triangle} > 30$mA，额定漏电动作时间为 $T_{\triangle} > 0.1$s，但其额定漏电动作电流与额定漏电动作时间的乘积 $I_{\triangle} \cdot T_{\triangle}$ 应不超过安全界限值 30mA·s，即 $I_{\triangle} \cdot T_{\triangle} \ngtr 30$mA·s。

3. 漏电保护器相数和线数必须与负荷的相数和线数保持一致。

4. 漏电保护器必须与用电工程合理的接地系统配合使用，才能形成完备、可靠的防触电保护系统。漏电保护器在 TN-S 系统中的配合使用接线方式、方法如图 10.2.3 所示。

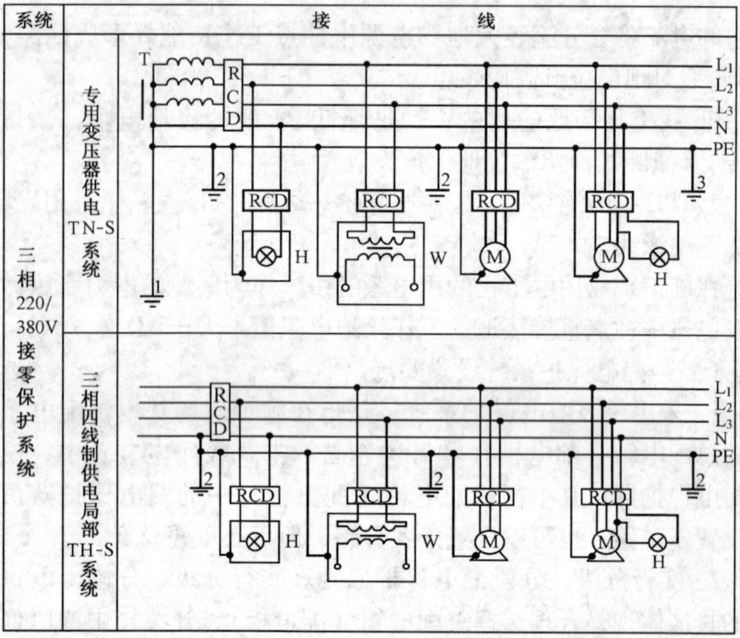

图 10.2.3 漏电保护器使用接线方法示意

L_1、L_2、L_3—相线；N—工作零线；PE—保护零线、保护线；

1—工作接地；2—重复接地；T—变压器；RCD—漏电保护器；H—照明器；

W—电焊机；M—电动机

5. 漏电保护器的电源进线类别（相线或零线）必须与其进线端标记一一对应，不允许交叉混接。更不允许将 PE 线当 N 线接入漏电保护器。

第三节　接地装置、配电装置、配电线路

一、接地装置

接地装置是构成施工现场用电基本保护系统的主要组成部分之一，是施工现场用电工程的基础性安全装置。在施工现场用电工程中，电力变压器二次侧（低压侧）中性点要直接接地，PE 线要做重复接地，高大建筑机械和高架金属设施要做防雷接地，以及产生静电的设备要做防静电接地等。

接地的概念：

（一）接地与接地装置

所谓接地，是指设备与大地作电气连接或金属性连接。电气设备的接地，通常的方法是将金属导体埋入地中，并通过导体与设备作电气连接（金属性连接）。这种埋入地中直接与地接触的金属物体称为接地体，而连接设备与接地体的金属导体称为接地线，接地体与接地线的连接组合就称为接地装置。

应当特别注意，金属燃气管道不能用作自然接地体或接地线，螺纹钢和铝板不能用作人工接地体。

（二）接地的分类

接地按其作用分类可分为，功能性接地和保护性接地及兼有功能和保护性的重复接地。

1. 保护性接地

为防止电气设备的金属外壳因绝缘损坏带电危及人、畜安全和设备安全，以及设置相应保护系统需要，而将电气设备正常不带电的金属外壳或其他金属结构接地，称为保护性接地。保护性接地分为保护接地、防雷接地、防静电接地等。

2. 重复接地

在三相四线制系统中，为了增强接地保护系统接地的作用和效果，并提高其可靠性，在其接地线的另一处或多处再做接地（通过新增接地装置），称为重复接地。

二、配电装置

配电装置是配电系统中电源与用电设备之间传输、分配电力的电气装置，是联系电源和用电设备的枢纽。

施工现场的配电装置是指施工现场用电工程配电系统中设置的总配电箱（配电柜）、分配电箱和开关箱。为叙述方便起见，以下将总配电箱和分配电箱合称配电箱。

（一）配电装置的箱体结构

这里所谓配电装置的箱体结构，主要是指适合于施工现场用电工程配电系统使用的配电箱、开关箱的箱体结构。

1. 箱体材料

配电箱、开关箱应采用冷轧钢板或阻燃绝缘材料制作，钢板厚度应为 1.2 ~ 2.0mm，其中开关箱箱体钢板厚度不得小于 1.2mm，配电箱箱体钢板厚度不得小于 1.5mm，箱体表面应做防腐处理。

2. 配置电器安装板

配电箱、开关箱内配置的电器安装板用以安装所配置的电器和接线端子板等。

当铁质电器安装板与铁质箱体之间采用折页作活动连接时，必须在二者之间跨接编织软铜线。

3. 加装 N、PE 接线端子板

配电箱、开关箱中应设置 N 线和 PE 线端子板，以防止 N 线和 PE 线混接、混用。

配电箱的电器安装板上必须分设 N 线端子板和 PE 线端子板。N 线端子板必须与金属电器安装板绝缘；PE 线端子板必须与金属电器安装板做电气连接。

（二）配电装置的电器配置与接线

在施工现场用电工程配电系统中，配电装置的电器配置与接线为基本供配电系统和基本保护系统相适应，必须具备以下三种基本功能：

1. 电源隔离功能。

2. 正常接通与分断电路功能。

3. 过载、短路、漏电保护功能。

总配电箱的电器配置

（1）当总路设置总漏电保护器时，还应装设总隔离开关、分路隔离开关以及总断路器、分路断路器或总熔断器、分路熔断器。

（2）当各分路设置分路漏电保护器时，还应装设总隔离开关、分路隔离开关以及总断路器、分断路器或总熔断器、分路熔断器。

（3）隔离开关应设置于电源进线端，应采用具有可见分断点并能同时断开电源所有极或彼此靠近的单极隔离电器，不得采用不具有可见分断点的电器。

总配电箱的电器接线

采用 TN-S 接零保护系统时，总配电箱的典型电器配置与接线可有二种基本形式，分别如图 10.3.1 和图 10.3.2 所示。

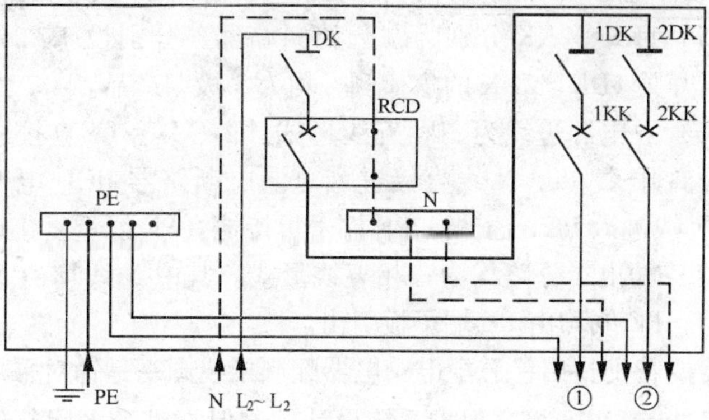

图 10.3.1　总配电箱电器配置接线图一

DK、1DK、2DK—电源隔离开关；RCD—漏电断路器；1KK、2KK—断路器

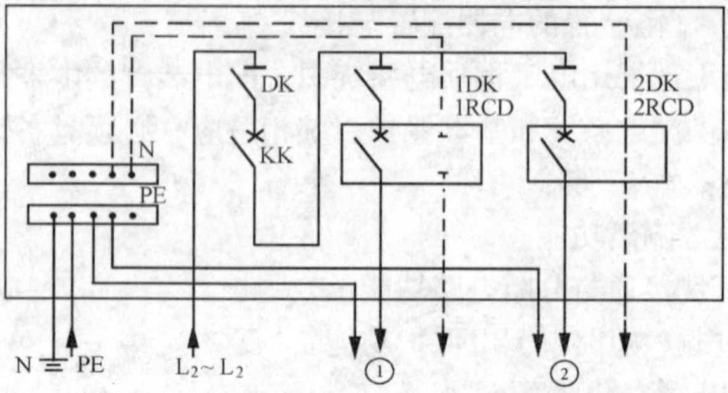

图 10.3.2 总配电箱电器配置接线图二

DK、1DK、2DK—电源隔离开关；KK—断路器；RCD—漏电断路器

4. 总配电箱电器配置接线图一的说明

(1) 电气接线图为单线图。

(2) 配电采用一总路、二分路形式。

(3) DK 为总电源隔离开关、采用 3 极刀型开关，设于总电源进户端；1DK、2DK 分别为二分路电源隔离开关，均采用 3 极刀型开关，分别设于二分路电源端。

(4) RCD 为总漏电断路器（具有过载、短路、漏电保护功能），设于总路电源隔离开关负荷侧，采用 3 极 4 线型产品。

(5) 1KK、2KK 分别为二分路断路器，分别设于二分路电源隔离开关 1DK、2DK 的负荷侧，均为 3 极型产品。

(6) 总电源进线为三相五线形式。L_1、L_2、L_3 直接进入总电源隔离开关 DK，N 线直接进入总漏电断路器 RCD 电源侧 N 端，PE 线进入 PE 端子板，PE 端子板接地（PE 线重复接地）。

(7) 配出二分路均为三相五线形式。其中 N 线均由 N 端子板引出；PE 线均由 PE 端子板引出。

需要特别指出，总配电箱电器配制接线图一是针对采用三相五线进线、TN-S 接零保护系统设计的。但它对于采用其他进线方式和其他接地保护系统时，仍然具有适用性，只需在电源进户端，将进户线的连接稍作调整。例如，当用于三相四线进户，且采用局部 TN-S 接零保护系统时，因为无专用 PE 线进户，所以图中电源进户端的 PE 线应撤掉，而代之以电源进户端的 N 线，总漏电断路器 RCD 电源端的 N 线则可由 PE 端子板引入，其余不变；当用于三相四线进户，但采用 TT 接地保护系统时，只须将图中电源进户端 PE 线撤掉即可，其余不变。

5. 总配电箱电器配置接线图二的说明

（1）电气接线图为单线图。

（2）配电采用一总路、二分路。

（3）DK 为总电源隔离开关，采用 3 极刀型开关，设于总电源进户端；1DK、2DK 分别为二分路电源隔离开关，均采用 3 极刀型开关，分别设于二分路电源端。

（4）1RCD、2RCD 分别为二分路漏电断路器（具有过载、短路、漏电保护功能），分设于二分路电源隔离开关的负荷侧，均采用 3 极 4 线型产品。

（5）KK 为总断路器，设于总电源隔离开关的负荷侧，采用 3 极型产品。

（6）总电源进线为三相五线形式。L_1、L_2、L_3 直接进入总电源隔离开关 DK，N 线经 N 端子板分线接二分路漏电断路器 1RCD、2RCD 的电源侧 N 端，PE 线进入 PE 端子板，PE 端子板接地（PE 线重复接地）。

（7）配出二分路均为三相五线形式，其中各分路 N 线为分路专用，不得混接；而 PE 线则均由 PE 端子板引出。

这里，也需要特别指出，总配电箱电器配置接线图二也是针对采用三相五线进线、TN-S 接零保护系统设计的。但它对于采用其他进线方式和其他接地保护系统时，同样也是具有适用性的，同样也只需在电源进户端，将进户线的连接稍作调整即可。例如，当用于三相四线进户，且采用局部 TN-S 接零保护系统时，只需将图中进户 PE 线撤掉，N 线改进 PE 端子板，N、PE 端子板作电气连接即可，其余不变；当用于三相四线进户，但采用 TT 接地保护系统时，同样也只需将进户 PE 线撤掉即可，其余不变。

上述总配电箱电器配置与接线图在电器选配方面，实际上还可有其他等效替代方案。例如图中的断路器可用熔断器替代；漏电断路器可用断路器或熔断器与只具漏电保护器的串接组合取代，而刀型隔离开关亦可选用刀熔开关等。

分配电箱的电器配置

6. 分配电箱的电器配置

在采用二级漏电保护的配电系统中，分配电箱中不要求设置漏电保护器，此时分配电箱的电器配置应符合下述原则：

（1）总路设置总隔离开关，以及总断路器或总熔断器。

（2）分路设置分路隔离开关,以及分路断路器或分路熔断器。

（3）隔离开关设置于电源进线端。

根据这些原则，分配电箱应装设两类电器，即隔离电器和短路与过载保护电器，其配置次序依次是隔离电器、短路与过载保护电器，不可颠倒。

7. 开关箱的电器配置

开关箱的电器配置与接线要与用电设备负荷类别相适应。以下介绍几种典型开关箱的电器配置与接线。

(1) 三相动力开关箱

一般三相动力开关箱的电器配置与接线如图 10.3.3 所示。图中：

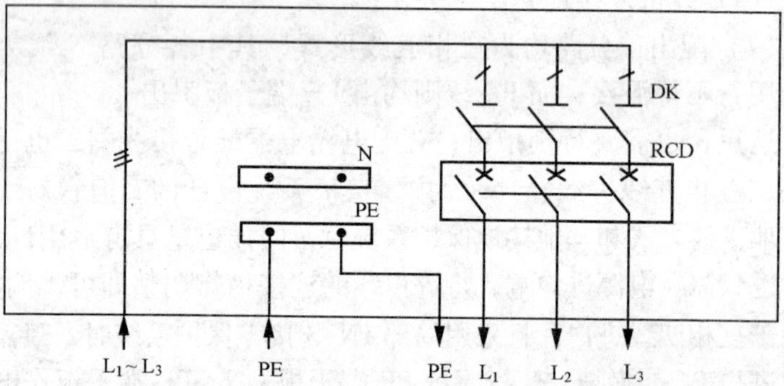

图 10.3.3 一般三相动力开关箱电器配置接线图

1）DK 为电源隔离开关，采用三极刀型开关，设于电源进线端。

2）RCD 为漏电短路器（具有短路、过载、漏电保护功能），采用 3 极 3 线型产品。

3）进线 $L_1 \sim L_3$ 和 PE，出线为 $L_1 \sim L_3$ 和 PE。

4）DK 可用刀熔开关替代。

5）当 RCD 只有漏电保护功能时，需在 DK 和 RCD 之间加装断路器或熔断器（加装熔断器时，限用于 5.5kW 以下动力设备的开关箱）。

6）如 PE 线要作重复接地，则只需将 PE 端子板接地即可。

此箱可用作混凝土搅拌机、物料提升机、钢筋机械、木工机械、水泵、桩工机械等设备的开关箱。

（2）单相照明开关箱的电器配置与接线

单相照明开关箱的电器配置与接线如图 10.3.4 所示。图中：

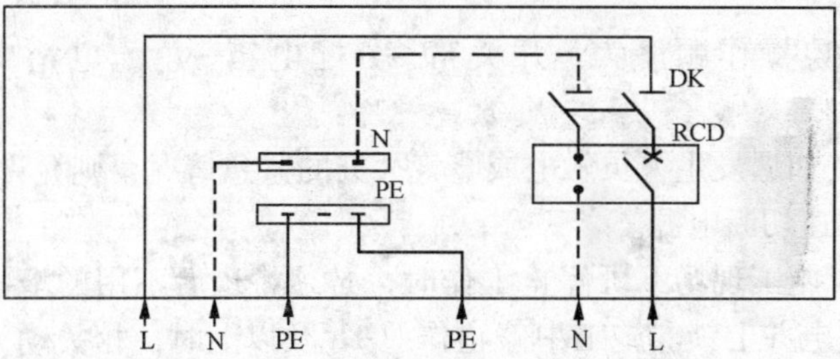

图 10.3.4 单相照明开关箱电器配置接线图

1）DK 为电源隔离开关，采用 2 极刀型开关，设于电源进线端。

2）RCD 为漏电断路器（具有短路、过载、漏电保护功能），采用 1 极 2 线型产品。

3）进线为 L（L_1 或 L_2 或 L_3）、N、PE，出线为 L、N、PE。

4）DK 可用刀熔开关替代。

5）当 RCD 只有漏电保护功能时，需在 DK 和 RCD 之间加装断路器或熔断器。

6）如 PE 线要作重复接地，则只需将 PE 端子接地即可。

此箱可用作具有金属外罩照明器和单相手持式电动工具的开关箱。

（三）配电装置的使用与维护

配电装置的使用

1. 配电装置的箱（柜）门处均应有名称、用途、分路标记，及内部电气系统接线图，以防误操作。

2. 配电装置均应配锁，并由专人负责开启和关闭上锁。

3. 电工和用电人员工作时，必须按规定穿戴绝缘和防护用品，使用绝缘工具。

4. 配电装置送电和停电时，必须严格遵循下列操作顺序：

送电操作顺序为：总配电箱（配电柜）—分配电箱—开关箱；

停电操作顺序为：开关箱—分配电箱—总配电箱（配电柜）。

5. 如遇发生人员触电或电气火灾的紧急情况，则允许就地、就近迅速切断电源。

6. 施工现场下班停止工作时，必须将班后不用的配电装置分闸断电并上锁。施工中停止作业 1h 及以上时，相关动力开关箱应断电上锁。暂时不用的配电装置也应断电上锁。

7. 配电装置必须按其正常工作位置安装牢固、稳定、端正。固定式配电箱、开关箱的中心点与地面的垂直距离应为 1.4 ~ 1.6m；移动式配电箱、开关箱的中心点与地面的垂直距离宜为 0.8 ~ 1.6m。

8. 配电箱、开关箱内的电气配置和接线严禁随意改动，并不得随意挂接其他用电设备。

9. 配电装置的漏电保护器应于每次使用时用试验按钮试跳一次，只有试跳正常才可继续使用。

三、配电线路

在供配电系统中，除了有配电装置作为配电枢纽以外，还必须有连接配电装置和用电设备，传输、分配电能的电力线路，这就是配电线路。

施工现场的配电线路，按其敷设方式和场所不同，主要有架空线路导线，电缆线路、室内配线三种。设有配电室时，还应包括配电母线。

(一) 配电线的选择

配电线的选择，实际上就是架空线路导线、电缆线路电缆、室内线路导线、电缆，以及配电母线的选择。

1. 架空线的选择

架空线的选择主要是选择架空线路导线的种类和导线的截面，选择依据主要是线路敷设的要求和线路负荷计算的电流。

架空线中各导线截面与线路工作制的关系为：三相四线制工作时，N 线和 PE 线截面不小于相线（L 线）截面的 50%；单相线路的零线截面与相线截面相同。

架空线的绝缘色应符合下述统一规定：当考虑架空线相序排列时：L_1（A 相）—黄色；L_2（B 相）—绿色；L_3（C 相）—红色。另外，N 线—淡蓝色；PE 线—绿/黄双色。

2. 电缆的选择

电缆的选择主要是选择电缆的类型、截面和芯线配置，其选择依据主要是线路敷设的要求和线路负荷计算的计算电流。

根据基本供配电系统的要求，电缆中必须包含线路工作制所需要的全部工作芯线和 PE 线。特别需要指出，需要三相四线制配电的电缆线路必须采用五芯电缆，而采用四芯电缆外加一条绝缘线等配置方法都是不符合规范的。

五芯电缆中，除包含三条相线外，还必须包含用作 N 线的淡蓝色芯线和用作 PE 线的绿/黄双色芯线。其中，N 线和 PE 线的绝缘色规定，同样适用于四芯、三芯等电缆。而五芯电缆中相线的绝缘色则一般由黑、棕、白三色中的二种搭配。

3. 室内配线的选择

室内配线必须采用绝缘导线或电缆。

除以上三种配线方式以外，在配电室里还有一个配电母线问题。由于施工现场配电母线常常采用裸扁铜板或裸扁铝板制做成所谓裸母线，因此其安装时，必须用绝缘子支撑固定在配电柜上，以保持对地绝缘和电磁（力）稳定性。

（二）架空线路的敷设

1. 架空线路的组成

架空线路的组成一般包括四部分，即电杆、横担、绝缘子和绝缘导线。如采用绝缘横担，则架空线路可由电杆、绝缘横担、绝缘线三部分组成。

2. 架空线相序排列顺序

（1）动力、照明线在同一横担上架设时，导线相序排列顺序是：面向负荷从左侧起依次为 L_1、N、L_2、L_3、PE；

（2）动力、照明线在二层横担上分别架设时，导线相序排列顺序是：上层横担面向负荷从左侧起依次为 L_1、L_2、L_3；下层横担面向负荷从左侧起依次为 L（L_1、L_2、L_3）、N、PE。

（3）架空线路与邻近线路或固定物的防护距离应符合《规范》的规定。

（三）电缆线路的敷设

电缆敷设应采用埋地或架空两种方式，严禁沿地面明设，以防机械损伤和介质腐蚀。埋地电缆路径应设方位标志。

直埋电缆在穿越建筑物、构筑物、道路、易受机械损伤、介质腐蚀场所及引出地面从 2m 高到地下 0.2m 处必须加设防护套管，防护套管内径不应小于电缆外径的 1.5 倍。电缆接线盒应能防水、防尘、防机械损伤，并远离易燃、易爆、易腐蚀场所。

（四）室内配线的敷设

安装在现场办公室、生活用房、加工厂房等暂设建筑内的配电线路，通称为室内配电线路，简称室内配线。

室内配线分为明敷设和暗敷设两种。

1. 明敷设可采用瓷瓶、瓷（塑料）夹配线，嵌绝缘槽配线和钢索配线三种方式。不得悬空乱拉。

明敷主干线的距地高度不得小于2.5m。

2. 暗敷设可采用绝缘导线穿管埋墙或埋地方式和电缆直埋墙或直埋地方式。

（1）暗敷设线路部分不得有接头。

（2）暗敷设金属穿管应做等电位连接，并与PE线相连接。

（3）潮湿场所或埋地非电缆（绝缘导线）配线必须穿管敷设，管口和管接头应密封。严禁将绝缘导线直埋地下。

第四节 用电设备

用电设备是配电系统的终端设备，是最终将电能转化为机械能、光能等其他形式能量的设备。在施工现场中，用电设备就是直接服务于施工作业的生产设备。

施工现场的用电设备基本上可分为三大类，电动机械、电动工具、照明器材。

通常以触电危险程度来考虑，施工现场的环境可划分为三类：

1. 一般场所

相对湿度≤75%的干燥场所；无导电粉尘场所；气温不高于30℃场所；有不导电地板（干燥木地板、塑料地板、沥青地板等）场所等均属于一般场所。

2. 危险场所

相对湿度长期处于75%以上的潮湿场所；露天并且能遭受雨、雪侵袭的场所；气温高于30℃的炎热场所；有导电粉尘场所；有导电泥、混凝土或金属结构地板场所；施工中常处于水湿润的场所等均属于危险场所。

3. 高度危险场所

相对湿度接近100%场所、蒸汽环境场所、有活性化学媒质放出腐蚀性气体或液体场所、具有两个及以上危险场所特征（如导电地板和高温，或导电地板和有导电粉尘）场所等均属于高度危险场所。

一、电动机械的使用

（一）起重机械的使用

起重机械主要有塔式起重机、外用电梯、物料提升机等。

1. 塔式起重机

（1）塔式起重机的机体必须做防雷接地，同时必须与配电系统PE线相连接。除此以外，PE线与接地体之间还必须有一个直接独立的连接点。

轨道式塔式起重机的防雷接地可以借助于机轮和轨道的连接，但应有附属安全措施。

（2）塔式起重机运行时注意与外电架空线路或其防护设施保持安全距离。

2. 外用电梯

外用电梯通常属于载人、载物的客、货两用电梯，所以其安全使用尤为重要。要设置单独的开关箱，特别是要有可靠的极限控制，通信联络。

3. 物料提升机

物料提升机是只许运送物料，不允许载人的垂直运输机械，通常都是由电动机经变速器直接驱动升降运动。

（二）桩工机械的使用

桩工机械主要有潜水式钻孔机、潜水电机等。

桩工机械是一种与水密切接触的机械，因此其使用的主要安全问题是防水、防潮、防漏电。

1. 潜水式钻孔机的漏电保护要符合配电系统关于潮湿场所漏电保护的要求。

2. 潜水电机的负荷线应采用防水橡皮护套铜芯软电缆，电缆护套不得有裂纹和破损。

（三）夯土机械的使用

夯土机械的金属外壳与PE线的连接点不得小于两处；其漏电保护必须适应潮湿场所的要求。

夯土机械的负荷线应采用耐气候型橡皮护套铜芯软电缆。

（四）木工机械的使用

1. 木工机械的金属基座必须与PE线作可靠的电气连接。

2. 木工机械的漏电保护可按一般场所要求对待。

（五）焊接机械的使用

电焊机械属于露天半移动、半固定式用电设备。各种电焊机基本上都是靠电弧、高温工作的，所以防止电弧引燃易燃易爆物是其使用应注意的首要问题；其次，电焊机空载时其二次侧具有50~70V的空载电压，已超出安全电压范围，所以防触电成为其安全使用的第二个重要问题，除此以外，还需考虑到电焊机常常是在钢筋网间露天作业的环境条件。

1. 电焊机械应放置在防雨、干燥和通风良好的地方。

2. 交流弧焊机变压器的一次侧电源线长度不应大于5m，其电源进线处必须设置防护罩，进线端不得裸露。

3. 发电机式直流电焊机的换向器要经常检查、清理、维修，以防止可能产生的异常换向电火花。

4. 交流电焊机除应设置一般漏电保护以外，还应配装二次空载降压保护器。

5. 电焊机械的二次线应采用防水橡皮护套铜芯软电缆，电缆长度不应大于30m，其护套不得破裂，其接头必须绝缘、防水包扎防护好，不应有裸露带电部分。

电焊机械的二次线地线不得用金属构件或结构钢筋代替。

6. 使用电焊机械焊接时必须穿戴防护用品。严禁露天冒雨从事电焊作业。

二、电动工具的使用

电动工具的分类

施工现场使用的电动工具一般都是手持式的，所以称为手持式电动工具。例如电钻、冲击钻、电锤、射钉枪及手持式电锯、电刨、切割机、砂轮等。

手持式电动工具按其绝缘和防触电性能分可分为三类，即Ⅰ类工具、Ⅱ类工具、Ⅲ类工具。

（一）一般场所（空气湿度小于75%）可选用Ⅰ类或Ⅱ类手持式电动工具。

1. 金属外壳与PE线的连接点不应少于两处；

2. 漏电保护应符合潮湿场所对漏电保护的要求。

（二）在潮湿场所或金属构架上操作时，必须选用Ⅱ类或由安全隔离变压器供电的Ⅲ类手持式电动工具。严禁使用Ⅰ类手持式电动工具。

使用金属外壳Ⅱ类手持式电动工具时，其金属外壳可与PE线相连接，并设漏电保护。

（三）狭窄场所（锅炉、金属容器、地沟、管道内等）作业时，必须选用由安全隔离变压器供电的Ⅲ类手持式电动工具。

（四）开关箱和控制箱设置的要求

除一般场所外，在潮湿场所、金属构架上及狭窄场所使用Ⅱ、Ⅲ类手持式电动工具时，其开关箱和控制箱应设在作业场所以外，并有人监护。

（五）负荷线选择的要求

手持式电动工具的负荷线应采用耐气候型橡皮护套铜芯软电缆，并且不得有接头。

三、照明器材的使用

（一）照明设置的一般规定

1. 在坑洞内作业、夜间施工或作业厂房、料具堆放场、道路、仓库、办公室、食堂、宿舍及自然采光差等场所，应设一般照明、局部照明或混合照明。在一个工作场所内，不得只设局部照明。

2. 停电后作业人员需要及时撤离现场的特殊工程，例如夜间高处作业工程及自然采光很差的深坑洞工程等场所，还必须装设由独立自备电源供电的应急照明。

3. 对于夜间可能影响行人和车辆安全通行的在建工程，如开挖的沟、槽、孔洞等，应在其邻边设置醒目的红色警戒照明。

对于夜间可能影响飞机及其他飞行器安全通行的高大机械设备或设施，如塔式起重机、外用电梯等，应在其顶端设置醒目的警戒照明。

4. 根据需要设置不停电影响的保安照明。

（二）照明器的选择

1. 正常湿度（相对湿度≤75%）的一般场所，可选用普通开启式照明器。

2. 潮湿或特别潮湿（相对湿度>75%）场所，属于触电危险场所，必须选用密闭型防水照明器或配有防水灯头的开启式照明器。

3. 含有大量尘埃但无爆炸和火灾危险的场所，属于触电一般场所，必须选用防尘型照明器，以防尘埃影响照明器安全发光。

4. 有爆炸和火灾危险的场所，亦属于触电危险场所，应按危险场所等级选用防爆型照明器材，详见现行国家标准《爆炸和火灾危险环境电力装置设计规范》（GB50058）。现举一例予以说明，假设火灾危险场所属于火灾危险区域划分的 23 区，即具有固体状可燃物质，在数量和配置上能引起火灾危险的环境，按该规范规定，照明灯具的防护结构应为 IP2X 级。

5. 存在较强振动的场所，必须选用防振型照明器材。

6. 有酸碱等强腐蚀介质场所，必须选用耐酸碱型照明器材。

（三）照明供电的选择

1. 一般场所，照明供电电压宜为220V，即可选用额定电压为220V的照明器材。

2. 隧道、人防工程、高温、有导电灰尘、比较潮湿或灯具离地面高度低于规定2.5m等较易触电的场所，照明电源电压不应大于36V。

3. 潮湿和易于触及带电体的照明场所，照明电源电压不得大于24V。

4. 特别潮湿、导电良好的地面、锅炉或金属容器内的照明，照明电源电压不得大于12V。

5. 行灯电压不得大于36V。

6. 照明电压偏移值最高为额定电压的 -10% ~5%。

7. 照明变压器必须使用双绕组型安全隔离变压器，严禁使用自容变压器。

（四）照明装置的设置

1. 安装

（1）安装高度：一般220V灯具室外不低于3m，室内不低于2.5m；碘钨灯及其他金属卤化物灯安装高度宜在3m以上。

（2）安装接线：螺口灯头的中心触头应与相线连接，螺口应与零线（N）连接；碘钨灯及其他金属卤化物灯的灯线应固定在专用接线柱上；灯具的内接线必须牢固，外接线必须做可靠的防水绝缘包扎。

（3）对易燃易爆物的防护距离：普通灯具不宜小于300mm聚光灯及碘钨灯等高热灯具不宜小于500mm，且不得直接照射易燃物。

达不到防护距离时，应采取隔热措施。

2. 控制与保护

（1）任何灯具必须经照明开关箱配电与控制，配置完整的电源隔离、过载与短路保护及漏电保护电器。

（2）路灯还应逐灯另设熔断器保护。

（3）灯具的相线必须经开关控制，不得直接引入灯具。

(4) 暂设工程的照明灯具宜采用拉线开关控制，其安装高度为距地2~3m。宿舍区禁止设置床头开关。

3. 对夜间影响飞机或车辆通行的在建工程及机械设备，必须设置醒目的红色信号灯，其电源应设在施工现场总电源开关的前侧，并应设置外电线路停止供电时的应急自备电源。

第五节　外电防护、防雷

一、外电防护

在施工现场周围往往存在一些高、低压电力线路，这些不属于施工现场的外界电力线路统称为外电线路。外电线路一般为架空线路，个别现场也会遇到电缆线路。由于外电线路的位置原已固定，因而其与施工现场的相对距离也难以改变，这就给施工现场作业安全带来了一个不利影响因素。如果施工现场距离外电线路较近，往往会因施工人员搬运物料、器具，尤其是金属料具或操作不慎触及外电线路，从而发生触电伤害事故。因此，当施工现场邻近外电线路作业时，为了防止外电线路对施工现场作业人员可能造成的触电伤害事故，施工现场必须对其采取相应的防护措施，这种对外电线路触电伤害的防护称为外电线路防护，简称外电防护。

(一) 外电防护的技术措施

1. 绝缘；

2. 屏护；

3. 安全距离；

4. 限制放电能量；

5. 24V及以下安全特低电压。

上述的五项基本措施具有普通适用的意义。但是对于施工现场外电防护这种特殊的防护，基本上不存在安全特低电压和限制放电能量问题。因此其防护措施主要应是做到绝缘、屏护、安全距离。

（二）保证安全操作距离

1. 在建工程不得在外电架空线路正下方施工、搭设作业棚、建造生活设施或堆放构件、架具、材料及其他杂物等。

2. 在建工程（含脚手架）的周边与外电架空线路的边线之间的最小安全操作距离不应小于表10.5.1所列数值。

最小安全距离　　表10.5.1

外电线路电压等级（kV）	<1	1~10	35~110	220	330~500
最小安全操作距离（m）	4	6	8	10	15

注：上、下脚手架的斜道不宜设在有外电线路的一侧。

表10.5.1在建工程（含脚手架）的周边与架空线路的边线之间的最小安全操作距离。

（三）架设安全防护设施

架设安全防护设施是一种绝缘隔离防护措施，宜通过采用木、竹或其他绝缘材料增设屏障、遮栏、围栏、保护网等与外电线路实现强制性绝缘隔离，并须在隔离处悬挂醒目的警告标志牌。

二、防雷

雷电是一种破坏力，危害性极大的自然现象，要想消除它是不可能的，但消除其危害却是可能的。即通过设置一种装置，人为控制和限制雷电发生的位置，并使其不至危害到需要保护的人、设备或设施。这种装置称作防雷装置或避雷装置。

防雷部位的确定：

参照现行国家标准《建筑物防雷设计规范》，施工现场需要考虑防直击雷的部位主要是塔式起重机、物料提升机、外用电梯等高大机械设备及钢脚手架、在建工程金属结构等高架设施，并且其防雷等级可按三类防雷对待。防感应雷的部位则是设置现场变电所时的进、出线处。

首先应考虑邻近建筑物或设施是否有防直击雷装置，如果有，它们是在其保护范围以内，还是在其保护范围以外。如果施工现场的起重机、物料提升机、外用电梯等机械设备，以及钢脚手架和正在施工的在建工程等的金属结构，在相邻建筑物、构筑物等设施的防雷装置保护范围以外，则应按规定安装防雷装置。

防雷保护范围是指接闪器对直击雷的保护范围。

接闪器防直击雷的保护范围是按“滚球法”确定的。所谓滚球法是指选择一个其半径 h_r 由防雷类别确定的一个可以滚动的球体，沿需要防直击雷的部位滚动，当球体只触及接闪器（包括被利用作为接闪器的金属物），或只触及接闪器和地面（包括与大地接触并能承受雷击的金属物），而不触及需要保护的部位时，则该未被触及部分就得到接闪器的保护。

第六节　电气防火措施

编制电气防火措施也应从技术措施和组织措施两个方面考虑，并且也要符合施工现场实际。

一、电气防火技术措施要点

1. 合理配置用电系统的短路、过载、漏电保护电器。

2. 确保 PE 线连接点的电气连接可靠。

3. 在电气设备和线路周围不堆放并清除易燃易爆物和腐蚀介质或作阻燃隔离防护。

4. 不在电气设备周围使用火源，特别在变压器、发电机等场所严禁烟火。

5. 在电气设备相对集中场所，如变电所、配电室、发电机室等场所配置可扑灭电气火灾的灭火器材。

6. 按《规范》（JGJ46—2005）规定设置防雷装置。

二、电气防火组织措施要点

1. 建立易燃易爆物和腐蚀介质管理制度。

2. 建立电气防火责任制，加强电气防火重点场所烟火管制，并设置禁止烟火标志。

3. 建立电气防火教育制度，定期进行电气防火知识宣传教育，提高各类人员电气防火意识和电气防火知识水平。

4. 建立电气防火检查制度，发现问题，及时处理，不留任何隐患。

5. 建立电气火警预报制，做到防患于未然。

6. 建立电气防火领导体系及电气防火队伍，并学会和掌握扑灭电气火灾的组织和方法。

7. 电气防火措施可与一般防火措施一并编制。

第十一章 机械设备安全管理

为保障机械设备的正确、安全使用，发挥机械效能，确保安全生产，编制本章。机械设备使用时，除应符合本章规定外，尚应符合国家现行有关强制性标准的规定。

第一节 一般规定

1. 操作人员应体检合格，无妨碍作业的疾病和生理缺陷，并应经过专业培训、考核合格取得建设行政主管部门颁发的操作证或公安部门颁发的机动车驾驶执照后，方可持证上岗。学员应在专人指导下进行工作。

2. 操作人员应遵守机械有关保养规定，认真及时做好各级保养工作，经常保持机械完好状态。

3. 实行多班作业的机械，应执行交接班制度，认真填写交接班记录；接班人员经检查确认无误后，方可进行工作。

4. 在工作中操作人员和配合作业人员必须按规定穿戴劳动保护用品，长发应束紧不得外露，高处作业时必须系安全带。

5. 机械进入作业地点后，施工技术人员应向操作人员进行施工任务和安全技术措施交底。操作人员应熟悉作业环境和施工条件，听从指挥，遵守现场安全规则。

6. 机械必须按照出厂使用说明书规定的技术性能、承载能力和使用条件，正确操作，合理使用，严禁超载作业或任意扩大使用范围。

7. 机械上的各种安全防护装置及监测、指示、仪表、报警等自动报警、信号装置应完好齐全，有缺损时应及时修复。安全防护装置不完整或已失效的机械不得使用。

8. 机械不得带病运转。运转中发现不正常时，应先停机检查，排除故障后方可使用。

9. 新机、经过大修或技术改造的机械，必须按出厂使用说明书的要求和现行国家标准《建筑机械技术试验规程》（JGJ 34）进行测试和试运转，并应符合本规程附录A的规定。

10. 机械在寒冷季节使用，应符合本规程附录B的规定。

11. 机械集中停放的场所，应有专人看管，并应设置消防器材及工具；大型内燃机械应配备灭火器；机房、操作室及机械四周不得堆放易燃、易爆物品。

12. 变配电所、乙炔站、氧气站、空气压缩机房、发电机房、锅炉房等易于发生危险的场所，应在危险区域界限处，设置围栅和警告标志，非工作人员未经批准不得入内。挖掘机、起重机、打桩机等重要作业区域，应设立警告标志及采取现场安全措施。

13. 在机械产生对人体有害的气体、液体、尘埃、渣滓、放射性射线、振动、噪声等场所，必须配置相应的安全保护设备和三废处理装置；在隧道、沉井基础施工中，应采取措施，使有害物限制在规定的限度内。

14. 停用一个月以上或封存的机械，应认真做好停用或封存前的保养工作，并应采取预防风沙、雨淋、水泡、锈蚀等措施。

15. 当机械发生重大事故时，企业各级领导必须及时上报、组织抢救、保护现场、查明原因、分清责任、落实及完善安全措施，并按事故性质严肃处理。

16. 汽车及自行轮胎式机械在进入城市交通或公路时，必须遵守《中华人民共和国道路交通安全法》。

17. 对新机型，机械管理部门必须根据生产厂说明书要求，制订本企业的安全技术操作规程后，方可投入使用。

第二节　动力与电气装置

一、基本要求

1. 固定式动力机械应安装在室内符合规定的基础上，移动式动力机械应处于水平状态，放置稳固。内燃机机房应有良好的通风，周围应有 1m 以上的通道，排气管必须引出室外，并不得与可燃物接触。室外使用动力机械应搭设机棚。

2. 电气设备的金属外壳应采用保护接地或保护接零，并应符合下列要求。

（1）保护接地：中性点不直接接地系统中的电气设备应采用保护接地。接地网接地电阻不宜大于4Ω（在高土壤电阻率地区，应遵照当地供电部门的规定）；

（2）保护接零：中性点直接接地系统中的电气设备应采用保护接零。

3. 在同一供电系统中，不得将一部分电气设备作保护接地，而将另一部分电气设备作保护接零。

4. 在保护接零的零线上不得装设开关或熔断器。

5. 严禁利用大地作工作零线，不得借用机械本身金属结构作工作零线。

6. 电气设备的每个保护接地或保护接零点必须用单独的接地（零）线与接地干线（或保护零线）相连接。严禁在一个接地（零）线中串接几个接地（零）点。

7. 电气设备的额定工作电压必须与电源电压等级相符。

8. 电气装置遇跳闸时，不得强行合闸。应查明原因，排除故障后方可再行合闸。

9. 严禁带电作业或采用预约停送电时间的方式进行电气检修。检修前必须先切断电源并在电源开关上挂“禁止合闸，有人工作”的警告牌。警告牌的挂、取应有专人负责。

10. 各种配电箱、开关箱应配备安全锁，箱内不得存放任何其他物件并应保持清洁。非本岗位作业人员不得擅自开箱合闸。每班工作完毕后，应切断电源，锁好箱门。

11. 发生人身触电时，应立即切断电源，然后方可对触电者作紧急救护。严禁在未切断电源之前与触电者直接接触。

12. 电气设备或线路发生火警时，应首先切断电源，在未切断电源之前，不得使身体接触导线或电气设备，不得用水或泡沫灭火机进行灭火。

13. 内燃机作业前的重点检查应符合下列要求：

（1）曲轴箱内润滑油油面在标尺规定范围内；

（2）冷却系统水量充足、清洁、无渗漏，风扇三角胶带松紧合适；

（3）燃油箱油量充足，各油管及接头处无漏油现象；

（4）各总成连接件安装牢固，附件完整、无缺。

14. 用摇柄启动汽油机时，由下向上提动，严禁向下硬压或连续摇转。用手拉绳启动时，不得将绳的一端缠在手上。

15. 作业中内燃机温度过高时，不应立即停机，应继续怠速运转降温。当冷却水沸腾需开启水箱盖时，操作人员应带手套，面部必须避开水箱盖口，严禁用冷水注入水箱或泼浇内燃机体强制降温。

二、发电机

1. 以内燃机为动力的发电机，其内燃机部分应执行相关的规定。

2. 新装、大修或停用10d以上的发电机，使用前应测量定子和励磁回路的绝缘电阻以及吸收比，定子的绝缘电阻不得低于上次所测值的30%，励磁回路的绝缘电阻不得低于0.5MΩ，吸收比不得小于1.3，并应做好测量记录。

3. 作业前检查内燃机与发电机传动部分，应连接可靠，输出线路的导线绝缘良好，各仪表齐全、有效。

4. 启动前应先将励磁变阻器的电阻值放在最大位置上，然后切断供电输出主开关，接合中性点接地开关。有离合器的机组，应先启动内燃机空载运转，待正常后再接合发电机。

5. 启动后检查发电机在升速中应无异响，滑环及整流子上电刷接触良好，无跳动及冒火花现象。待运转稳定，频率、电压达到额定值后，方可向外供电。载荷应逐步增大，三相应保持平衡。

6. 发电机开始运转后，即应认为全部电气设备均已带电。

7. 发电机连续运行的最高和最低允许电压值不得超过额定值的±10%。其正常运行的电压变动范围应在额定值的±5%以内，功率因数为额定值时，发电机额定容量应不变。

8. 发电机在额定频率值运行时，其变动范围不得超过±0.5Hz。

9. 发电机功率因数不得超过迟相（滞后）0.95。有自动励磁调节装置的，可在功率因数为1的条件下运行，必要时可允许短时间在迟相0.95～1的范围内运行。

10. 发电机运行中应经常检查并确认各仪表指示及各运转部分正常，并应随时调整发电机的载荷。定子、转子电流不得超过允许值。

11. 停机前应先切断各供电分路主开关，逐步减少载荷，然后切断发电机供电主开关，将励磁变阻器复回到电阻最大值位置，使电压降至最低值，再切断励磁开关和中性点接地开关，最后停止内燃机运转。

三、空气压缩机

1. 空气压缩机严禁带气压运输。

2. 空气压缩机作业区应保持清洁和干燥。贮气罐应放在通风良好处，距贮气罐15m以内不得进行焊接或热加工作业。

3. 空气压缩机的进排气管较长时，应加以固定，管路不得有急弯；对较长管路应设伸缩变形装置。

4. 贮气罐和输气管路每三年应做水压试验一次，试验压力应为额定压力的150%。压力表和安全阀应每年至少校验一次。

5. 作业前重点检查应符合下列要求：

（1）燃、润油料均添加充足；

（2）各连接部位紧固，各运动机构及各部阀门开闭灵活；

（3）各防护装置齐全良好，贮气罐内无存水；

（4）电动空气压缩机的电动机及启动器外壳接地良好，接地电阻不大于4Ω。

6. 空气压缩机应在无载状态下启动，启动后低速空运转，检查各仪表指示值是否符合要求，运转正常后，逐步进入载荷运转。

7. 输气胶管应保持畅通，不得扭曲，开启送气阀前，应将输气管道连接好，并通知现场有关人员后方可送气。在出气口前方，不得有人工作或站立。

8. 作业中贮气罐内压力不得超过铭牌额定压力，安全阀应灵敏有效。进、排气阀、轴承及各部件应无异响或过热现象。

9. 每工作2h，应将液气分离器、中间冷却器、后冷却器内的油水排放一次。贮气罐内的油水每班应排放1~2次。

10. 发现下列情况之一时应立即停机检查，找出原因并排除故障后，方可继续作业：

（1）漏水、漏气、漏电或冷却水突然中断；

（2）压力表、温度表、电流表指示值超过规定；

（3）排气压力突然升高，排气阀、安全阀失效；

（4）机械有异响或电动机电刷发生强烈火花。

11. 运转中，在缺水而使气缸过热停机时，应待气缸自然降温至60℃以下时，方可加水。

12. 当电动空气压缩机运转中突然停电时，应立即切断电源，等来电后重新在无载荷状态下起动。

13. 停机时，应先卸去载荷，然后分离主离合器，再停止内燃机或电动机的运转。

14. 停机后，应关闭冷却水阀门，打开放气阀，放出各级冷却器和贮气罐内的油水和存气，方可离岗。

四、手持电动工具

1. 使用刃具的机具，应保持刃磨锋利、完好无损、安装正确、牢固可靠。

2. 使用砂轮的机具，应检查砂轮与接盘间的软垫并安装稳固，螺帽不得过紧，凡受潮、变形、裂纹、破碎、磕边缺口或接触过油、碱类的砂轮均不得使用，并不得将受潮的砂轮片自行烘干使用。

3. 在潮湿地区或在金属构架、压力容器、管道等导电良好的场所作业时，必须使用双重绝缘或加强绝缘的电动工具。

4. 非金属壳体的电动机、电器，在存放和使用时不应受压、受潮，并不得接触汽油等溶剂。

5. 作业前的检查应符合下列要求：

（1）外壳、手柄不出现裂缝、破损；

（2）电缆软线及插头等完好无损，开关动作正常，保护接零连接正确牢固可靠；

（3）各部防护罩齐全牢固，电气保护装置可靠。

6. 机具启动后，应空载运转，应检查并确认机具联动灵活无阻。作业时，加力应平稳，不得用力过猛。

7. 严禁超载使用。作业中应注意音响及温升，发现异常应立即停机检查。在作业时间过长，机具温升超过 60℃时，应停机，自然冷却后再行作业。

8. 作业中，不得用手触摸刃具、模具和砂轮，发现其有磨钝、破损情况时，应立即停机修整或更换，然后再继续进行作业。

9. 机具转动时，不得撒手不管。

10. 使用冲击电钻或电锤时，应符合下列要求：

（1）作业时应掌握电钻或电锤手柄，打孔时先将钻头抵在工作表面，然后开动，用力适度，避免晃动；转速若急剧下降，应减少用力，防止电机过载，严禁用木杠加压；

（2）钻孔时，应注意避开混凝土中的钢筋；

（3）电钻和电锤为40%断续工作制，不得长时间连续使用；

（4）作业孔径在25mm以上时，应有稳固的作业平台，周围应设护栏。

11. 使用瓷片切割机时应符合下列要求：

（1）作业时应防止杂物、泥尘混入电动机内，并应随时观察机壳温度，当机壳温度过高及产生炭刷火花时，应立即停机检查处理；

（2）切割过程中用力应均匀适当，推进刀片时不得用力过猛。当发生刀片卡死时，应立即停机，慢慢退出刀片，应在重新对正后方可再切割。

12. 使用角向磨光机时应符合下列要求：

（1）砂轮应选用增强纤维树脂型，其安全线速度不得小于80m/s。配用的电缆与插头应具有加强绝缘性能，并不得任意更换；

（2）磨削作业时，应使砂轮与工件面保持15°~30°的倾斜位置；切削作业时，砂轮不得倾斜，并不得横向摆动。

13. 使用电剪时应符合下列要求：

（1）作业前应先根据钢板厚度调节刀头间隙量；

（2）作业时不得用力过猛，当遇刀轴往复次数急剧下降时，应立即减少推力。

14. 使用射钉枪时应符合下列要求：

（1）严禁用手掌推压钉管和将枪口对准人；

（2）击发时，应将射钉枪垂直压紧在工作面上，当两次扣动扳机，子弹均不击发时，应保持原射击位置数秒钟后，再退出射钉弹；

（3）在更换零件或断开射钉枪之前，射枪内均不得装有射钉弹。

15. 使用拉铆枪时应符合下列要求：

（1）被铆接物体上的铆钉孔应与铆钉滑配合，并不得过盈量太大；

（2）铆接时，当铆钉轴未拉断时，可重复扣动扳机，直到拉断为止，不得强行扭断或撬断；

（3）作业中，接铆头子或并帽若有松动，应立即拧紧。

第三节　起重吊装机械

一、基本要求

1. 起重机械应有符合国家法律、法规及各项规章制度规定的证件、检测报告等文件资料。

2. 操作人员在作业前必须对工作现场环境、行驶道路、架空电线、建筑物以及构件重量和分布情况进行全面了解。

3. 现场施工负责人应为起重机作业提供足够的工作场地，清除或避开起重臂起落及回转半径内的障碍物。

4. 各类起重机应装有音响清晰的喇叭、电铃或汽笛等信号装置。在起重臂、吊钩、平衡重等转动体上应标以鲜明的色彩标志。

5. 起重吊装的指挥人员必须持证上岗，作业时应与操作人员密切配合，执行规定的指挥信号。操作人员应按照指挥人员的信号进行作业，当信号不清或错误时，操作人员可拒绝执行。

6. 操纵室远离地面的起重机，在正常指挥发生困难时，地面及作业层（高空）的指挥人员均应采用对讲机等有效的通讯联络进行指挥。

7. 在露天有六级及以上大风或大雨、大雪、大雾等恶劣天气时，应停止起重吊装作业。雨雪过后作业前，应先试吊，确认制动器灵敏可靠后方可进行作业。

8. 起重机的变幅指示器、力矩限制器、起重量限制器以及各种行程限位开关等安全保护装置，应完好齐全、灵敏可靠，不得随意调整或拆除。严禁利用限制器和限位装置代替操纵机构。

9. 操作人员进行起重机回转、变幅、行走和吊钩升降等动作前，应发出音响信号示意。

10. 起重机作业时，起重臂和重物下方严禁有人停留、工作或通过。重物吊运时，严禁从人上方通过。严禁用起重机载运人员。

11. 操作人员应按规定的起重性能作业，不得超载。在特殊情况下需超载使用时，必须经过验算，有保证安全的技术措施，并写出专题报告，经企业技术负责人批准，有专人在现场监护下，方可作业。

12. 严禁使用起重机进行斜拉、斜吊和起吊地下埋设或凝固在地面上的重物以及其他不明重量的物体。现场浇筑的混凝土构件或模板，必须全部松动后方可起吊。

13. 起吊重物应绑扎平稳、牢固，不得在重物上再堆放或悬挂零星物件。易散落物件应使用吊笼栅栏固定后方可起吊。标有绑扎位置的物件，应按标记绑扎后起吊。吊索与物件的夹角宜采用45°~60°，且不得小于30°，吊索与物件棱角之间应加垫块。

14. 起吊载荷达到起重机额定起重重量的90%及以上时，应先将重物吊离地面200~500mm后，检查起重机的稳定性，制动器的可靠性，重物的平稳性，绑扎的牢固性，确认无误后方可继续起吊。对易晃动的重物应拴拉绳。

15. 重物起升和下降速度应平稳、均匀，不得突然制动。左右回转应平稳，当回转未停稳前不得作反向动作。非重力下降式起重机，不得带载自由下降。

16. 严禁起吊重物长时间悬挂在空中，作业中遇突发故障。应采取措施将重物降落到安全地方，并关闭发动机或切断电源后进行检修。在突然停电时，应立即把所有控制器拨到零位，断开电源总开关，并采取措施使重物降到地面。

17. 起重机不得靠近架空输电线路作业。起重机的任何部位与架空输电导线的安全距离不得小于表11.3.1的规定。

起重机与架空输电导线的安全距离　　表 11.3.1

安全距离 \ 电压（kV）	<1	1~15	20~40	60~80	220
沿垂直方向（m）	1.5	3.0	4.0	5.0	6.0
沿水平方向（m）	1.0	1.5	2.0	4.0	6.0

18. 起重机使用的钢丝绳，应有钢丝绳制造厂签发的产品技术性能和质量的证明文件。当无证明文件时，必须经过试验合格后方可使用。

19. 起重机使用的钢丝绳，其结构形式、规格及强度应符合该型起重机使用说明书的要求。钢丝绳与卷筒应连接牢固，放出钢丝绳时，卷筒上应至少保留三圈，收放钢丝绳时应防止钢丝绳打环、扭结、弯折和乱绳，不得使用扭结、变形的钢丝绳。使用编结的钢丝绳，其编结部分在运行中不得通过卷筒和滑轮。

20. 钢丝绳采用编结固接时，编结部分的长度不得小于钢丝绳直径的 20 倍，并不应小于 300mm，其编结部分应捆扎细钢丝。当采用绳卡固接时，与钢丝绳直径匹配的绳卡的规格、数量应符合表 11.3.2 的规定。最后一个绳卡距绳头的长度不得小于 140mm。绳卡滑鞍（夹板）应在钢丝绳承载时受力的一侧，“U”螺栓应在钢丝绳的尾端，不得正反交错。绳卡初次固定后，应待钢丝绳受力后再度紧固，并宜拧紧到使两绳直径高度压扁 1/3。作业中应经常检查紧固情况。

与绳径匹配的绳卡数　　表 11.3.2

钢丝绳直径（mm）	10 以下	10~20	21~26	28~36	36~40
最少绳卡数（个）	3	4	5	6	7
绳卡间距（mm）	80	140	160	220	240

21. 每班作业前，应检查钢丝绳及钢丝绳的连接部位。当钢

丝绳在一个节距内断丝根数达到或超过《钢丝绳报废标准（一个节距内的断丝数）》表 11.3.3 根数时，应予报废。当钢丝绳表面锈蚀或磨损使钢丝绳直径显著减少时，应将表 11.3.3 报废标准按表 11.3.4 折减，并按折减后的断丝数报废。

22. 向转动的卷筒上缠绕钢丝绳时，不得用手拉或脚踩来引导钢丝绳。钢丝绳涂抹润滑脂，必须在停止运转后进行。

钢丝绳报废标准（一个节距内的断丝数）　　表 11.3.3

采用的安全系数	钢丝绳规格					
	6×19+1		6×37+1		6×61+1	
	交互捻	同向捻	交互捻	同向捻	交互捻	同向捻
6 以下	12	6	22	11	36	18
6~7	14	7	26	13	38	19
7 以上	16	8	30	15	40	20

钢丝绳锈蚀或磨损时报废标准的折减系数　　表 11.3.4

钢丝绳表面锈蚀或磨损量（%）	10	15	20	25	30~40	大于 40
折减系数	85	75	70	60	50	报废

23. 起重机的吊钩和吊环严禁补焊。当出现下列情况之一时应更换：

（1）表面有裂纹、破口；

（2）危险断面及钩颈有永久变形；

（3）挂绳处断面磨损超过高度 10%；

（4）吊钩衬套磨损超过原厚度 50%；

（5）心轴（销子）磨损超过其直径的 3%~5%。

24. 当起重机制动器的制动鼓表面磨损达 1.5~2.0mm（小直径取小值，大直径取大值）时，应更换制动鼓，同样，当起重机制动器的制动带磨损超过原厚度 50% 时，应更换制动带。

二、履带式起重机

1. 起重机应在平坦坚实的地面上作业、行走和停放。在正常作业时，坡度不得大于3°并应与沟渠、基坑保持安全距离。

2. 作业时，起重臂的最大仰角不得超过出厂规定。当无资料可查时，不得超过78°。

3. 起重机变幅应缓慢平稳，严禁在起重臂未停稳前变换挡位；起重机载荷达到额定起重量的90%及以上时，严禁下降起重臂。

4. 采用双机抬吊作业时，应选用起重性能相似的起重机进行。抬吊时应统一指挥，动作应配合协调，载荷应分配合理，单机的起吊载荷不得超过允许载荷的80%。在吊装过程中，两台起重机的吊钩滑轮组应保持垂直状态。

5. 当起重机如需带载行走时，载荷不得超过允许起重量的70%，行走道路应坚实平整，重物应在起重机正前方向，重物离地面不得大于500mm，并应栓好拉绳，缓慢行驶。严禁长距离带载行驶。

6. 起重机上下坡道时应无载行走，上坡时应将起重臂仰角适当放小，下坡时应将起重臂仰角适当放大。严禁下坡空挡滑行。

7. 作业后，起重臂应转至顺风方向，并降至40°~60°之间，吊钩应提升到接近顶端的位置，应关停内燃机，将各操纵杆放在空挡位置，各制动器加保险固定，操纵室和机棚应关门加锁。

8. 用火车或平板拖车运输起重机时，所用跳板的坡度不得大于15°；起重机装上车后，应将回转、行走、变幅等机构制动，并采用三角木楔紧履带两端，再牢固绑扎；后部配重用枕木垫实，不得使吊钩悬空摆动。

三、汽车、轮胎式起重机

1. 起重机行驶和工作的场地应保持平坦坚实，并应与沟渠、基坑保持安全距离。

2. 作业前，应全部伸出支腿，并在撑脚板下垫方木，调整机体使回转支承面的倾斜度在无载荷时不大于1/1000（水准泡居中）。支腿有定位销的必须插上。底盘为弹性悬挂的起重机，放支腿前应先收紧稳定器。

3. 作业中严禁扳动支腿操纵阀。调整支腿必须在无载荷时进行，并将起重臂转至正前或正后方可再行调整。

4. 汽车式起重机起吊作业时，汽车驾驶室内不得有人，重物不得超越驾驶室上方，且不得在车的前方起吊。

5. 采用自由（重力）下降时，载荷不得超过该工况下额定起重量的20%，并应使重物有控制地下降，下降停止前应逐渐减速，不得使用紧急制动。

6. 起吊重物达到额定起重量的50%及以上时，应使用低速挡。

7. 作业中发现起重机倾斜、支腿不稳等异常现象时，应立即使重物下降落在安全的地方，下降中严禁制动。

8. 重物在空中需要较长时间停留时，应将起升卷筒制动锁住，操作人员不得离开操纵室。

9. 起吊重物达到额定起重量的90%以上时，严禁同时进行两种及以上的操作动作。

10. 当轮胎式起重机带载行走时，道路必须平坦坚实，载荷必须符合出厂规定，重物离地面不得超过500mm，并应拴好拉绳，缓慢行驶。

11. 作业后，应将起重臂全部缩回放在支架上，再收回支腿。吊钩应用专用钢丝绳挂牢；应将车架尾部两撑杆分别撑在尾部下方的支座内，并用螺母固定；应将阻止机身旋转的销式制动器插入销孔，并将取力器操纵手柄放在脱开位置，最后应锁住起重操纵室门。

12. 行驶时，严禁人员在底盘走台上站立或蹲坐，并不得堆放物件。

四、塔式起重机

1. 起重机的轨道基础应符合下列要求：

（1）路基承载能力：轻型（起重量30kN以下）应为60～100kPa；中型（起重量31～150kN）应为101～200kPa；重型（起重量150kN以上）应为200kPa以上；

（2）每间隔6m应设轨距拉杆一个，轨距允许偏差为公称值的1/1000，且不超过±3mm；

（3）在纵横方向上，钢轨顶面的倾斜度不得大于1/1000；

（4）钢轨接头间隙不得大于4mm，并应与另一侧轨道接头错开，错开距离不得小于1.5m，接头处应架在轨枕上，两轨顶高度差不得大于2mm；

（5）距轨道终端1m处必须设置缓冲止挡器，其高度不应小于行走轮的半径。在距轨道终端2m处必须设置限位开关碰块；

（6）鱼尾板连接螺栓应紧固，垫板应固定牢靠。

2. 起重机的混凝土基础应符合下列要求：

（1）混凝土强度等级不低于C35；

（2）基础表面平整度允许偏差1/1000；

（3）埋设件的位置、标高和垂直度以及施工工艺符合出厂说明书要求。

3. 起重机的轨道基础或混凝土基础应验收合格后，方可使用。

4. 起重机的金属结构、轨道及所有电气设备的金属外壳，应有可靠的接地装置，接地电阻不应大于4Ω。

5. 起重机的拆装必须由取得建设行政主管部门颁发的拆装资质证书的专业队进行，并应有技术和安全人员在场监护。

6. 起重机拆装前，应按照出厂有关规定，编制拆装作业方法、质量要求和安全技术措施，经企业技术负责人审批后，作为拆装作业技术方案，并向全体作业人员交底。无证人员严禁拆装。

7. 起重机的拆装作业应在白天进行。当遇大风、浓雾和雨雪等恶劣天气时，应停止作业。

8. 拆装人员在进入工作现场时，应穿戴安全保护用品，高处作业时应系好安全带，熟悉并认真执行拆装工艺和操作规程，当发现异常情况或疑难问题时，应及时向技术负责人反映，不得自行其是，应防止处理不当而造成事故。

9. 在拆装作业过程中，当遇天气剧变、突然停电、机械故障等意外情况，短时间不能继续作业时，必须使已拆装的部位达到稳定状态并固定牢靠，经检查确认无隐患后，方可停止作业。

10. 在拆除因损坏或其他原因而不能用正常方法拆卸的起重机时，必须按照技术部门批准的安全拆卸方案进行。

11. 起重机安装过程中，必须分阶段进行技术检验。整机安装完毕后，应进行整机技术检验和调整，各机构动作应正确、平稳、无异响，制动可靠，各安全装置应灵敏有效；在无载荷情况下，塔身和基础平面的垂直度允许偏差为4/1000，经分阶段及整机检验合格后，应填写检验记录，经技术负责人审查签证后，方可交付使用。

12. 起重机塔身升降时，应符合下列要求：

（1）升降作业过程，必须有专人指挥，专人照看电源，专人操作液压系统，专人拆装螺栓。非作业人员不得登上顶升套架的操作平台。操纵室内应只准一人操作，必须听从指挥信号；

（2）升降应在白天进行，特殊情况需在夜间作业时，应有充分的照明；

（3）风力在四级及以上时，不得进行升降作业。在作业中风力突然增大达到四级时，必须立即停止，并应紧固上、下塔身各连接螺栓；

（4）顶升前应预先放松电缆，其长度宜大于顶升总高度，并应紧固好电缆卷筒。下降时应适时收紧电缆；

（5）升降时，必须调整好顶升套架滚轮与塔身标准节的间隙，并应按规定使起重臂和平衡臂处于平衡状态，并将回转机构制动住，当回转台与塔身标准节之间的最后一处连接螺栓（销子）拆卸困难时，应将其对角方向的螺栓重新插入，再采取其他措施。不得以旋转起重臂动作来松动螺栓（销子）；

（6）升降时，顶升撑脚（爬爪）就位后，应插上安全销，方可继续下一动作；

（7）升降完毕后，各连接螺栓应按规定扭力紧固，液压操纵杆回到中间位置，并切断液压升降机构电源。

13. 起重机的附着锚固应符合下列要求：

（1）起重机附着的建筑物，其锚固点的受力强度应满足起重机的设计要求。附着杆系的布置方式、相互间距和附着距离等，应按出厂使用说明书规定执行。有变动时，应另行设计；

（2）装设附着框架和附着杆件，应采用经纬仪测量塔身垂直度，并应采用附着杆进行调整，在最高锚固点以下垂直度允许偏差为2/1000；

（3）在附着框架和附着支座布设时，附着杆倾斜角不得超过10°；

（4）附着框架宜设置在塔身标准节连接处，箍紧塔身。塔架对角处在无斜撑时应加固；

（5）塔身顶升接高到规定锚固间距时，应及时增设与建筑物的锚固装置。塔身高出锚固装置的自由端高度，应符合出厂规定；

（6）起重机作业过程中，应经常检查锚固装置，发现松动或异常情况时，应立即停止作业，故障未排除，不得继续作业；

（7）拆卸起重机时，应随着降落塔身的进程拆卸相应的锚固装置。严禁在落塔之前先拆锚固装置；

（8）遇有六级及以上大风时，严禁安装或拆卸锚固装置；

（9）锚固装置的安装、拆卸、检查和调整，均应有专人负责，工作时应系安全带和戴安全帽，并应遵守高处作业有关安全操作的规定；

（10）轨道式起重机作附着式使用时，应提高轨道基础的承载能力和切断行走机构的电源，并应设置阻挡行走轮移动的支座。

14. 起重机内爬升时应符合下列要求：

（1）内爬升作业应在白天进行。风力在五级及以上时，应停止作业；

（2）内爬升作业时，应加强机上与机下之间的联系以及上部楼层与下部楼层之间的联系，遇有故障或异常情况，应立即停机检查，故障未排除，不得继续爬升；

（3）内爬升过程中，严禁进行起重机的起升、回转、变幅等各项动作；

（4）起重机爬升到指定楼层后，应立即拔出塔身底座的支承梁或支腿，通过内爬升框架固定在楼板上，并应顶紧导向装置或用楔块塞紧；

（5）内爬升塔式起重机的固定间隔不宜小于3个楼层；

（6）对固定内爬升框架的楼层楼板，在楼板下面应增设支柱作临时加固。搁置起重机底座支承梁的楼层下方两层楼板，也应设置支柱作临时加固；

（7）每次内爬升完毕后，楼板上遗留下来的开孔，应立即采用钢筋混凝土封闭；

（8）起重机完成内爬升作业后，应检查内爬升框架的固定、底座支承梁的紧固以及楼板临时支撑的稳固等，确认可靠后，方可进行吊装作业。

15. 每月或连续大雨后，应及时对轨道基础进行全面检查，检查内容包括：轨距偏差，钢轨顶面的倾斜度，轨道基础的弹性沉陷，钢轨的不直度及轨道的通过性能等。对混凝土基础，应检查其是否有不均匀的沉降。

16. 应保持起重机上所有安全装置灵敏有效，如发现失灵的安全装置，应及时修复或更换。所有安全装置调整后，应加封（火漆或铅封）固定，严禁擅自调整。

17. 起重机在无线电台、电视台或其他强电磁波发射天线附近施工时，与吊钩接触的作业人员，应戴绝缘手套和穿绝缘鞋，并应在吊钩上挂接临时放电装置。

18. 当同一施工地点有两台以上起重机时，应保持两机间任何接近部位（包括吊重物）距离不得小于2m。

19. 起动前重点检查项目应符合下列要求：

（1）金属结构和工作机构的外观情况正常；

（2）各安全装置和各指示仪表齐全完好；

（3）各齿轮箱、液压油箱的油位符合规定；

（4）主要部位连接螺栓无松动；

（5）钢丝绳磨损情况及各滑轮穿绕符合规定；

（6）供电电缆无破损。

20. 起吊重物时，重物和吊具的总重量不得超过起重机相应幅度下规定的起重量。

21. 在吊钩提升、起重小车或行走大车运行到限位装置前，均应减速缓行到停止位置，并应与限位装置保持一定距离（吊钩不得小于1m，行走轮不得小于2m）。严禁采用限位装置作为停止运行的控制开关。

22. 动臂式起重机的起升、回转、行走可同时进行，变幅应单独进行。每次变幅后应对变幅部位进行检查。允许带载变幅的，当载荷达到额定起重量的90%及以上时，严禁变幅。

23. 提升重物，严禁自由下降。重物就位时，可采用慢就位机构或利用制动器使之缓慢下降。

24. 提升重物作水平移动时，应高出其跨越的障碍物0.5m以上。

25. 作业中，当停电或电压下降时，应立即将控制器扳到零位，并切断电源。如吊钩上挂有重物，应稍松稍紧反复使用制动器，使重物缓慢地下降到安全地带。

26. 作业中如遇六级及以上大风或阵风，应立即停止作业，锁紧夹轨器，将回转机构的制动器完全松开，起重臂应能随风转动。对轻型俯仰变幅起重机，应将起重臂落下并与塔身结构锁紧在一起。

27. 作业中，操作人员临时离开操纵室时，必须切断电源，锁紧夹轨器。

28. 起重机载人专用电梯严禁超员，其断绳保护装置必须可靠。当起重机作业时，严禁开动电梯。电梯停用时，应降至塔身底部位置，不得长时间悬在空中。

29. 作业完毕后，起重机应停放在轨道中间位置，起重臂应转到顺风方向，并松开回转制动器，小车及平衡重应置于非工作状态，吊钩宜升到离起重臂顶端 2～3m 处。

30. 检修人员上塔身、起重臂、平衡臂等高空部位检查或修理时，必须系好安全带。

31. 动臂式和尚未附着的自升式塔式起重机，塔身上不得悬挂标语牌。

五、桅杆式起重机

1. 起重机的安装和拆卸应划出警戒区，清除周围的障碍物，在专人统一指挥下，按照出厂说明书或制定的拆装技术方案进行。

2. 安装起重机的地基应平整夯实，底座与地面之间应垫两层枕木，并应采用木块楔紧缝隙。

3. 缆风绳的规格、数量及地锚的拉力、埋设深度等，应按照起重机性能经过计算确定，缆风绳与地面的夹角应在 30°～45°之间，缆绳与桅杆和地锚的连接应牢固。

4. 缆风绳的架设应避开架空电线。在靠近电线的附近，应装有绝缘材料制作的护线架。

5. 提升重物时，吊钩钢丝绳应垂直，操作应平稳，当重物吊起刚离开支承面时，应检查并确认各部无异常时，方可继续起吊。

6. 在起吊满载重物前，应有专人检查各地锚的牢固程度。各缆风绳都应均匀受力，主杆应保持直立状态。

7. 作业时，起重机的回转钢丝绳应处于拉紧状态。回转装置应有安全制动控制器。

8. 起重机移动时，其底座应垫以足够承重的枕木排和滚杠，并将起重臂收紧处于移动方向的前方。移动时，主杆不得倾斜，缆风绳的松紧应配合一致。

六、门式、桥式起重机与电动葫芦

1. 起重机路基和轨道的铺设应符合出厂规定，轨道接地电阻不应大于4Ω。

2. 使用电缆的门式起重机应设有电缆卷筒，配电箱应设置在轨道中部。

3. 用滑线供电的起重机，应在滑线两端标有鲜明的颜色，滑线应设置防护栏杆。

4. 轨道应平直，鱼尾板连接螺栓应无松动，轨道和起重机运行范围内应无障碍物。门式起重机应松开夹轨器。

5. 门式、桥式起重机作业前的重点检查项目应符合下列要求：

（1）机械结构外观正常，各连接件无松动；

（2）钢丝绳外表情况良好，绳卡牢固；

（3）各安全限位装置齐全完好。

6. 操作室内应垫木板或绝缘板，接通电源后应采用试电笔测试金属结构部分，确认无漏电方可上机；上、下操纵室应使用专用扶梯。

7. 作业前，应进行空载运转，在确认各机构运转正常，制动可靠，各限位开关灵敏有效后，方可作业。

8. 吊运易燃、易爆、有害等危险品时，应经安全主管部门批准，并应有相应的安全措施。

9. 重物的吊运路线严禁从人上方通过，亦不得从设备上面通过。空车行走时，吊钩应离地面2m以上。

10. 吊起重物后应慢速行驶，行驶中不得突然变速或倒退。

两台起重机同时作业时，应保持3～5m距离。严禁用一台起重机顶推另一台起重机。

11. 起重机行走时，两侧驱动轮应同步，发现偏移应停止作业，调整好后方可继续使用。

12. 作业中，严禁任何人从一台桥式起重机跨越到另一台桥式起重机上去。

13. 操作人员由操纵室进入桥架或进行保养检修时，应有自动断电联锁装置或事先切断电源。

14. 露天作业的门式、桥式起重机，当遇六级及以上大风时，应停止作业，并锁紧夹轨器。

15. 门式、桥式起重机的主梁挠度超过规定值时，必须修复后方可使用。

16. 作业后，门式起重机应停放在停机线上，用夹轨器锁紧，并将吊钩升到上部位置；桥式起重机应将小车停放在两条轨道中间，吊钩提升到上部位置。吊钩上不得悬挂重物。

17. 作业后，应将控制器拨到零位，切断电源，关闭并锁好操纵室门窗。

18. 电动葫芦使用前应检查设备的机械部分和电气部分，钢丝绳、吊钩、限位器等应完好，电气部分应无漏电，接地装置应良好。

19. 电动葫芦应设缓冲器，轨道两端应设挡板。

20. 作业开始第一次吊重物时，应在吊离地面100mm时停止，检查电动葫芦制动情况，确认完好后方可正式作业。露天作业时，应设防雨棚。

21. 电动葫芦严禁超载起吊。起吊时，手不得握在绳索与物体之间，吊物上升时应严防冲撞。

22. 起吊物件应捆扎牢固。电动葫芦吊重物行走时，重物离地不宜超过1.5m高。工作间歇不得将重物悬挂在空中。

23. 电动葫芦作业中发生异味、高温等异常情况，应立即停机检查，排除故障后方可继续使用。

24. 使用悬挂电缆电气控制开关时，绝缘应良好，滑动应自如，人的站立位置后方应有2m空地并应正确操作电钮。

25. 在起吊中，由于故障造成重物失控下滑时，必须采取紧急措施，向无人处下放重物。

26. 在起吊中不得急速升降。

27. 电动葫芦在额定载荷制动时，下滑位移量不应大于80mm。否则应清除油污或更换制动环。

28. 作业完毕后，应停放在指定位置，吊钩升起，并切断电源，锁好开关箱。

七、卷扬机

1. 作业前，应检查卷扬机与地面的固定，弹性联轴器不得松旷。并应检查安全装置、防护设施、电气线路、接零或接地线、制动装置和钢丝绳等，全部合格后方可使用。

2. 使用皮带或开式齿轮传动的部分，均应设防护罩，导向滑轮不得用开口拉板式滑轮。

3. 从卷筒中心线到第一个导向滑轮的距离，带槽卷筒应大于卷筒宽度的15倍；无槽卷筒应大于卷筒宽度的20倍。当钢丝绳在卷筒中间位置时，滑轮的位置应与卷筒轴线垂直，其垂直度允许偏差为6°。

4. 钢丝绳应与卷筒及吊笼连接牢固，不得与机架或地面摩擦，通过道路时，应设过路保护装置。

5. 在卷扬机制动操作杆的行程范围内，不得有障碍物或阻卡现象。

6. 卷筒上的钢丝绳应排列整齐，当重叠或斜绕时，应停机重新排列，严禁在转动中用手拉脚踩钢丝绳。

7. 作业中，任何人不得跨越正在作业的卷扬钢丝绳。物件提升后，操作人员不得离开卷扬机，物件或吊笼下面严禁人员停留或通过。休息时应将物件或吊笼降至地面。

8. 作业中停电时，应切断电源，将提升物件或吊笼降至地面。

9. 作业完毕，应将提升吊笼或物件降至地面，并应切断电源，锁好开关箱。

第四节　土石方机械

一、基本要求

1. 机械进入现场前，应查明行驶路线上的桥梁、涵洞的上部净空和下部承载能力，保证机械安全通过。

2. 作业前，应查明施工场地明、暗设置物（电线、地下电缆、管道、坑道等）的地点及走向，并采用明显记号表示。严禁在离电缆1m距离以内作业。

3. 机械运行中，严禁接触转动部位和进行检修。在修理（焊、铆等）工作装置时，应使其降到最低位置，并应在悬空部位垫上垫木。

4. 在电杆附近取土时，对不能取消的拉线、地垄和杆身，应留出土台。土台半径：电杆应为1.0~1.5m，拉线应为1.5~2m。并应根据土质情况确定坡度。

5. 机械通过桥梁时，应采用低速挡慢行，在桥面上不得转向或制动。承载力不够的桥梁，事先应采取加固措施。

6. 在施工中遇下列情况之一时应立即停工，待符合作业安全条件时，方可继续施工：

（1）填挖区土体不稳定，有发生坍塌危险时；

（2）气候突变，发生暴雨、水位暴涨或山洪暴发时；

（3）在爆破警戒区内发出爆破信号时；

（4）地面涌水冒泥，出现陷车或因雨发生坡道打滑时；

（5）工作面净空不足以保证安全作业时；

（6）施工标志、防护设施损毁失效时。

7. 配合机械作业的清底、平地、修坡等人员，应在机械回转半径以外工作。当必须在回转半径以内工作时，应停止机械回转并制动好后，方可作业。

二、单斗挖掘机

1. 轮胎式挖掘机使用前应支好支腿并保持水平位置，支腿应置于作业面的方向，转向驱动桥应置于作业面的后方。采用液压悬挂装置的挖掘机，应锁住两个悬挂液压缸。履带式挖掘机的驱动轮应置于作业面的后方。

2. 平整作业场地时，不得用铲斗进行横扫或用铲斗对地面进行夯实。

3. 挖掘机在拉铲或反铲作业时，履带距工作面边缘距离应大于1.0m，轮胎距工作面边缘距离应大于1.5m。

4. 作业时，挖掘机应保持水平位置，将行走机构制动住，并将履带或轮胎楔紧。

5. 挖掘悬崖时，应采取防护措施。作业面不得留有伞沿及松动的大块石，当发现有塌方危险时，应立即处理或将挖掘机撤至安全地带。

6. 斗臂在抬高及回转时，不得碰到洞壁、沟槽侧面或其他物体。

7. 向运土车辆装车时，宜降低挖铲斗，减小卸落高度，不得偏装或砸坏车厢。在汽车未停稳或铲斗需越过驾驶室而司机未离开前不得装车。

8. 反铲作业时，斗臂应停稳后再挖土。挖土时，斗柄伸出不宜过长，提斗不得过猛。

9. 作业中，履带式挖掘机作短距离行走时，主动轮应在后面，斗臂应在正前方与履带平行，制动住回转机构，铲斗应离地面1m。上、下坡道不得超过机械本身允许最大坡度，下坡应慢速行驶。不得在坡道上变速和空挡滑行。

10. 轮胎式挖掘机行驶前，应收回支腿并固定好，监控仪表和报警信号灯应处于正常显示状态、气压表压力应符合规定，工作装置应处于行驶方向的正前方，铲斗应离地面1m。长距离行驶时，应采用固定销将回转平台锁定，并将回转制动板踩下后锁定。

11. 当在坡道上行走遇内燃机熄火时，应立即制动并楔住履带或轮胎，待重新发动后，方可继续行走。

12. 保养或检修挖掘机时，除检查内燃机运行状态外，必须将内燃机熄火，并将液压系统卸荷，铲斗落地。

13. 利用铲斗将底盘顶起进行检修时，应使用垫木将抬起的轮胎垫稳，并用木楔将落地轮胎楔牢，然后将液压系统卸荷，否则严禁进入底盘下工作。

三、挖掘装载机

1. 挖掘作业前应先将装载斗翻转，使斗口朝地，并使前轮稍离开地面，踏下并锁住制动踏板，然后伸出支腿，使后轮离地并保持水平位置。

2. 作业时，操纵手柄应平稳，不得急剧移动；动臂下降时不得中途制动。挖掘时不得使用高速挡。

3. 回转应平稳，不得撞击并用于砸实沟槽的侧面。

4. 在装载过程中，应使用低速挡。

5. 在行驶或作业中，除驾驶室外，挖掘装载机任何地方均严禁乘坐或站立人员。

6. 行驶中，不应高速和急转弯。下坡时不得空挡滑行。

7. 当停放时间超过1h时，应支起支腿，使后轮离地；停放时间超过1d时，应使后轮离地，并应在后悬架下面用垫块支撑。

四、推土机

1. 牵引其他机械设备时，应有专人负责指挥。钢丝绳的连接应牢固可靠。在坡道或长距离牵引时，应采用牵引杆连接。

2. 推土机行驶前，严禁有人站在履带或刀片的支架上，机械四周应无障碍物，确认安全后，方可开动。

3. 在浅水地带行驶或作业时，应查明水深，冷却风扇叶不得接触水面。下水前和出水后，均应对行走装置加注润滑脂。

4. 推土机上、下坡或超过障碍物时应采用低速挡。上坡不得换挡，下坡不得空挡滑行。横向行驶的坡度不得超过 10℃。当需要在陡坡上推土时，应先进行填挖，使机身保持平衡，方可作业。

5. 在上坡途中，当内燃机突然熄灭，应立即放下铲刀，并锁住制动踏板。在分离主离合器后，方可重新启动内燃机。

6. 下坡时，当推土机下行速度大于内燃机传动速度时，转向动作的操纵应与平地行走时操纵的方向相反，此时不得使用制动器。

7. 在深沟、基坑或陡坡地区作业时，应有专人指挥，其垂直边坡高度不应大于2m。

8. 推树时，树干不得倒向推土机及高空架设物。推屋墙或围墙时，其高度不宜超过 2.5m。严禁推带有钢筋或与地基基础连接的混凝土桩等建筑物。

9. 两台以上推土机在同一地区作业时，前后距离应大于 8.0m；左右距离应大于 1.5m。在狭窄道路上行驶时，未得前机同意，后机不得超越。

10. 推土机顶推铲运机作助铲时，应符合下列要求：

(1) 进入助铲位置进行顶推中，应与铲运机保持同一直线行驶；

(2) 铲刀的提升高度应适当，不得触及铲斗的轮胎；

(3) 助铲时应均匀用力，不得猛推猛撞，应防止将铲斗后轮胎顶离地面或使铲斗吃土过深；

(4) 铲斗满载提升时，应减少推力，待铲斗提离地面后即减速脱离接触；

(5) 后退时，应先看清后方情况，当需绕过正后方驶来的铲运机倒向助铲位置时，宜从来车的左侧绕行。

11. 推土机转移行驶时，铲刀距地面宜为 400mm，不得用高速挡行驶和进行急转弯。不得长距离倒退行驶。

12. 推土机长途转移工地时，应采用平板拖车装运。短途行走转移时，距离不宜超过10km，并在行走过程中应经常检查和润滑行走装置。

13. 在推土机下面检修时，内燃机必须熄火，铲刀应放下或垫稳。

五、拖式铲运机

1. 铲运机行驶道路应平整结实，路面比机身应宽出2m。

2. 作业中，严禁任何人上下机械、传递物件、以及在铲斗内、拖把或机架上坐立。

3. 多台铲运机联合作业时，各机之间前后距离不得小于10m（铲土时不得小于5m），左右距离不得小于2m。行驶中，应遵守下坡让上坡、空载让重载、支线让干线的原则。

4. 在狭窄地段运行时，未经前机同意，后机不得超越。两机交会或超越平行时应减速，两机间距不得小于0.5m。

5. 铲运机上、下坡道时，应低速行驶，不得中途换挡，下坡时不得空挡滑行，行驶的横向坡度不得超过6℃，坡宽应大于机身2m以上。

6. 在新填筑的土堤上作业时，离堤坡边缘不得小于1m。需要在斜坡横向作业时，应先将斜坡挖填，使机身保持平衡。

7. 在下陡坡铲土时，铲斗装满后，在铲斗后轮未到达缓坡地段前，不得将铲斗提离地面，应防铲斗快速下滑冲击主机。

8. 在凹凸不平地段行驶转弯时，应放低铲斗，不得将铲斗提升到最高位置。

9. 非作业行驶时，铲斗必须用锁紧链条挂牢在运输行驶位置上，机上任何部位均不得载人或装载易燃、易爆物品。

10. 修理斗门或在铲斗下检修作业时，必须将铲斗提起后用销子或锁紧链条固定，再用垫木将斗身顶住，并用木楔楔住轮胎。

六、自行式铲运机

1. 自行式铲运机的行驶道路应平整坚实，单行道宽度不应小于5.5m。

2. 多台铲运机联合作业时，前后距离不得小于20m（铲土时不得小于10m），左右距离不得小于2m。

3. 不得在大于15℃的横坡上行驶，也不得在横坡上铲土。

4. 沿沟边或填方边坡作业时，轮胎离路肩不得小于0.7m，并应放低铲斗，降速缓行。

5. 在坡道上不得进行检修作业。遇在坡道上熄火时，应立即制动，下降铲斗，把变速杆放在空挡位置，然后方可启动内燃机。

6. 夜间作业时，前后照明应齐全完好，前大灯应能照至30m；当对方来车时，应在100m以外将大灯光改为小灯光，并低速靠边行驶。

七、静作用压路机

1. 当土的含水量超过30%时不得碾压，含水量少于5%时，宜适当洒水。

2. 工作地段的纵坡不应超过压路机最大爬坡能力，横坡不应大于20℃。

3. 不得用牵引法强制启动内燃机，也不得用压路机拖拉任何机械或物件。

4. 在新建道路上进行碾压时，应从中间向两侧碾压。碾压时，距路基边缘不应少于0.5m。

5. 碾压傍山道路时，应由里侧向外侧碾压，距路基边缘不应少于1m。

6. 两台以上压路机同时作业时，前后间距不得小于3m，在坡道上不得纵队行驶。

7. 在运行中，不得进行修理或加油。需要在机械底部进行修理时，应将内燃机熄火，用制动器制动住，并楔住滚轮。

8. 作业后，应将压路机停放在平坦坚实的地方，并制动住。不得停放在土路边缘及斜坡上，也不得停放在妨碍交通的地方。

9. 严寒季节停机时，应将滚轮用木板垫离地面。

八、振动压路机

1. 变速与换向时应先停机，变速时应降低内燃机转速。

2. 严禁压路机在坚实的地面上进行振动。

3. 上、下坡时，不得使用快速挡。在急转弯时，包括铰接式振动压路机在小转弯绕圈碾压时，严禁使用快速挡。

4. 压路机在高速行驶时不得接合振动。

5. 停机时应先停振，然后将换向机构置于中间位置，变速器置于空挡，最后拉起手制动操纵杆，内燃机怠速运转数分钟后熄火。

6. 其他作业要求，应符合本章八中的有关规定。

九、平地机

1. 不得用牵引法强制启动内燃机，也不得用平地机拖拉其他机械。

2. 起步前，检视机械周围应无障碍物及行人，先鸣声示意后，用低速挡起步，并应测试并确认制动器灵敏有效。

3. 刮刀的回转与铲土角的调整以及向机外侧斜，都必须在停机时进行；但刮刀左右端的升降动作，可在机械行驶中随时调整。

4. 使用平地机清除积雪时，应在轮胎上安装防滑链，并应逐段探明路面的深坑、沟槽情况。

5. 平地机在转弯或调头时，应使用低速挡；在正常行驶时，应采用前轮转向，当场地特别狭小时，方可使用前、后轮同时转向。

6. 行驶时，应将刮刀和齿耙升到最高位置，并将刮刀斜放，刮刀两端不得超出后轮外侧。行驶速度不得超过 20km/h。下坡时，不得空挡滑行。

7. 作业后，应停放在平坦、安全的地方，将刮刀落在地面上，拉上手制动器。

十、轮胎式装载机

1. 装载机工作距离不宜过大，超过合理运距时，应由自卸汽车配合装运作业。自卸汽车的车箱容积应与铲斗容量相匹配。

2. 装载机不得在倾斜度超过出厂规定的场地上作业。作业区内不得有障碍物及无关人员。

3. 起步前，应先鸣笛示意，宜将铲斗提升离地 0.5m。行驶过程中应测试制动器的可靠性。并避开路障或高压线等。除规定的操作人员外，不得搭乘其他人员，严禁铲斗载人。

4. 高速行驶时应采用前两轮驱动；低速铲装时，应采用四轮驱动；行驶中，应避免突然转向。铲斗装载后升起行驶时，不得急转弯或紧急制动。

5. 在公路上行驶时，必须由持有操作证的人员操作，并应遵守交通规则，下坡不得空挡滑行和超速行驶。

6. 不得将铲斗提升到最高位置运输物料。运载物料时，宜保持铲臂下铰点离地面 0.5m，并保持平稳行驶。

7. 铲装或挖掘应避免铲斗偏载，不得在收斗或半收斗而未举臂时前进。铲斗装满后，应举臂到距地面约 0.5m 时，再后退、转向、卸料。

8. 在向自卸汽车装料时，铲斗不得在汽车驾驶室上方越过。当汽车驾驶室顶无防护板，装料时驾驶室内不得有人。

9. 在边坡、壕沟、凹坑卸料时，轮胎离边缘距离应大于 1.5m，铲斗不宜过于伸出。在大于 3℃ 的坡面上，不得前倾卸料。

10. 作业后，装载机应停放在安全场地，铲斗平放在地面上，操纵杆置于中位，并制动锁定。

11. 装载机转向架未锁闭时，严禁站在前后车架之间进行检修保养。

12. 装载机铲臂升起后，在进行润滑或调整等作业之前，应装好安全销，或采取其他措施支住铲臂。

十一、蛙式夯实机

1. 作业前重点检查项目应符合下列要求：

（1）除接零或接地外，应设置漏电保护器，电缆线接头绝缘良好；

（2）传动皮带松紧度合适，皮带轮与偏心块安装牢固；

（3）转动部分有防护装置，并进行试运转，确认正常后，方可作业。

2. 作业时夯实机扶手上的按钮开关和电动机的接线均应绝缘良好。当发现有漏电现象时，应立即切断电源，进行检修。

3. 夯实机作业时，应一人扶夯，一人传递电缆线，且必须戴绝缘手套和穿绝缘鞋。递线人员应跟随夯机后或两侧调顺电缆线，电缆线不得扭结或缠绕，且不得张拉过紧，应保持有 3～4m 的余量。

4. 作业时，应防止电缆线被夯击。移动时，应将电缆线移至夯机后方，不得隔机抢扔电缆线，当转向倒线困难时，应停机调整。

5. 作业时，手握扶手应保持机身平衡，不得用力向后压，并应随时调整行进方向。转弯时不得用力过猛，不得急转弯。

6. 多机作业时，其平列间距不得小于 5m，前后间距不得小于 10m。

7. 夯机前进方向和夯机四周 1m 范围内，不得站立非操作人员。

8. 夯机发生故障时，应先切断电源，然后排除故障。

十二、振动冲击夯

1. 作业前重点检查项目应符合下列要求：

（1）各部件连接良好，无松动；

（2）内燃冲击夯有足够的润滑油，油门控制器转动灵活；

（3）电动冲击夯有可靠的接零或接地，电缆线表面绝缘完好。

2. 电动冲击夯在接通电源启动后，应检查电动机旋转方向，有错误时应倒换相线。

3. 作业时应正确掌握夯机，不得倾斜，手把不宜握得过紧，能控制夯机前进速度即可。

4. 正常作业时，不得使劲往下压手把，影响夯机跳起高度。在较松的填料上作业或上坡时，可将手把稍向下压，并应能增加夯机前进速度。

5. 内燃冲击夯不宜在高速下连续作业。在内燃机高速运转时不得突然停车。

6. 电动冲击夯应装有漏电保护装置，操作人员必须戴绝缘手套，穿绝缘鞋；作业时，电缆线不应拉得过紧。应经常检查线头安装，不得松动及引起漏电；严禁冒雨作业。

第五节　水平和垂直运输机械

一、基本要求

1. 启动前应进行重点检查。灯光、喇叭、指示仪表等应齐全完整；燃油、润滑油、冷却水等应添加充足；各连接件不得松动；轮胎气压应符合要求，确认无误后，方可启动。燃油箱应加锁。

2. 行驶中，应随时观察仪表的指示情况，当发现机油压力低于规定值，水温过高或有异响、异味等异常情况时，应立即停车检查，排除故障后，方可继续运行。

3. 严禁超速行驶。应根据车速与前车保持适当的安全距离，选择较好路面行进，应避让石块、铁钉或其他尖锐铁器；遇有凹坑、明沟或穿越铁路时，应提前减速，缓慢通过。

4. 车辆涉水过河时，应先探明水深、流速和水底情况，水深不得超过排水管或曲轴皮带盘，并应低速直线行驶，不得在中途停车或换挡。涉水后，应缓行一段路程并轻踏制动器，使浸水的制动片上水分蒸发掉。

5. 停放时，应将内燃机熄火，拉紧手制动器，关锁车门。内燃机运转中驾驶员不得离开车辆，在离开前应熄火并锁住车门。

6. 在坡道上停放时，下坡停放应挂上倒挡，上坡停放应挂上一挡，并应使用三角木楔等塞紧轮胎。

7. 平头型驾驶室需前倾时，应清除驾驶室内物件，关紧车门，方可前倾并锁定。复位后，应确认驾驶室已锁定，方可起动。

8. 在车底下进行保养、检修时，应将内燃机熄火、拉紧手制动器并将车轮楔牢。

二、载重汽车

1. 装载物品应捆绑稳固牢靠，轮式机具和圆筒形物件装运时应采取防止滚动的措施。

2. 不得人货混装。因工作需要搭人时，人不得在货物之间或货物与前车厢板间隙内；严禁攀爬或坐卧在货物上面。

3. 运载易燃、有毒、强腐蚀等危险品时，其装载、包装、遮盖必须符合有关的安全规定，并应备有性能良好、有效期内的灭火器。途中停放应避开火源、火种、居民区、建筑群等，炎热季节应选择阴凉处停放。装卸时严禁火种。除必要的行车人员外，不得搭乘其他人员。严禁混装备用燃油。

4. 装运易爆物资或器材时，车厢底面应垫有减轻货物振动的软垫层，装载重量不得超过额定载重量的70%；装运炸药时，层数不得超过两层。

5. 装运氧气瓶时，车厢板的油污应清除干净，严禁混装油料或盛油容器。

三、自卸汽车

1. 非顶升作业时，应将顶升操纵杆放在空挡位置。顶升前，应拔出车厢固定销；作业后，应插入车厢固定销。

2. 配合挖装机械装料时，自卸汽车就位后应拉紧手制动器，在铲斗需越过驾驶室时，驾驶室内严禁有人。

3. 卸料前，车厢上方应无电线或障碍物，四周应无人员来往。卸料时，应将车停稳，不得边卸边行驶。举升车厢时，应控制内燃机中速运转，当车厢升到顶点时，应降低内燃机转速，减少车厢振动。

4. 卸料后，应及时使车厢复位，方可起步，不得在倾斜情况下行驶。严禁在车厢内载人。

5. 车厢举升后需进行检修、润滑等作业时，应将车厢支撑牢靠后，方可进入车厢下面工作。

四、平板拖车

1. 运输超限物件时，必须向交通管理部门办理通行手续，在规定时间内按规定路线行驶。超限部分白天应插红旗，夜晚应挂红灯。超高物体应有专人照管，并应配电工随带工具保护途中输电线路，保证运行安全。

2. 拖车装卸机械时，应停放在平坦坚实的路面上，轮胎应制动并用三角木楔塞紧。

3. 拖车搭设的跳板应坚实，与地面夹角：在装卸履带式起重机、挖掘机、压路机时，不应大于15°；装卸履带式推土机、拖拉机时，不应大于25°。

4. 装卸能自行上下拖车的机械，应由机长或熟练的驾驶人员操作，并应由专人统一指挥。指挥人员应熟悉指挥的拖车及装运机械的性能、特点。上、下车动作应平稳，不得在跳板上调整方向。

5. 装运推土机时，当铲刀超过拖车宽度时，应拆除铲刀。

6. 雨、雪、霜冻天气装卸车时，应采取防滑措施。

7. 使用随车卷扬机装卸物件时，应有专人指挥，拖车应制动住，并应将车轮楔紧。

五、机动翻斗车

1. 行驶前，应检查锁紧装置并将料斗锁牢，不得在行驶时掉斗。

2. 翻斗车排成纵队行驶时，前后车之间应保持8m的间距，在雨水或冰雪的路面上，应加大间距。

3. 在坑沟边缘卸料时，应设置安全挡块，车辆接近坑边时，应减速行驶，不得剧烈冲撞挡块。

4. 停车时，应选择适合地点，不得在坡道上停车。冬期应采取防止车轮与地面冻结的措施。

5. 严禁料斗内载人。料斗不得在卸料工况下行驶或进行平地作业。

6. 内燃机运转或料斗内载荷时，严禁在车底下进行任何作业。

7. 操作人员离机时，应将内燃机熄火，并挂挡、拉紧手制动器。

六、叉车

1. 叉装物件时，被装物件重量应在该机允许载荷范围内。当物件重量不明时，应将该物件叉起离地100mm后检查机械的稳定性，确认无超载现象后，方可运送。

2. 叉装时，物件应靠近起落架，其重心应在起落架中间，确认无误，方可提升。

3. 物件提升离地后，应将起落架后仰方可行驶。

4. 两辆叉车同时装卸一辆货车时，应有专人指挥联系，保证安全作业。

5. 不得单叉作业和使用货叉顶货或拉货。

6. 以内燃机为动力的叉车，进入仓库作业时，应有良好的通风设施，严禁在易燃、易爆的仓库内作业。

7. 严禁货叉上载人。驾驶室除规定的操作人员外，严禁其他任何人进入或在室外搭乘。

七、施工升降机

1. 施工升降机应为人货两用电梯，其安装和拆卸工作必须由取得建设行政主管部门颁发的拆装资质证书的专业队负责，并必须由经过专业培训、取得操作证的专业人员进行操作和维修。

2. 地基应浇制混凝土基础，其承载能力应大于150kPa，地基上表面平整度允许偏差为10mm，并应有排水设施。

3. 导轨架安装时，应用经纬仪对升降机在两个方向进行测量校准，其垂直度允许偏差为其高度的5/10000。

4. 升降机梯笼周围2. 5m范围内应设置稳固的防护栏杆，各楼层平台通道应平整牢固，出入口应设防护栏杆和防护门；全行程四周不得有危害安全运行的障碍物。

5. 升降机安装在建筑物内部井道中间时，应在全行程范围井壁四周搭设封闭屏障。装设在阴暗处或夜班作业的升降机，应在全行程上装设足够的照明和明亮的楼层编号标志灯。

6. 升降机安装后，应经企业技术负责人会同有关部门对基础和附壁支架以及升降机架设安装的质量、精度等进行全面检查，并应按规定程序进行技术试验（包括坠落试验），经试验合格签证后，方可投入运行。

7. 升降机的防坠安全器，在使用中不得任意拆检调整，需要拆检调整时或每用满1年后，均应由生产厂或指定的认可单位进行调整、检修或鉴定。

8. 升降机在每班首次载重运行时，当梯笼升离地面1~2m

时，应停机试验制动器的可靠性，当发现制动效果不良时，应调整或修复后方可运行。

9. 梯笼内乘人或载物时，应使载荷均匀分布，不得偏重，严禁超载运行。

10. 操作人员应根据指挥信号操作。作业前应鸣声示意。在升降机未切断总电源开关前，操作人员不得离开操作岗位。

11. 升降机在大雨、大雾、六级及以上大风以及导轨架、电缆等结冰时，必须停止运行，并将梯笼降到底层，切断电源。暴风雨后，应对升降机各有关安全装置进行一次检查，确认正常后方可运行。

12. 升降机运行到最上层或最下层时，严禁用行程限位开关作为停止运行的控制开关。

13. 当升降机在运行中由于断电或其他原因而中途停止时，可进行手动下降，将电动机尾端制动电磁铁手动释放拉手缓缓向外拉出，使梯笼缓慢地向下滑行。梯笼下滑时，不得超过额定运行速度。手动下降必须由专业维修人员进行操纵。

14. 作业后，应将梯笼降到底层，各控制开关拨到零位，切断电源，锁好开关箱，闭锁梯笼门和围护门。

第六节　桩工及水工机械

一、基本要求

1. 打桩机所配置的电动机、内燃机、卷扬机、液压装置等的使用应执行 JGJ33 的规定。

2. 打桩机类型应根据桩的类型、桩长、桩径、地质条件、施工工艺等综合考虑选择。打桩作业前，应由施工技术人员向机组人员进行安全技术交底。

3. 打桩机作业区内应无高压线路。作业区应有明显标志或围栏，非工作人员不得进入。桩锤在施打过程中，操作人员必须在距离桩锤中心5m以外监视。

4. 机组人员作登高检查或维修时，必须系安全带；工具和其他物件应放在工具包内，高空人员不得向下随意抛物。

5. 水上打桩时，应选择排水量比桩机重量大四倍以上的作业船或牢固排架，打桩机与船体或排架应可靠固定，并采取有效的锚固措施。当打桩船或排架的偏斜度超过3°时，应停止作业。

6. 严禁吊桩、吊锤、回转或行走等动作同时进行。打桩机在吊有桩和锤的情况下，操作人员不得离开岗位。

7. 插桩后，应及时校正桩的垂直度。桩入土±3m以上时，严禁用打桩机行走或回转动作来纠正桩的倾斜度。

8. 拔送桩时，不得超过桩机起重能力；起拔载荷应符合以下规定：

（1）打桩机为电动卷扬机时，起拔载荷不得超过电动机满载电流。

（2）打桩机卷扬机以内燃机为动力，拔桩时发现内燃机明显降速，应立即停止起拔。

（3）每米送桩深度的起拔载荷可按40kN计算。

（4）作业中，当停机时间较长时，应将桩锤落下垫好。检修时不得悬吊桩锤。

（5）遇有雷雨、大雾和六级及以上大风等恶劣气候时，应停止一切作业。当风力超过七级或有风暴警报时，应将打桩机顺风向倒置，并应增加缆风绳或将桩立柱放倒地面上。立柱长度在27m及以上时，应提前放倒。

二、柴油打桩锤

1. 柴油打桩锤作业前，应检查所有紧固螺栓，并应重点检查导向板的固定螺栓，不得在松动及缺件情况下作业。

2. 应检查并确认起落架各工作机构安全可靠，起动钩与上活塞接触线在5～10mm之间。

3. 在桩贯入度较大的软土层启动桩锤时，应先关闭油门冷打，待每击贯入度小于100mm时，再开启油门启动桩锤。

4. 当上活塞下落而柴油锤未燃爆时，上活塞可发生短时间的起伏，此时起落架不得落下，应防撞击碰块。

5. 打桩过程中，应有专人负责拉好曲臂上的控制绳；在意外情况下，可使用控制绳紧急停锤。

6. 停机后，应将桩锤放到最低位置，盖上汽缸盖和吸排气孔塞子，关闭燃料阀，将操作杆置于停机位置，起落架升至高于桩锤1m处，锁住安全限位装置。

7. 长期停用的桩锤，应从桩机上卸下，放掉冷却水、燃油及润滑油，将燃烧室及上、下活塞打击面清洗干净，并应做好防腐措施，盖上保护套，入库保存。

三、振动桩锤

1. 作业场地至电源变压器或供电主干线的距离应在200m以内。

2. 电源容量与导线截面应符合出厂使用说明书的规定，启动时，电压降应按JGJ33规定执行。

3. 液压箱、电气箱应置于安全平坦的地方；电气箱和电动机必须安装保护接地设施。

4. 长期停放重新使用前，应测定电动机的绝缘值，且不得小于0.5MΩ，并应对电缆芯线进行导通试验。电缆外包橡胶层应完好无损。

5. 应检查并确认电气箱内各部件完好，接触无松动，接触器触点无烧毛现象。

6. 作业前，应检查振动桩锤减振器与连接螺栓的紧固性，不得在螺栓松动或缺件的状态下启动。

7. 应检查并确认振动箱内润滑油位在规定范围内。用手盘转胶带轮时，振动箱内不得有任何异响。

8. 应检查各传动胶带的松紧度，过松或过紧时应进行调整。

胶带防护罩不应有破损。

9. 夹持器与振动器连接处的紧固螺栓不得松动；液压缸根部的接头防护罩应齐全。

10. 应检查夹持片的齿形，当齿形磨损超过 4mm 时，应更换或用堆焊修复。使用前，应在夹持片中间放一块 10 ~ 15mm 厚的钢板进行试夹。试夹中液压缸应无渗漏、系统压力应正常，不得在夹持片之间进行无钢板试夹。

11. 悬挂振动桩锤的起重机，其吊钩上必须有防松脱的保护装置。振动桩锤悬挂钢架的耳环上应加装保险钢丝绳。

12. 夹桩时，不得在夹持器和桩的头部之间留有空隙，并应待压力表显示压力达到额定值后，方可指挥起重机起拔。

13. 在作业中，当遇液压软管破损、液压操纵箱失灵或停电（包括熔丝烧断）时，应立即停机，将换向开关放在“中间”位置，并应采取安全措施，不得让桩从夹持器中脱落。

14. 作业后，应将振动桩锤沿导杆放至低处，并采用木块垫实，带桩管的振动桩锤可将桩管插入地下一半。

15. 作业后，除应切断操纵箱上的总开关外，尚应切断配电盘上的开关，并应采用防雨布将操纵箱遮盖好。

四、履带式打桩机（三支点式）

1. 组成打桩机的履带式起重机，配装的柴油打桩锤或振动桩锤，应执行 JGJ33 有关的规定。

2. 打桩机的安装场地应平坦坚实，当地基承载力达不到规定的压应力时，应在履带下铺设路基箱或 30mm 厚的钢板，其间距不得大于 300mm。

3. 打桩机的安装、拆卸应按照出厂说明书规定程序进行。用伸缩式履带的打桩机，应将履带扩张后方可安装。履带扩张应在无配重情况下进行，上部回转平台应转到与履带成 90° 的位置。

4. 安装立柱时，应按规定扭矩将连接螺栓拧紧，立柱支座下方应垫千斤顶并顶实。安装后的立柱，其下方搁置点不应少于3个。立柱的前端和两侧应系揽风绳。

5. 立柱的前端应垫高，不得在水平以下位置扳起立柱。当立柱扳起时，应同步放松缆风绳。当立柱接近垂直位置时，应减慢竖立速度。扳到75°~83°时，应停止卷扬，并收紧缆风绳，再装上后支撑，用后支撑液压缸使立柱竖直。

6. 安装后支撑时，应由专人将液压缸向主机外侧拉住，不得撞击机身。

7. 使用双向立柱时，应待立柱转向到位，并用锁销将立柱与基杆锁住后方可起吊，严禁偏心吊桩或强行拉桩等。

8. 施打斜桩时，应先将桩锤提升到预定位置，并将桩吊起，套入桩帽，桩尖插入桩位后再后仰立柱，并用后支撑杆顶紧，立柱后仰时打桩机不得回转及行走。

9. 打桩机带锤行走时，应将桩锤放至最低位。行走时，驱动轮应在尾部位置，并应有专人指挥。

10. 在斜坡上行走时，应将打桩机重心置于斜坡的上方，斜坡的坡度不得大于5°。在斜坡上不得回转。

11. 作业后，应将桩锤放在已打入地下的桩头或地面垫板上，将操纵杆置于停机位置，起落架升至比桩锤高1m的位置，锁住安全限位装置，并应使全部制动生效。

五、静力压桩机

1. 压桩机安装地点应按施工要求进行先期处理，应平整场地，地面应达到35kPa的平均地基承载力。

2. 安装配重前，应对各紧固件进行检查，在紧固件未拧紧前不得进行配重安装。

3. 安装完毕后，应对整机进行试运转，对吊桩用的起重机，应进行满载试吊。

4. 作业前应检查并确认各传动机构、齿轮箱、防护罩等是否良好，各部件连接牢固。

5. 作业前应检查并确认起重机起升、变幅机构是否正常，吊具、钢丝绳、制动器等是否良好。

6. 应检查并确认电缆表面无损伤，保护接地电阻符合规定，电源电压正常，旋转方向正确。

7. 冬季应清除机上积雪，工作平台应有防滑措施。

8. 压桩时，非工作人员应离机 10m 以外。起重机的起重臂下，严禁站人。

9. 压桩机横向行走时，长、短船水平坡度不得超过 5°；纵向行走时，不得单向操作一个手柄，应二个手柄一起动作。

10. 压桩机在顶升过程中，船形轨道不应压在已入土的单一桩顶上。

11. 作业完毕，应将短船运行至中间位置，停放在平整地面上，其余液压缸应全部回程缩进，起重机吊钩应升至最上部，并应使各部制动生效，最后应将外露活塞杆擦干净。

12. 作业后，应将控制器放在“零位”，并依次切断各部电源，锁闭门窗，冬季应放尽各部积水。

六、强夯机械

1. 担任强夯作业的主机，应按照强夯等级的要求经过计算选用。用履带式起重机作主机的，应执行 JGJ33 有关规定规定。

2. 夯机的作业场地应平整，门架底座与夯机着地部位应保持水平，当下沉超过 100mm 时，应重新垫高。

3. 强夯机械的门架、横梁、脱钩器等主要结构和部件的材料及制作质量，应经过严格检查，对不符合设计要求的，不得使用。

4. 夯机在工作状态时，起重臂仰角应置于 70°。

5. 梯形门架支腿不得前后错位，门架支腿在未支稳垫实前，不得提锤。

6. 夯锤下落后，在吊钩尚未降至夯锤吊环附近前，操作人员不得提前下坑挂钩。从坑中提锤时，严禁挂钩人员站在锤上随锤提升。

7. 当夯锤留有的相应通气孔在作业中出现堵塞现象时，应随时清理，但严禁在锤下进行清理。

8. 转移夯点时，夯锤应由辅机协助转移，门架随夯机移动前，支腿离地面高度不得超过500mm。

9. 作业后，应将夯锤下降并放实在地面上。在非作业时严禁将锤悬挂在空中。

七、转盘钻孔机

1. 安装钻孔机前，应掌握勘探资料，并确认地质条件符合该钻机的要求、地下无埋设物、作业范围内无障碍物、施工现场与架空输电线路的安全距离符合规定。

2. 钻机的安装和钻头的组装应按照说明书规定进行，竖立或放倒钻架时，应有熟练的专业人员进行。

3. 作业前重点检查项目应符合下列要求：

（1）各部件安装紧固，转动部位和传动带有防护罩，钢丝绳完好，离合器、制动带状态良好；

（2）润滑油符合规定，各管路接头密封良好，无漏油、漏气、漏水现象；

（3）电气设备齐全、电路配置完好；

（4）钻机作业范围内无障碍物。

4. 提钻、下钻时，应轻提轻放。钻机下和井孔周围2m以内及高压胶管下，不得站人；严禁钻杆在旋转时提升。

5. 钻架、钻台平车、封口平车等的承载部位不得超载。

6. 钻机的移位和拆卸，应按照说明书规定进行，在转移和拆运过程中，应防止碰撞机架。

八、螺旋钻孔机

1. 使用钻机的现场，应按钻机说明书的要求清除孔位及周围的石块等障碍物。

2. 作业场地距电源变压器或供电主干线距离应在200m以内，启动时电压降不得超过额定电压的10%。

3. 电动机和控制箱应有良好的接地装置。

4. 安装前，应检查并确认钻杆及各部件无变形；安装后，钻杆与动力头的中心线允许偏斜为全长的1%。

5. 安装钻杆时，应从动力头开始，逐节往下安装。不得将所需钻杆长度在地面上全部接好后一次起吊安装。

6. 钻机应放置平稳、坚实，汽车式钻孔机应架好支腿，将轮胎支起，并利用自动微调或线锤调整挺杆，使之保持垂直。

7. 启动前应检查并确认钻机各部件连接牢固，传动带的松紧度适当，减速箱内油位符合规定，钻深限位报警装置有效。

8. 钻孔中卡钻时，应立即切断电源，停止下钻。未查明原因前，不得强行启动。

9. 作业中，当需改变钻杆回转方向时，应待钻杆完全停转后再进行。

10. 钻孔时，当机架出现摇晃、移动、偏斜或钻头内发出有节奏的响声时，应立即停钻，经处理后方可继续施钻。

11. 作业中停电时，应将各控制器放置零位，切断电源，并及时将钻杆全部从孔内拔出，使钻头接触地面。

12. 钻机运转时，应防止电缆线被缠入钻杆中，必须有专人看护。

13. 钻孔时，严禁用手清除螺旋片中的泥土；发现紧固螺栓松动时，应立即停机，在紧固后方可继续作业。

14 成孔后，应将孔口加盖保护。

15. 作业后，应将钻杆及钻头全部提升至孔外，先清除钻杆和螺旋叶片上的泥土，再将钻头按下接触地面，各部制动住，操纵杆放到空挡位置，切断电源。

九、全套管钻机

1. 安装钻机前，应符合本节第七转盘钻孔机第一条的规定。

2. 安装钻机时，应在专业技术人员指挥下进行。安装人员必须经过培训，熟悉安装工艺及指挥信号，并有保证安全的技术措施。

3. 与钻机相匹配的起重机，应根据成桩时所需的高度和起重量进行选择。当钻机与起重机连接时，各个部位的连接均应牢固可靠。钻机与动力装置的液压油管和电缆线应按出厂说明书规定连接。

4. 引入机组的照明电源，应安装低压变压器，电压不应超过36V。

5. 作业前应进行外观检查并应符合下列要求：

（1）钻机各部外观良好，各连接螺栓无松动；

（2）燃油、润滑油、液压油、冷却水等符合规定，无渗漏现象；

（3）各部钢丝绳无损坏和锈蚀，连接正确；

（4）各卷扬机的离合器、制动器无异常现象，液压装置工作有效；

（5）套管和浇注管内侧无明显的变形和损伤，未被混凝土粘结。

6. 在作业过程中，当发现主机在地面及液压支撑处下沉时，应立即停机。在采用30mm厚钢板或路基箱扩大托承面、减小接地应力等措施后，方可继续作业。

7. 起吊套管时，应使用专用工具吊装，不得用卡环直接吊在螺纹孔内，亦不得使用其他损坏套管螺纹的起吊方法。

8. 作业后，应就地清除机体、锤式抓斗及套管等外表的混凝土和泥砂，将机架放回行走的原位，将机组转移至安全场所。

十、离心水泵

1. 水泵放置地点应坚实，安装应牢固、平稳，并应有防雨设施。多级水泵的高压软管接头应牢固可靠，放置宜平直，转弯处应固定牢靠。数台水泵并列安装时，其扬程宜相同，每台之间应有0.8～1.0m的距离；串联安装时，应有相同的流量。

2. 冬季运转时，应做好管路、泵房的防冻、保温工作。

3. 启动前检查项目应符合下列要求：

（1）电动机与水泵的连接同心，联轴节的螺栓紧固，联轴节的转动部分有防护装置，泵的周围无障碍物；

（2）管路支架牢固，密封可靠，泵体、泵轴、填料和压盖严密，吸水管底阀无堵塞或漏水；

（3）排气阀畅通，进、出水管接头严密不漏，泵轴与泵体之间不漏水。

4. 运转中发现下列情况，应立即停机检修：

（1）漏水、漏气、填料部分发热；

（2）底阀滤网堵塞，运转声音异常；

（3）电动机温升过高，电流突然增大；

（4）机械零件松动或其他故障。

5. 升降吸水管时，应在有护栏的平台上操作。

6. 运转时严禁人员从机上跨越。

十一、潜水泵

1. 潜水泵宜先装在坚固的篮筐里再放入水中，亦可在水中将泵的四周设立坚固的防护围网。泵应直立于水中，水深不得小于0.5m，不得在含泥砂的水中使用。

2. 潜水泵放入水中或提出水面时，应先切断电源，严禁拉拽电缆或出水管。

3. 潜水泵应装设保护接零或漏电保护装置，工作时泵周围30m以内水面，不得有人、畜进入。

4. 接通电源后，应先试运转，并应检查并确认旋转方向正确，在水外运转时间不得超过5min。

5. 应经常观察水位变化，叶轮中心至水平距离应在0.5～3.0m之间，泵体不得陷入污泥或露出水面，电缆不得与井壁、池壁相摩擦。

6. 每周应测定一次电动机定子绕组的绝缘电阻，其值应无下降。

十二、泥浆泵

1. 泥浆泵应安装在稳固的基础架或地基上，不得松动。

2. 启动前，检查项目应符合下列要求：

（1）各连接部位牢固；

（2）电动机旋转方向正确；

（3）离合器灵活可靠；

（4）管路连接牢固，密封可靠，底阀灵活有效。

3. 启动前，吸水管、底阀及泵体内应注满引水，压力表缓冲器上端应注满油。

4. 运转中，应经常测试泥浆含砂量。泥浆含砂量不得超过10%。

5. 运转中不得变速；当需要变速时，应停泵进行换挡。

6. 在正常情况下，应在空载时停泵。停泵时间较长时，应全部打开放水孔，并松开缸盖，提起底阀放水杆，放尽泵体及管道中的全部泥砂。

第七节　混凝土机械

一、基本要求

1. 混凝土机械上的内燃机、电动机、空气压缩机以及电气、液压等装置的使用，应执行JGJ33有关的规定。

2. 作业场地应有良好的排水条件，机械近旁应有水源，机棚内应有良好的通风、采光及防雨、防冻设施，并不得有积水。

3. 固定式机械应有可靠的基础，移动式机械应在平坦坚硬的地坪上用方木或撑架架牢，并应保持水平。

4. 当气温降到5℃以下时，管道、水泵、机内均应采取防冻保温措施。

5. 作业后，应及时将机内、水箱内、管道内的存料和积水放尽，并应清洁、保养机械，清理工作场地，切断电源，锁好开关箱。

6. 装有轮胎的机械，转移时拖行速度不得超过15km/h。

二、混凝土搅拌机

1. 固定式搅拌机应安装在牢固的台座上。当长期固定时，应埋置地脚螺栓；在短期使用时，应在机座上铺设木枕并找平放稳。人员应持证上岗。

2. 固定式搅拌机的操纵台，应使操作人员能看到各部工作情况。电动搅拌机的操纵台，应垫上橡胶板或干燥木板。

3. 移动式搅拌机的停放位置应选择平整坚实的场地，周围应有良好的排水沟渠，就位后，应放下支腿将机架顶起达到水平位置，使轮胎离地。当使用期较长时，应将轮胎卸下妥善保管，轮轴端部用油布包扎好，并用枕木将机架垫起支牢。

4. 作业前重点检查项目应符合下列要求：

（1）电源电压升降幅度不超过额定值的5%；

（2）电动机和电器元件的接线牢固，保护接零或接地电阻符合规定；

（3）各传动机构、工作装置、制动器等均紧固可靠，开式齿轮、皮带轮等均有防护罩；

（4）齿轮箱的油质、油量符合规定。

5. 作业前，应进行料斗提升试验，应观察并确认离合器、制动器灵活可靠。

6. 进料时，严禁将头或手伸入料斗与机架之间。运转中，严禁用手或工具伸入搅拌筒内扒料、出料。

7. 搅拌机作业中，当料斗升起时，严禁任何人在料斗下停留或通过；当需要在料斗下检修或清理料坑时，应将料斗提升后用铁链或销子锁住。

8. 向搅拌筒内加料应在运转中进行，添加新料应先将搅拌筒内原有的混凝土全部卸出后方可进行。

9. 作业中，应观察机械运转情况，当有异常或轴承温升过高等现象时，应停机检查；当需检修时，应将搅拌筒内的混凝土清除干净，然后再进行检修。

10. 作业后，应对搅拌机进行全面清理；当操作人员需进入筒内时，必须切断电源或卸下熔断器，锁好开关箱，挂上“禁止合闸”标牌，并应有专人在外监护。

11. 作业后，应将料斗降落到坑底，当需升起时，应用链条或插销扣牢。

12. 搅拌机在场内移动或远距离运输时，应将进料斗提升到上止点，用保险铁链或插销锁住。

三、混凝土搅拌站

1. 混凝土搅拌站的安装，应由专业人员按出厂说明书规定进行，并应在技术人员主持下，组织调试，在各项技术性能指标全部符合规定并经验收合格后，方可投产使用。

2. 与搅拌站配套的空气压缩机、混凝土搅拌机等设备，应执行本章其他有关章节的规定。

3. 作业前检查项目应符合下列要求：

（1）搅拌筒内和各配套机构的传动、运动部位及仓门、斗门、轨道等均无异物卡住；

（2）各润滑油箱的油面高度符合规定；

（3）打开阀门排放气路系统中气水分离器的过多积水，打开贮气筒排污螺塞放出油水混合物；

（4）提升斗或拉铲的钢丝绳安装、卷筒缠绕均正确，钢丝绳及滑轮符合规定，提升料斗及拉铲的制动器灵敏有效；

（5）各部螺栓已紧固，各进、排料阀门无超限磨损，各输送带的张紧度适当、不跑偏；

（6）称量装置的所有控制和显示部分工作正常，其精度符合规定；

（7）各电气装置能有效控制机械动作，各接触点和动、静触头无明显损伤。

4. 作业过程中，在贮料区内和提升斗下，严禁人员进入。

5. 搅拌筒启动前应盖好仓盖。机械运转中，严禁将手、脚伸入料斗或搅拌筒探摸。

6. 当拉铲被障碍物卡死时，不得强行起拉，不得用拉铲起吊重物，在拉料过程中，不得进行回转操作。

7. 搅拌机满载搅拌时不得停机，当发生故障或停电时，应立即切断电源，锁好开关箱，将搅拌筒内的混凝土清除干净，然后排除故障或等待电源恢复。

8. 搅拌站各机械不得超载作业；应检查电动机的运转情况，当发现运转声音异常或温升过高时，应立即停机检查；电压过低时不得强制运行。

四、混凝土搅拌输送车

1. 混凝土搅拌输送车的汽车部分应执行 JGJ33 的有关规定。

2. 搅拌筒和滑槽的外观应无裂痕或损伤；滑槽止动器应无松弛和损坏；搅拌筒机架缓冲件应无裂痕或损伤；搅拌叶片磨损应正常。

3. 搅拌运输时，混凝土的装载量不得超过额定容量。

4. 搅拌输送车装料前，应先将搅拌筒反转，使筒内的积水和杂物排尽。

5. 搅拌筒由正转变为反转时，应先将操纵手柄放在中间位置，待搅拌筒停转后，再将操纵杆手柄放至反转位置。

6. 行驶在不平路面或转弯处应降低车速至 15km/h 及以下，并暂停搅拌筒旋转。通过桥、洞、门等设施时，不得超过其限制高度及宽度。

7. 搅拌装置连续运转时间不宜超过8h。

8. 作业后，应先将内燃机熄火，然后对料槽、搅拌筒入口和托轮等处进行冲洗及清除混凝土结块。当需进入搅拌筒清除结块时，必须先取下内燃机电门钥匙，在筒外应设监护人员。

五、混凝土泵

1. 混凝土泵应安放在平整、坚实的地面上，周围不得有障碍物，在放下支腿并调整后应使机身保持水平和稳定，轮胎应楔紧。

2. 泵送管道的敷设应符合下列要求：

（1）水平泵送管道宜直线敷设。

（2）垂直泵送管道不得直接装接在泵的输出口上，应在垂直管前端加装长度不小于20m的水平管，并在水平管近泵处加装逆止阀。

（3）敷设向下倾斜的管道时，应在输出口上加装一段水平管，其长度不应小于倾斜管高低差的5倍；当倾斜度较大时，应在坡度上端装设排气活阀。

（4）泵送管道应有支承固定，在管道和固定物之间应设置木垫作缓冲，不得直接与钢筋或模板相连，管道与管道间应连接牢靠；管道接头和卡箍应扣牢密封，不得漏浆；不得将已磨损管道装在后端高压区。

（5）泵送管道敷设后，应进行耐压试验。

3. 作业前应检查并确认泵机各部螺栓紧固，防护装置齐全可靠，各部位操纵开关、调整手柄、手轮、控制杆、旋塞等均在正确位置，液压系统正常无泄漏，液压油符合规定，搅拌斗内无杂物，上方的保护格网完好无损并盖严。

4. 泵送混凝土应连续作业；当因供料中断被迫暂停时，停机时间不得超过30min。暂停时间内应每隔5～10min（冬期

3 ~5min）作2 ~3 个冲程的反泵—正泵运动，再次投料泵送前应先将料搅拌。当停泵时间超限时，应排空管道。

5. 泵机运转时，严禁将手或铁锹伸入料斗或用手抓握分配阀。当需在料斗或分配阀上工作时，应先关闭电动机和消除蓄能器压力。

6. 作业中，应对泵送设备和管路进行观察，发现隐患应及时处理。对磨损超过规定的管子、卡箍、密封圈等应及时更换。

7. 当出现输送管堵塞时，应进行反泵运转，使混凝土返回料斗；当反泵几次仍不能消除堵塞，应在泵机卸载情况下，拆管排除堵塞。

8. 作业后，应将料斗内和管道内的混凝土全部输出，然后对泵机、料斗、管道等进行冲洗。当用压缩空气冲洗管道时，进气阀不应立即开大，只有当混凝土顺利排出时，方可将进气阀开至最大。在管道出口端前方 10m 内严禁站人，并应用金属网篮等收集冲出的清洗球和砂石粒。对凝固的混凝土，应采用刮刀清除。

六、混凝土泵车

1. 构成混凝土泵车的汽车底盘、内燃机、空气压缩机、水泵、液压装置等的使用，应执行 JGJ33 的有关规定。

2. 泵车就位地点应平坦坚实，周围无障碍物，上空无高压输电线，泵车不得停放在斜坡上。

3. 泵车就位后，应支起支腿并保持机身的水平和稳定。当用布料杆送料时，机身倾斜度不得大于3°。

4. 就位后，泵车应显示停车灯，避免碰撞。

5. 作业前检查项目应符合下列要求：

（1）燃油、润滑油、液压油、水箱添加充足，轮胎气压符合规定，照明和信号指示灯齐全良好。

（2）液压系统工作正常，管道无泄漏；清洗水泵及设备齐全良好。

（3）搅拌斗内无杂物，料斗上保护格网完好并盖严。

（4）输送管路连接牢固，密封良好。

6. 伸展布料杆应按出厂说明书的顺序进行。布料杆升离支架后方可回转。严禁用布料杆起吊或拖拉物件。

7. 当布料杆处于全伸状态时，不得移动车身。作业中需要移动车身时，应将上段布料杆折叠固定，移动速度不得超过10km/h。

8. 不得在地面上拖拉布料杆前端软管；严禁延长布料配管和布料杆。当风力在六级及以上时，不得使用布料杆输送混凝土。

9. 泵送中当发现压力表上升到最高值，运转声音发生变化时，应立即停止泵送，并应采用反向运转方法排除管道堵塞；无效时，应拆管清洗。

10. 作业后，应将管道和料斗内的混凝土全部输出，然后对料斗、管道等进行冲洗。当采用压缩空气冲洗管道时，管道出口端前方10m内严禁站人。

七、混凝土喷射机

1. 喷射机应采用干喷作业，应按出厂说明书规定的配合比配料，风源应是符合要求的稳压源，电源、水源、加料设备等均应配套。

2. 管道安装应正确，连接处应紧固密封。当管道通过道路时，应设置在地槽内并加盖保护。

3. 作业前重点检查项目应符合下列要求：

（1）安全阀灵敏可靠；

（2）电源线无破裂现象，接线牢靠；

（3）各部密封件密封良好，对橡胶结合板和旋转板出现的明显沟槽及时修复；

（4）压力表指针在上、下限之间，根据输送距离，调整上限压力的极限值；

（5）喷枪水环（包括双水环）的孔眼畅通。

4. 机械操作和喷射操作人员应有联系信号，送风、加料、停料、停风以及发生堵塞时，应及时联系，密切配合排除故障。

5. 在喷嘴前方严禁站人，操作人员应始终站在已喷射过的混凝土支护面以内。

6. 发生堵管时，应先停止喂料，对堵塞部位进行敲击，迫使物料松散，然后用压缩空气吹通。此时，操作人员应紧握喷嘴，严禁甩动管道以免伤人；当管道中有压力时，不得拆卸管接头。

7. 转移作业面时，供风、供水系统应随之移动，输料软管不得随地拖拉和折弯。

8. 停机时，应先停止加料，然后再关闭电动机和停送压缩空气。

八、振动器

1. 插入式振动器的电动机电源上，应安装漏电保护装置，接地或接零应安全可靠。

2. 操作人员应经过用电教育，作业时应穿戴绝缘胶鞋和绝缘手套。

3. 电缆线应满足操作所需的长度。电缆线上不得堆压物品或让车辆挤压，严禁用电缆线拖拉或吊挂振动器。

4. 使用前，应检查各部并确认连接牢固，旋转方向正确。

5. 振动器不得在初凝的混凝土、地板、脚手架和干硬的地面上进行试振。在检修或作业间断时，应断开电源。

6. 作业停止需移动振动器时，应先关闭电动机，再切断电源。不得用软管拖拉电动机。

7. 附着式、平板式振动器轴承不应承受轴向力，在使用时，电动机轴应保持水平状态。

8. 在一个模板上同时使用多台附着式振动器时，各振动器的频率应保持一致，相对面的振动器应错开安装。

9. 使用时，引出电缆线不得拉得过紧，更不得断裂。作业时，应随时观察电气设备的漏电保护器和接地或接零装置并确认合格。

九、混凝土真空吸水泵

1. 真空室内过滤网应完整，集水室通向真空泵的回水管上的旋塞开启应灵活，指示仪表应正确，进出水管应按出厂说明书要求连接。

2. 启动后，应检查并确认电动机旋转方向与罩壳上箭头指向一致，然后应堵住进水口，检查泵机空载真空度，表值不应小于96kPa。当不符合上述要求时，应检查泵组、管道及工作装置的密封情况。有损坏时，应及时修理或更换。

3. 作业开始即应计时充水，观察机组真空表，并应随时做好记录。

4. 作业后，应冲洗水箱及滤网的泥砂，并应放尽水箱内存水。

5. 冬期施工或存放不用时，应把真空泵内的冷却水放尽。

十、液压滑升设备

1. 应根据施工要求和滑模总载荷，合理选用千斤顶型号和配备台数，并应按千斤顶型号选用相应的爬杆和滑升机件。

2. 千斤顶应经12MPa以上的耐压试验。同一批组装的千斤顶在相同载荷作用下，其行程应一致，用行程调整帽调整后，行程允许误差为2mm。

3. 自动控制台应置于不受雨淋、曝晒和强烈振动的地方，应根据当地的气温，调节作业时的油温。

4. 千斤顶与操作平台固定时，应使油管接头与软管连接成直线。液压软管不得扭曲，应有较大的弧度。

5. 作业前，应检查并确认各油管接头连接牢固、无渗漏，油箱油位适当，电器部分不漏电，接地或接零可靠。

6. 所有千斤顶安装完毕未插入爬杆前，应逐个进行抗压试验和行程调整及排气等工作。

7. 应按出厂规定的操作程序操纵控制台，对自动控制器的时间继电器应进行延时调整。用手动控制器操作时，应与作业人员密切配合，听从统一指挥。

8. 在滑升过程中，应保证操作平台与模板的水平上升，不得倾斜，操作平台的载荷应均匀分布，并应及时调整各千斤顶的升高值，使之保持一致。

9. 在寒冷季节使用时，液压油温度不得低于10℃；在炎热季节使用时，液压油温度不得超过60℃。

10. 应经常保持千斤顶的清洁；混凝土沿爬杆流入千斤顶内时，应及时清理。

11. 作业后，应切断总电源，清除千斤顶上的附着物。

第八节　钢筋加工机械

一、基本要求

1. 钢筋加工机械中的电动机、液压装置、卷扬机的使用，应执行JGJ33的有关规定。

2. 机械的安装应坚实稳固，保持水平位置。固定式机械应有可靠的基础；移动式机械作业时应楔紧行走轮。

3. 室外作业应设置机棚，机旁应有堆放原料、半成品的场地。

4. 加工较长的钢筋时，应有专人帮扶，并听从操作人员指挥，不得任意推拉。

5. 作业后，应堆放好成品，清理场地，切断电源，锁好开关箱，做好润滑工作。

二、钢筋调直切断机

1. 料架、料槽应安装平直，并应对准导向筒、调直筒和下切刀孔的中心线。

2. 应用手转动飞轮，检查传动机构和工作装置，调整间隙，紧固螺栓，确认正常后，启动空运转，并应检查轴承无异响，齿轮啮合良好，运转正常后方可作业。

3. 应按调直钢筋的直径，选用适当的调直块及传动速度。调直块的孔径应比钢筋直径大2~5mm，传动速度应根据钢筋直径选用，直径大的宜选用慢速，经调试合格，方可送料。

4. 在调直块未固定、防护罩未盖好前不得送料。作业中严禁打开各部防护罩并调整间隙。

5. 当钢筋送入后，手与曳轮应保持一定的距离，不得接近。

6. 送料前，应将不直的钢筋端头切除。导向筒前应安装一根1m长的钢管，钢筋应先穿过钢管再送入调直前端的导孔内。

三、钢筋切断机

1. 接送料的工作台面应和切刀下部保持水平，工作台的长度可根据加工材料长度确定。

2. 启动前，应检查并确认切刀无裂纹，刀架螺栓紧固，防护罩牢靠。然后用手转动皮带轮，检查齿轮啮合间隙，调整切刀间隙。

3. 机械未达到正常转速时，不得切料。切料时，应使用切刀的中、下部位，紧握钢筋对准刃口迅速投入，操作者应站在固定刀片一侧用力压住钢筋，防止钢筋末端弹出伤人。严禁用两手分在刀片两边握住钢筋俯身送料。

4. 不得剪切直径及强度超过机械铭牌规定的钢筋和烧红的钢筋。一次切断多根钢筋时，其总截面积应在规定范围内。

5. 切割短料时，手和切刀之间的距离应保持在150mm以上，如手握端小于400mm时，应采用套管或夹具将钢筋短头压住或夹牢。

6. 运转中，严禁用手直接清除切刀附近的断头和杂物。钢筋摆动周围和切刀周围，不得停留非操作人员。

7. 手动液压式切断机使用前，应将放油阀按顺时针方向旋紧，切割完毕后，应立即按逆时针方向旋松。作业中，手应持稳切断机，并戴好绝缘手套。

四、钢筋弯曲机

1. 工作台和弯曲机台面应保持水平，作业前应准备好各种芯轴及工具。

2. 挡铁轴的直径和强度不得小于被弯钢筋的直径和强度。不直的钢筋，不得在弯曲机上弯曲。

3. 作业时，应将钢筋需弯一端插入在转盘固定销的间隙内，另一端紧靠机身固定销，并用手压紧；应检查机身固定销并确认安放在挡住钢筋的一侧，方可开动。

4. 作业中，严禁更换轴芯、销子和变换角度以及调速，也不得进行清扫和加油。

5. 对超过机械铭牌规定直径的钢筋严禁进行弯曲。在弯曲未经冷拉或带有锈皮的钢筋时，应戴防护镜。

6. 转盘换向时，应待停稳后进行。

五、钢筋冷拉机

1. 应根据冷拉钢筋的直径，合理选用卷扬机。卷扬钢丝绳应经封闭式导向滑轮并和被拉钢筋水平方向成直角。卷扬机的位置应使操作人员能见到全部冷拉场地，卷扬机与冷拉中线距离不得少于5m。

2. 冷拉场地应在两端地锚外侧设置警戒区，并应安装防护栏及警告标志。无关人员不得在此停留。操作人员在作业时必须离开钢筋2m以外。

3. 用配重控制的设备应与滑轮匹配，并应有指示起落的记号，没有指示记号时应有专人指挥。配重框提起时高度应限制在离地面300mm以内，配重架四周应有栏杆及警告标志。

4. 作业前，应检查冷拉夹具：夹齿应完好，滑轮、拖拉小车应润滑灵活，拉钩、地锚及防护装置均应齐全牢固。确认良好后方可作业。

5. 卷扬机操作人员必须看到指挥人员发出信号，并待所有人员离开危险区后方可作业。冷拉应缓慢、均匀，当有停车信号或见到有人进入危险区时应立即停拉，并稍稍放松卷扬钢丝绳。

6. 用延伸率控制的装置，应装设明显的限位标志，并应有专人负责指挥。

7. 夜间作业的照明设施，应装设在张拉危险区外。当需要装设在场地上空时，其高度应超过5m。灯泡应加防护罩，导线严禁采用裸线。

8. 作业后，应放松卷扬钢丝绳，落下配重，切断电源，锁好开关箱。

六、预应力钢丝拉伸设备

1. 作业场地两端外侧应设有防护栏杆和警告标志。

2. 作业前，应检查被拉钢丝两端的镦头，当有裂纹或损伤时，应及时更换。

3. 作业中，操作应平稳、均匀。张拉时，两端不得站人。拉伸机在有压力情况下，严禁拆卸液压系统的任何零件。

4. 在测量钢丝的伸长时，应先停止拉伸，操作人员必须站在侧面操作。

5. 用电热张拉法带电操作时，应穿戴绝缘胶鞋和绝缘手套。

6. 张拉时，不得用手摸或脚踩钢丝。

7. 高压油泵停止作业时，应先断开电源，再将回油阀缓慢松开，待压力表退回至零位时，方可卸开通往千斤顶的油管接头，使千斤顶全部卸荷。

七、钢筋冷拔机

1. 应检查并确认机械各连接件牢固，模具无裂纹，轧头和模具的规格配套，然后启动主机空运转，确认正常后方可作业。

2. 在冷拔钢筋时，每道工序的冷拔直径应按机械出厂说明书规定进行，不得超量缩减模具孔径，无资料时，可按每次缩减孔径0.5~1.0mm。

3. 轧头时，应先使钢筋的一端穿过模具长度达150mm，再用夹具夹牢。

4. 作业时，操作人员的手和轧辊应保持300~500mm的距离。不得用手直接接触钢筋和滚筒。

5. 冷拔模架中应随时加足润滑剂，润滑剂应采用石灰和肥皂水调和晒干后的粉末。钢筋通过冷拔模前，应抹少量润滑脂。

6. 当钢筋的末端通过冷拔模后，应立即脱开离合器，同时用手闸挡住钢筋末端。

7. 拔丝过程中，当出现断丝或钢筋打结乱盘时，应立即停机，处理完毕后方可开机。

第九节　焊接设备

一、基本要求

1. 电焊机应有完整的防护外壳，一、二次接线柱处应有保护罩。

2. 焊接操作及配合人员必须按规定穿戴劳动防护用品。并必须采取防止触电、高空坠落、瓦斯中毒和火灾等事故的安全措施。

3. 现场使用的电焊机，应设有防雨、防潮、防晒的机棚，并应装设相应的消防器材。

4. 施焊现场10m范围内，不得堆放油类、木材、氧气瓶、乙炔瓶等易燃、易爆物品。

5. 当长期停用的电焊机恢复使用时，其绝缘电阻不得小于0.5MΩ，接线部分不得有腐蚀和受潮现象。

6. 电焊机导线应具有良好的绝缘，绝缘电阻不得小于1MΩ，不得将电焊机导线放在高温物体附近。电焊机导线和接地线不得搭在易燃、易爆和带有热源的物品上，接地线不得接在管道、机械设备和建筑物金属构架或轨道上，接地电阻不得大于4Ω。严禁利用建筑物的金属结构、管道、轨道或其他金属物体搭接起来形成焊接回路。

7. 电焊钳应有良好的绝缘和隔热能力。电焊钳握柄必须绝缘良好，握柄与导线连结应牢靠，接触良好，连结处应采用绝缘布包好并不得外露。操作人员不得用胳膊夹持电焊钳。

8. 电焊导线一次线不得大于5m，二次线长度不宜大于30m。当需要加长导线时，应相应增加导线的截面。当导线通过道路时，必须架高或穿入防护管内埋设在地下；当通过轨道时，必须从轨道下面通过；当导线绝缘受损或断股时，应立即更换。

9. 对承压状态的压力容器及管道、带电设备、承载结构的受力部位和装有易燃、易爆物品的容器严禁进行焊接和切割。

10. 焊接铜、铝、锌、锡等有色金属时，应通风良好，焊接人员应戴防毒面罩、呼吸滤清器或采取其他防毒措施。

11. 当需对受压容器、密封容器、油桶、管道、沾有可燃气体和溶液的工件施焊时，应先消除容器及管道内压力，消除可燃气体和溶液，然后冲洗有毒、有害、易燃物质；对存有残余油脂的容器，应先用蒸汽、碱水冲洗，并打开盖口，确认容器清洗干净后，再灌满清水方可进行焊接。在容器内焊接应采取防止触电、中毒和窒息的措施。焊、割密封容器应留出气孔，必要时在进、出气口处装设通风设备；容器内照明电压不得超过12V，焊工与焊件间应绝缘；容器外应设专人监护。严禁在已喷涂过油漆和塑料的容器内焊接。

12. 当焊接预热焊件温度达150～700℃时，应设挡板隔离焊件发出的辐射热，焊接人员应穿戴隔热的石棉服装和鞋、帽等。

13. 高空焊接或切割时，必须系好安全带，焊接周围和下方应采取防火措施，并应有专人监护。

14. 雨天不得在露天电焊。在潮湿地带作业时，操作人员应站在铺有绝缘物品的地方，并应穿绝缘鞋。

15. 应按电焊机额定焊接电流和暂载率操作，严禁过载。在载荷运行中，应经常检查电焊机的温升，当温升超过A级60℃、B级80℃时，必须停止运转并采取降温措施。

16. 当清除焊缝焊渣时，应戴防护眼镜，头部应避开敲击焊渣飞溅方向。

二、交流电焊机

1. 使用前，应检查并确认初、次级线接线正确，输入电压符合电焊机的铭牌规定。接通电源后，严禁接触初级线路的带电部分。

2. 次级抽头联接铜板应压紧，接线柱应有垫圈。合闸前应详细检查接线螺帽、螺栓及其他部件并确认完好齐全、无松动或损坏。

3. 多台电焊机集中使用时，应分接在三相电源网络上，使三相负载平衡。多台焊机的接地装置，应分别由接地极处引接，不得串联。

4. 移动电焊机时，应切断电源，不得用拖拉电缆的方法移动焊机。当焊接中突然停电时，应立即切断电源。

三、硅整流直流焊机

1. 焊机应在出厂说明书要求的条件下作业。

2. 使用前，应检查并确认硅整流元件与散热片连接紧固，各接线端头紧固。

3. 使用时，应先开启风扇电机，电压表指示值应正常，风扇电机无异响。

4. 硅整流直流电焊机主变压器的次级线圈和控制变压器的次级线圈严禁用摇表测试。

5. 硅整流元件应进行保护和冷却。当发现整流元件损坏时，应查明原因，排除故障后方可更换新件。

6. 整流元件和有关电子线路应保持清洁和干燥。启用长期停用的焊机时，应空载通电一定时间进行干燥处理。

7. 搬运由高导磁材料制成的磁放大铁芯时，应防止强烈振击引起磁能恶化。

8. 停机后，应清洁硅整流器及其他部件。

四、氩弧焊机

1. 氩弧焊机的使用应检查并确认电源、电压符合要求，接地装置安全可靠。

2. 应检查并确认气管、水管不受外压和无外漏。

3. 应根据材质的性能、尺寸、形状先确定极性，再确定电压、电流和氩气的流量。

4. 安装的氩气减压阀、管接头不得沾有油脂。安装后，应进行试验并确认无障碍和漏气。

5. 冷却水应保持清洁，水冷型焊机在焊接过程中，冷却水的流量应正常，不得断水施焊。

6. 高频引弧的焊机，其高频防护装置应良好，亦可通过降低频率进行防护；不得发生短路，振荡器电源线路中的联锁开关严禁分接。

7. 使用氩弧焊时，操作者应戴防毒面罩，钍钨极的打磨应设有抽风装置，贮存时宜放在铅盒内。钨极粗细应根据焊接厚度确定，更换钨极时，必须切断电源。磨削钨极端头时，操作人员必须戴手套和口罩，磨削下来的粉尘应及时清除，钍钨极、铈钨极、钨极不得随身携带。

8. 焊机作业附近不宜装置有振动的其他机械设备，不得放置易燃、易爆物品。工作场所应有良好的通风措施。

9. 氮气瓶和氢气瓶与焊接地点不应靠得太近，并应直立固定放置，不得倒放。

10. 作业后，应切断电源，关闭水源和气源。焊接人员必须及时脱去工作服、清洗手脸和外露的皮肤。

五、二氧化碳气体保护焊

1. 作业前，二氧化碳气体应先预热15min。开气时，操作人员必须站在瓶嘴的侧面。

2. 作业前，应检查并确认焊丝的进给机构、电线的连接部分、二氧化碳气体的供应系统及冷却水循环系统合乎要求，焊枪冷却水系统不得漏水。

3. 二氧化碳气体瓶宜放在阴凉处，其最高温度不得超过30℃，并应放置牢靠，不得靠近热源。

4. 二氧化碳气体预热器端的电压，不得大于36V，作业后，应切断电源。

六、等离子切割机

1. 应检查并确认电源、气源、水源无漏电、漏气、漏水，接地或接零安全可靠。

2. 小车、工件应放在适当位置，并应使工件和切割电路正极接通，切割工作面下应设有熔渣坑。

3. 应根据工件材质、种类和厚度选定喷嘴孔径，调整切割电源、气体流量和电极的内缩量。

4. 自动切割小车应经空车运转，并选定切割速度。

5. 操作人员必须戴好防护面罩、电焊手套、帽子、滤膜防尘口罩和隔音耳罩。不戴防护镜的人员严禁直接观察等离子弧，裸露的皮肤严禁接近等离子弧。

6. 切割时，操作人员应站在上风处操作。可从工作台下部抽风，并宜缩小操作台上的敞开面积。

7. 切割时，当空载电压过高时，应检查电器接地、接零和割炬手把绝缘情况，应将工作台与地面绝缘，或在电气控制系统安装空载断路继电器。

8. 高频发生器应设有屏蔽护罩，用高频引弧后，应立即切断高频电路。

9. 使用钍钨、钨电极应符合氩弧焊中第六条规定。

10. 作业后，应切断电源，关闭气源和水源。

七、埋弧焊机

1. 作业前，应检查并确认各部分导线连接良好，控制箱的外壳和接线板上的罩壳盖好。

2. 应检查并确认送丝滚轮的沟槽及齿纹完好，滚轮、导电嘴（块）磨损或接触不良时应更换。

3. 作业前，应检查减速箱油槽中的润滑油，不足时应添加。

4. 软管式送丝机构的软管槽孔应保持清洁，并定期吹洗。

5. 作业时，应及时排走焊接中产生的有害气体，在通风不良的舱室或容器内作业时，应安装通风设备。

八、竖向钢筋电渣压力焊机

1. 应根据施焊钢筋直径选择具有足够输出电流的电焊机。电源电缆和控制电缆连接应正确、牢固。控制箱的外壳应牢靠接地。

2. 施焊前，应检查供电电压并确认正常，当一次电压降大于8%时，不宜焊接。焊接导线长度不得大于30m，截面面积不得小于50mm^2。

3. 施焊前应检查并确认电源及控制电路正常，定时准确，误差不大于5%，机具的传动系统、夹装系统及焊钳的转动部分灵活自如，焊剂已干燥，所需附件齐全。

4. 施焊前，应按所焊钢筋的直径，根据参数表，标定好所需的电源和时间。一般情况下，时间（s）可为钢筋的直径数（mm），电流（A）可为钢筋直径的20倍数（mm）。

5. 起弧前，上、下钢筋应对齐，钢筋端头应接触良好。对锈蚀粘有水泥的钢筋，应采用钢丝刷清除，并保证导电良好。

6. 施焊过程中，应随时检查焊接质量，当发现倾斜、偏心、未熔合、有气孔等现象时，应重新施焊。

7. 每个接头焊完后，应停留5~6min保温，寒冷季节应适当延长；当拆下机具时，应扶住钢筋，过热的接头不得过于受力。焊渣应待完全冷却后清除。

九、对焊机

1. 电焊机的使用应执行本一般规定及交流电焊机的规定。

2. 对焊机应安置在室内，并应有可靠的接地或接零。当多台对焊机并列安装时，相互间距不得小于3m，应分别接在不同相位的电网上，并应分别有各自的刀型开关。导线的截面不应小于表11.9.1的规定。

导线截面　　　　表11.9.1

对焊机的额定功率（kVA）	25	50	75	100	150	200	500
一次电压为220V时导线截面（mm^2）	10	25	35	45	—	—	—
一次电压为380V时导线截面（mm^2）	6	16	25	35	50	70	150

3. 焊接前，应检查并确认对焊机的压力机构灵活，夹具牢固，气压、液压系统无泄漏，一切正常后方可施焊。

4. 焊接前，应根据所焊接钢筋截面，调整二次电压，不得焊接超过对焊机规定直径的钢筋。

5. 断路器的接触点、电极应定期光磨，二次电路全部连接螺栓应定期紧固。冷却水温度不得超过40℃；排水量应根据温度调节。

6. 焊接较长钢筋时，应设置托架，配合搬运钢筋的操作人员，在焊接时应防止火花烫伤。

7. 闪光区应设挡板，与焊接无关的人员不得入内。

8. 冬期施焊时，室内温度不应低于8℃。作业后，应放尽机内冷却水。

十、点焊机

1. 作业前，应清除上、下两电极的油污。通电后，机体外壳应无漏电。

2. 启动前，应先接通控制线路的转向开关和焊接电流的小开关，调整好极数，再接通水源、气源，最后接通电源。

3. 焊机通电后，应检查电气设备、操作机构、冷却系统、气路系统及机体外壳有无漏电现象。电极触头应保持光洁。有漏电时，应立即更换。

4. 作业时，气路、水冷系统应畅通。气体应保持干燥。排水温度不得超过40℃，排水量可根据气温调节。

5. 严禁在引燃电路中加大熔断器。当负载过小使引燃管内电弧不能发生时，不得闭合控制箱的引燃电路。

6. 当控制箱长期停用时，每月应通电加热30min。更换闸流管时应预热30min。正常工作的控制箱的预热时间不得小于5min。

第三篇 劳动保护与伤亡事故处理

第十二章 职业病防治

《中华人民共和国职业病防治法》于2001年10月27日第九届全国人民代表大会常务委员会第二十四次会议通过，本法所称职业病是指企、事业单位和个体经营的劳动者在职业活动过程中，因接触粉尘、放射性物质和其他有毒有害物质等因素，而引起的疾病。

职业病的防治工作要坚持“预防为主，防治结合”的方针，实行分类管理，综合治理。

第一节 建筑业职业病的种类

国家卫生部、劳动和社会保障部于2002年4月28日公布了我国职业病的分类和目录。把职业病分为10大类115种。现将与建筑行业相关的职业病目录摘要如下：

一、尘肺

矽肺、石墨尘肺、石棉肺、滑石尘肺、水泥尘肺、云母尘肺、铝尘肺、电焊工尘肺，根据《尘肺病诊断标准》和《尘肺病理诊断标准》可以诊断的其他尘肺。

二、职业性放射性疾病

外照射急性放射病、外照射亚急性放射病、外照射慢性放射病、放射性皮肤疾病、放射性骨损伤、放射性甲状腺疾病、放射性性腺疾病，根据《放射性疾病诊断总则》可以诊断的其他放射性损伤。

三、职业中毒

铅及其化合物中毒（不包括四乙基铅）、汞及其化合物中毒、锰及其化合物中毒、二氧化硫中毒、光气中毒、氨中毒、偏二甲基肼中毒、氮氧化合物中毒、一氧化碳中毒、二硫化碳中毒、硫化氢中毒、工业性氟病、四乙基铅中毒、苯中毒、甲苯中毒、二甲苯中毒、四氯化碳中毒、氯乙烯中毒、苯的氨基及硝基化合物（不包括三硝基甲苯）中毒、三硝基甲苯中毒、甲醇中毒、酚中毒、甲醛中毒，根据《职业性中毒性肝病诊断标准与处理原则》可以诊断的职业性中毒性肝病，根据《职业性急性化学物中毒诊断总则》可以诊断的其他职业性急性中毒。

四、物理因素所致职业病

中暑、减压病、高原病、手臂振动病。

五、生物因素所致职业病

炭疽、森林脑炎、布氏杆菌病。

六、职业性皮肤病

接触性皮炎、光敏性皮炎、电光性皮炎、黑变病、痤疮、溃疡，根据《职业性皮肤病诊断标准》可以诊断的其他职业性皮肤病。

七、职业性眼病

化学性眼部灼伤、电光性眼炎、职业性白内障（含放射性白内障、三硝基甲苯白内障）。

八、职业性耳鼻喉口腔疾病

噪声聋。

九、职业性肿瘤

石棉所致肺癌、间皮瘤；苯所致白血病。

十、其他职业病

金属烟热、职业性哮喘、职业性变态反应性肺泡炎。

第二节 市政工程职业危害的主要工种

有职业危害的主要工种详见表 12.2.1。

市政行业有职业危害的工种 **表 12.2.1**

有害因素分类	主要危害	次要危害	危害的主要工种
粉尘	矽尘	岩石尘、黄泥沙尘、噪声、振动、三硝基甲苯	石工、碎石机工、碎砖工、掘进工、风钻工、炮工、出渣工
		高温	筑炉工
		高温、锰、磷、铅、三氧化硫等	型砂工、喷沙工、清沙工、浇铸工、玻璃打磨等
	石棉尘	矿渣棉、玻纤尘	安装保温工、石棉瓦拆除工
	水泥尘	振动、噪声	混凝土搅拌机司机、砂浆搅拌司机、水泥上料工、搬运工、料库工
		苯、甲苯、二甲苯环氧树脂	建材、建筑科研所实验工、各公司材料实验工

续表

有害因素分类	主要危害	次要危害	危害的主要工种
粉尘	金属尘	噪声、金刚砂尘	砂轮磨锯工、金属打磨工、金属除锈工、钢窗校直工、钢模板较平工
	木屑尘	噪声及其他粉尘	制材工、平刨机工、压刨机工、平光机工、开榫机工、凿眼机工
	其他粉尘	噪声	生石灰过筛工、河沙运料、上料工
铅	铅尘、铅烟、铅蒸气	硫酸、环氧树脂、乙二胺甲苯	充电工、白铁工、通风工、管道灌铅工、油漆工、喷漆工
四乙铅	四乙铅	汽油	驾驶员、汽车修理工、油库工
笨、甲苯、二甲苯		环氧树脂、乙二胺、铅	油漆工、喷漆工、环氧树脂、涂刷工、油库工、冷沥青涂刷工、浸漆工、烤漆工、塑料件制作和焊接工
高分子化合物	聚氯乙烯	铅及化合物、环氧树脂、乙二胺	粘接、塑料、制管、焊接、玻璃瓦、热补胎
锰	锰尘、锰烟	红外线、紫外线	电焊工、气焊工、对焊工、点焊工、自动保护焊、惰性气体保护焊、冶炼
氮			制冷安装、冻结法施工、熏图
汞	汞及其化合物		仪表安装工、仪表监测工
二氧化硫			硫酸酸洗工、电镀工、充电工、钢筋除锈工、冶炼工
氮氧化合物	二氧化碳	硝酸	密闭管道、球罐、气柜内电焊烟雾、放炮
一氧化碳	一氧化碳	二氧化碳	管道修理工、冬季施工暖棚
辐射	非电离辐射	紫外线、红外线、可见光、激光、射频辐射	电焊工、气焊工、不锈钢焊接工、电焊配合工

续表

有害因素分类	主要危害	次要危害	危害的主要工种
辐射	电离辐射	X射线、γ射线 α射线、超声波	金属和非金属探伤实验工、氩弧焊工
噪声		振动、粉尘	离心制管机、混凝土振动棒、混凝土平板振动器、电锤、气锤、铆枪、打桩机、打夯机、风钻、发电机、空压机、碎石机、砂轮机、推土机、剪板机、带锯、圆锯、平刨、压刨、模板较平工、钢窗较平工
振动	全身振动	噪声	电、气锻工、桩工、打桩机司机、推土机司机、汽车司机、小翻斗车司机、吊车司机、打夯机司机、挖掘机司机、铲运机司机、离心制管工
	局部振动	噪声	风钻工、风铲工、电钻工、混凝土振动棒、混凝土平板振动器、手提式砂轮机、钢磨较平、钢窗较平工、铆枪

第三节　劳动保护措施

一、基本要求

1. 从事有毒物危害作业的工人要定期体检；

2. 对可能存在毒物危害的现场按规定采取防护措施；

3. 患有皮肤病、眼结膜病、外伤及有过敏反应者，不得从事有毒物危害的作业；

4. 按规定正确佩戴和使用防护用品，加强个人防护；

5. 不得在有毒物危害作业的场所内吸烟、吃食物、饭前班后必须洗手、漱口；

6. 注意劳逸结合，应避免疲劳作业、带病作业以及其他因作业者的身体条件不行、可能危害其健康或受伤的作业；

7. 搞好工地卫生，防止食物中毒；

8. 作业场所应通风良好，可采用自然通风和局部机械通风；

9. 凡职业性接触毒物的作业场所，必须采取措施限制毒物浓度，使其符合国家标准；

10. 有害作业场所，每天应搞好场内清洁卫生；

11. 当作业场所有害毒物的浓度超过国家规定标准时，应立即停止工作并报告上级处理。

二、油漆涂料作业卫生防护措施

1. 油漆配料应有较好的自然通风条件并减少连续工作时间；

2. 喷漆应采用密闭喷漆间。在较小的喷漆室内进行小件喷漆，应采用隔离防护措施；

3. 施工现场必须通风良好。在通风不良的车间、地下室、管道和容器内进行油漆、涂料作业时，应根据场地大小设置抽风机排除有害气体，防止急性中毒；

4. 在地下室、池槽、管道和容器内进行有害或刺激性较大的涂料作业时，除应使用防护用品外，还应采取人员轮换间歇、通风换气等措施；

5. 以无毒、低毒防锈漆代替含铅的红丹防锈漆，必须使用红丹防锈漆时，宜采用刷涂方式，并加强通风和防护措施。

三、沥青作业卫生防护措施

1. 装卸、搬运、使用沥青和含有沥青的制品均应使用机械和工具，有散漏粉末时，应洒水，防止粉末飞扬；

2. 从事沥青或含沥青制品作业的工人应按规定使用防护用品，并根据季节，气候和作业条件安排适当的间歇时间；

3. 熔化桶装沥青，应先将桶盖和气眼全部打开，用铁条串通后，方准烘烤，并经常疏通防油孔和气眼，严禁火焰与油直接接触；

4. 熬沥青时，操作工人应站在上风向。

四、焊接作业卫生防护措施

1. 焊接作业场所应通风良好，可视情况在焊接作业点装设局部排烟装置、采取局部通风或全部通风换气措施；

2. 分散焊接点可设置移动式锰烟除尘器，集中焊接场所可采用机械抽风系统；

3. 流动频繁、每次作业时间较短的焊接作业，焊接应选择上风方向进行，以减少锰烟尘危害；

4. 在容器内施焊时，容器应有进、出风口，设通风设备，焊接时必须有人在场监护；

5. 焊接作业人员应使用劳动防护用品，在集中焊接作业区或人员密集区应设挡板或围挡；

6. 在密闭容器内施焊时，容器必须可靠接地，设置良好通风和有人监护，且严禁向容器内输入氧气。

五、施工现场粉尘防护措施

1. 混凝土搅拌站，木加工、金属切削加工、锅炉房等产生粉尘的场所，必须装置除尘器或吸尘罩，将尘粒捕捉后送到储仓内或经过净化后排放，以减少对大气的污染；

2. 施工和作业现场经常洒水，弃土及时清运，灰、沙、石苫盖存放，控制和减少灰尘飞扬；

3. 采取综合防尘措施或低尘的新技术、新工艺、新设备，使作业场所的粉尘浓度不超过国家的卫生标准；

4. 放射性污染的旧结构拆除，检测达标后，喷淋作业，弃渣苫盖运输、定点深埋。

六、施工现场噪声防护措施

1. 施工现场的噪声应严格控制在90dB以内；

2. 改革工艺和选择低噪声设备，控制和减弱噪声源；

3. 采取消声措施；装设消声器；

4. 采取吸声措施，利用吸声材料和结构，吸收和降低噪声；

5. 采取隔声措施，尽量将发声源屏蔽掉；

6. 采取隔振措施，装设减振器或设置减振垫层，减轻振源声及其传播；

7. 采取阻尼措施，用一些内耗损、内摩擦大的材料涂在金属薄板上，减少其辐射噪声的能量；

8. 作好个人防护，戴耳塞、耳罩、头盔等防噪声用品；

9. 定期进行体检。

第十三章　劳动防护用品

第一节　劳动防护用品的使用规定

一、基本要求

1. 使用单位应建立健全劳动防护用品的购买、验收、保管、发放、使用、更换、报废等管理制度；并应按照劳动防护用品的使用要求，在使用前对其防护功能进行必要的检查。

2. 使用单位应到定点经营单位或生产企业购买特种劳动防护用品。购买的劳动防护用品须经本单位的安全技术部门验收。

3. 使用单位没有按国家规定为劳动者提供必要的劳动防护用品的，按劳动部《违反〈中华人民共和国劳动法〉行政处罚办法》（劳部发［1994］532号）有关条款处罚；构成犯罪的，由司法部门依法追究有关人员的刑事责任。

4. 使用劳动防护用品的单位（以下简称使用单位）应为劳动者免费提供符合国家规定的劳动防护用品。使用单位不得以货币或其他物品替代应当配备的劳动防护用品。

5. 使用单位应教育本单位劳动者按照劳动防护用品使用规则和防护要求正确使用劳动防护用品。

二、注意事项

1. 特种劳动防护用品在配备中的注意事项

国家对特种劳动防护用品实施安全生产许可证制度。使用单位采购、配备和使用的特种劳动防护用品必须具有安全生产许可证、产品合格证和安全鉴定证。

使用单位应建立和健全劳动防护用品的采购、验收、保管、发放、使用、更换和报废等管理制度。安技部门应对劳动防护用品进行验收。

2. 从事多种作业的人员劳动防护用品的配备

凡是从事多种作业或是在多种劳动环境中的作业人员,应按其主要作业的工种和劳动环境配备劳动防护用品。如配备的劳动防护用品在从事其他工种作业时或在其他劳动环境中确实不能使用的,应另配或借用所需的其他劳动防护用品,但使用期限可适当延长。

3. 安全带使用期限

安全带使用两年后，应按批量购入情况抽检一次，若合格，该批安全带可继续使用。对抽试过的样带，必须更换安全绳后才能继续使用。使用频繁的绳要经常做外观检查，发现异常时应立即更换新绳。带子的使用期为 3~5 年。

4. 防静电鞋和防静电工作服注意事项

（1）GB12014—89《防静电工作服》中规定：穿用防静电服时必须与 GB4385 中规定的防静电鞋配套穿用。

（2）由于多次洗涤，防静电工作服的防静电性能会有所降低，所以环境温度高、劳动强度大、洗涤次数频繁的企业制定的使用期限应适当短一些。

（3）防静电鞋的穿用过程中，一般不超过 200h 应进行电阻测试一次，如不合格，不可继续使用。

（4）制定电绝缘鞋、绝缘手套的使用期限注意事项

电绝缘鞋包括：电绝缘皮鞋、布面胶鞋、胶面胶鞋、塑料鞋四大类。各个单位可根据劳动强度、作业环境不同，合理制定使用期限。但要注意以下几条：一是贮存，自出厂日超过 18 个月，需逐个进行电性能预防性检验；二是凡帮底有腐蚀破损之处，不能再做绝缘鞋穿用；三是使用中每 6 个月至少进行一次电性能测试，如不合格不可继续使用。

绝缘手套的使用期限，各单位可根据使用频繁度作出规定，

但必须要求每次使用之前进行吹气自检，每半年至少做一次电性能测试，如不合格不可继续使用。

（5）护听器配备时注意事项

护听器包括防噪声耳塞、防噪声耳罩、防噪声头盔。一般来说，防噪声头盔防噪声效果最好，不但能隔断气传导，还能减轻固传导噪声对耳内的损伤，适用于强噪声环境，耳罩的防噪声性能次之，而耳塞的防噪声效果最差，在 1000～2000Hz 频段一般噪声衰减值只有 10～20dB。

三、劳动防护用品选用一览表（表 13.1.1）

劳动防护用品一览表 **表 13.1.1**

作业类别编号	作业类别名称	不可使用的品类	必须使用的防护用品	可考虑使用的防护用品
A01	易燃易爆场所作业	的确良、尼龙等着火胶结的衣物；聚氯乙烯塑料鞋；底面钉铁件的鞋	棉布工作服；防静电服；防静电鞋	
A02	可燃性粉尘场所作业	的确良、尼龙等着火胶结的衣物；底面钉铁件的鞋	棉布工作服；防毒口罩	防静电服；防静电鞋
A03	高温作业	的确良、尼龙等着火胶结的衣物；聚氯乙烯塑料鞋	白帆布类隔热服；耐高温鞋；防强光、紫外线、红外线护目镜或面罩	镀反射膜类隔热服；其他零星护品的披肩帽、鞋罩、围裙、袖套等
A04	低温作业	底面钉铁件的鞋；塑料底鞋	防寒服；防寒手套；防寒鞋	防寒帽；防寒工作鞋

续表

作业类别编号	作业类别名称	不可使用的品类	必须使用的防护用品	可考虑使用的防护用品
A05	低压带电作业		绝缘手套；绝缘鞋	安全帽；防异物伤害护目镜
A06	高压带电作业		绝缘手套；绝缘鞋安全帽	等电位工作服；防异物伤害护目镜
A07	吸入性气相毒物作业		防毒口罩	有相应滤毒罐的防毒面罩；供应空气的呼吸保护器
A08	吸入性气溶胶毒物作业		防毒口罩或防尘口罩；护发帽	防化学液眼镜；有相应滤毒罐的防毒面罩；供应空气的呼吸保护器；防毒物渗透工作服
A09	沾染性毒物作业		防化学液眼镜；防毒口罩；防毒物渗透工作服；防毒物渗透手套；护发帽	有相应滤毒罐的防毒面罩；供应空气的呼吸保护器；相应的皮肤保护剂
A10	生物性毒物作业		防毒口罩；防毒物渗透工作服；防毒物渗透手套；护发帽；防异物伤害护目镜	有相应滤毒罐的防毒面罩；相应的皮肤保护剂
A11	腐蚀性作业		防化学液眼镜；防毒口罩；防酸（碱）工作服；耐酸（碱）手套；耐酸（碱）鞋；护发帽	供应空气的呼吸保护器

续表

作业类别编号	作业类别名称	不可使用的品类	必须使用的防护用品	可考虑使用的防护用品
A12	易污作业		防尘口罩;护发帽;一般性工作服;其他零星护品如披肩帽、鞋罩、围裙、袖套等	相应的皮肤保护剂
A13	恶味作业		一般性工作服	供应空气的呼吸保护器;相应的皮肤保护剂;护发帽
A14	密闭场所作业		供应空气的呼吸保护器	
A15	噪声作业			塞栓式耳塞;耳罩
A16	强光作业		防强光、紫外线、红外线护目镜或面罩	
A17	激光作业		防激光护目镜	
A18	荧光屏作业			荧光屏作业护目镜
A19	微波作业			防微波护目镜;屏蔽服
A20	射线作业		防射线护目镜;防射线服	
A 21	高处作业	底面钉铁件的鞋;塑料底鞋	安全帽;安全带	防滑工作鞋
A22	存在物体坠落、撞击的作业		安全帽;防砸安全鞋	

续表

作业类别编号	作业类别名称	不可使用的品类	必须使用的防护用品	可考虑使用的防护用品
A23	有碎屑飞溅的作业		防异物伤害护目镜；一般性工作服	
A24	操纵转动机械		护发帽；防异物伤害护目镜；一般性工作服	
A25	人工搬运	底面钉铁件的鞋	防滑手套	安全帽；防滑工作鞋；防砸安全鞋
A26	接触使用锋利器具		一般性的工作服	防割伤手套；防砸安全鞋；防刺穿鞋
A27	地面存在尖利器物的作业		防刺穿鞋	
A28	手持振动机械作业		防射线服	
A29	人承受全身振动的作业		减振鞋	
A30	野外作业		防水工作服（包括防水鞋）	防寒服；防寒帽；防寒手套；防寒鞋；防异物伤害护目镜；防滑工作鞋
A31	水上作业		防滑工作鞋；救生衣（服）	安全带；水上作业服
A32	涉水作业		防水工作服（包括防滑鞋）	
A33	潜水作业		潜水服	
A34	地下挖掘建筑作业		安全帽	防尘口罩；塞栓式耳塞；减震手套；防砸安全鞋；防水工作服（含防水鞋）

续表

作业类别编号	作业类别名称	不可使用的品类	必须使用的防护用品	可考虑使用的防护用品
A35	车辆驾驶		一般性工作服	防强光、紫外线、红外线护目镜或面罩；防异物伤害护目镜；防冲击安全头盔
A36	铲、装、吊、推机械操纵		一般性工作服	防尘口罩；防强光、紫外线、红外线护目镜或面罩；防异物伤害护目镜；防水工作服（包括防水鞋）
A37	一般性作业			一般性的工作服
A38	其他作业			一般性的工作服

第二节 “三宝”安全使用要求

一、安全网安全使用一般要求

1. 网的检查内容包括：网内不得存留建筑垃圾，网下不能堆积物品，网身不能出现严重变形和磨损，还要检查是否会受化学品与酸、碱烟雾的污染及电焊火花的烧灼等。

2. 支撑架不得出现严重变形和磨损，其连接部位不得有松脱现象。网与网之间及网与支撑架之间的连接点亦不允许出现松脱。所有绑拉的绳都不能使其受严重的磨损或有变形。

3. 网内的坠落物要经常清理，保持网体洁净。还要避免大量焊接或其他火星落入网内，并避免高温或蒸汽环境。当网体受到化学品的污染或网绳嵌入粗沙粒或其他可能引起磨损的异物时，即须进行清洗，洗后使其自然干燥。

4. 安全网在搬运中不可使用铁钩或带尖刺的工具，以防损伤网绳。网体要存放在仓库或专用场所，并将其分类、分批存放在架子上，不允许随意乱堆。对仓库要求具备通风、遮光、隔热、防潮、避免化学物品的侵蚀等条件。在存放过程中，亦要对网体作定期检验，发现问题立即处理，以确保安全（详细内容见 GB57257—1997 和 GB16909—1997）。

二、安全帽的安全使用一般要求

1. 凡进入施工现场的所有人员，都必须配戴安全帽。作业中不得将安全帽脱下，搁置一旁，或当坐垫使用。

2. 国家标准中规定配戴安全帽的高度，为帽箍底边至人头顶端（以实验时木质人头模型做代表）的垂直距离为 80 ~ 90mm。国家标准对安全帽最主要的要求是能够承受 5000N 的冲击力。

3. 要正确使用安全帽，要扣好帽带，调整好帽衬间距（一般约 40 ~ 50mm），勿使轻易松脱或颠动摇晃。缺衬缺带或破损的安全帽不准使用（详细内容见 GB2811—1989）。

三、安全带安全使用一般要求

1. 使用时要高挂低用，防止摆动碰撞，绳子不能打结，钩子要挂在连接环上。当发现有异常时要立即更换，换新绳时要加绳套。使用 3m 以上的长绳要加缓冲器。

2. 在攀登和悬空等作业中，必须配戴安全带并有牢靠的挂钩设施，严禁只在腰间配戴安全带，而不在固定的设施上栓挂钩环。

3. 安全带不使用时要妥善保管，不可接触高温、明火、强酸、强碱或尖锐物体。使用频繁的绳要经常做外观检查；使用两年后要做抽检，抽检过的样带要更换新绳（详细内容见 GB6095—1985）。

第十四章　伤亡事故的处理

第一节　伤亡事故的定义

事故是企业职工因工伤亡事故的简称，又称为工伤事故。1991年3月1日，国务院75号令发布的《企业职工伤亡事故报告和处理规定》对伤亡事故的定义是："职工在劳动过程中发生的人身伤害、急性中毒事故"。对此概念可做下述理解：伤亡事故是指企业职工在生产区域内、工作时间中从事与生产有关的劳动或工作时，由于来自生产过程中的危险因素和有害因素的影响，从而导致的突然使人体组织受到损伤或使某些器官失去正常功能的人身伤害或急性中毒事故。

工伤事故既包括工作意外事故，又包括职业病所致的伤残及死亡。所谓"伤"是指劳动者在生产工作中发生意外事故，致使身体器官或生理功能受到损害。它分为器官损伤和职业病损伤两类情况，一般表现为暂时性的、部分的劳动能力丧失。所谓"残"是指劳动者在因工负伤或患职业病后，虽经治疗修养仍难痊愈，以致身体功能或智力不全。它分为肢体缺损和智力丧失两类情况，一般表现为永久性的部分劳动能力丧失，或是永久性的全部劳动能力丧失。

第二节　伤亡事故的分类

根据国务院1991年3月1日颁布的《企业职工伤亡事故和处理规定》，职工在劳动过程中发生的人身伤害、急性中毒事故分为轻伤、重伤和死亡事故。

一、轻伤

指劳动者肢体伤残，或某些器官功能性或器质性轻度损伤，表现为劳动能力轻度或暂时丧失的伤害。一般指受伤后歇工在一个工作日以上，但够不上重伤的事故，为轻伤事故。

二、重伤

指造成劳动者肢体伤残或视觉、听觉等器官受到严重损伤，一般能引起人体长期存在功能障碍，或劳动能力有重大损失的伤害。中华人民共和国原劳动部颁发的《重伤事故范围》中规定凡有下列情况之一的，均作为重伤事故处理：

1. 经医师诊断已成为残废或可能成为残废的。

2. 伤势严重，需要进行较大的手术才能挽救的。

3. 人体要害部位严重灼伤、烫伤，或虽非要害部位，但灼伤、烫伤，占全身面积1/3以上的。

4. 严重骨折（胸骨、肋骨、脊椎骨、锁骨、肩胛骨、腕骨、腿骨和脚骨等受伤引起骨折），严重脑震荡等。

5. 眼部受伤较剧，有失明可能的。

6. 手部伤害。包括大拇指轧断一节的；食指、中指、无名指、小指任何一只轧断两节或者任何两只各轧断一节的；局部肌腱受伤甚剧，引起机能障碍，有不能自由伸屈的残废可能的。

7. 脚部伤害。包括脚趾轧断三只以上的；局部肌腱受伤甚剧，引起机能障碍，有不能行走自如的残废。

8. 内部伤害。如内脏损伤，内出血或伤及腹膜等。

9. 凡不在上述范围以内的伤害，经医师诊察后，认为受伤较重，可根据实际情况参考上述各点，由企业行政会同基层工会做个别研究，提出初步意见，由当地劳动部门审查确定。

三、死亡事故

指一次事故中死亡 1 ~2 人的事故。

四、重大死亡事故

指一次事故中死亡 3 人以上含 3 人的事故。

五、急性中毒事故

指生产性毒物一次或短期内通过人的呼吸道、皮肤或消化道大量进入人体内，使人体在短时间内发生病变，导致职工立即中断工作，并需要进行急救或死亡的事故。关于重伤与轻伤的划分既有政策方面的规定，又有医学上的复杂问题，所以有时很难确切的分清重与轻的度。

为了保证事故报告的准确性和伤亡数字的真实性，多数伤害要求在事故现场、抢救过程、医疗诊断时按照《规定》给予确定；少数伤害可根据伤情可能导致的结果来确定，所以，允许医疗终结与实际统计的报告之间存在差别。

六、事故等级

根据中华人民共和国建设部第 3 号令，《工程建设重大事故报告和调查程序规定》中，按程度不同，把重大事故分为四个等级：

（一）具备下列条件之一的为一级重大事故：

1. 死亡 30 人以上；

2. 直接经济损失在 300 万元以上。

（二）具备下列条件之一者为二级重大事故：

1. 死亡 10 人以上，29 人以下；

2. 直接经济损失 100 万元以上，不满 300 万元。

（三）具备下列条件之一者为三级重大事故：

1. 死亡 3 人以上，9 人以下；

2. 重伤20人以上；

3. 直接经济损失30万元以上，不满100万元。

（四）具备下列条件之一者为四级重大事故：

1. 死亡2人以下；

2. 重伤三人以上，19人以下；

3. 直接经济损失10万元以上，不满30万元。

事故分类方法的选择，取决于对伤亡事故进行统计的目的和范围。上级管理部门需要综合掌握全局性的伤亡事故的情况，可选择比较笼统的事故类别划分方法；某个部门或某个企业为了便于追究事故的根源和探索整改方案，常常需要对事故进行比较细致的划分。在样本数一定的情况下，分类越细数据越分散。为了保证分类较细而数据又不过于分散，有时就需要扩大统计范围。

此种划分方法的界限并不十分严格，主要是为了方便事故调查和上报记录。有关比较详细的划分原则请参照GB6441—1986。

第三节　伤亡事故处理

一、事故报告与现场保护

1. 伤亡事故发生后，负伤者或者事故现场有关人员应当立即直接或逐级报告企业负责人。

2. 企业负责人接到重伤、死亡、重大死亡事故报告后、应当立即报告企业主管部门和企业所在地劳动部门、公安部门、人民检察院、工会。

3. 企业主管部门和劳动部门接到死亡、重大死亡事故报告后，应当立即按系统逐级上报，死亡事故报至省、自治区、直辖市企业主管部门和劳动部门；重大死亡事故报至国务院有关主管部门，劳动部门。

4. 发生死亡、重大死亡事故的企业应当保护事故现场，并迅速采取必要措施抢救人员和财产，防止事故扩大。

二、事故调查程序

（一）现场处理

1. 伤亡事故发生后，首先要及时抢救伤员，采取措施制止事故蔓延扩大，同时迅速逐级报告。

2. 认真保护事故现场，凡与事故有关的物体、痕迹、状态，不得破坏。

3. 因抢救伤员和公私财产必须移动现场部分物件时，应做好标记并绘制事故现场示意图或进行现场拍照。

（二）物证收集

1. 现场物证包括：破损部件、碎片、残留物、致害物及其具体位置等。

2. 在现场搜集到的每件物件均应保持原样和贴上标签，注明时间、地点、管理者。

3. 所有物件均应保持原样，不得冲洗擦拭。

4. 对于其中危害人体健康的物品，要采取不损坏原始证据的安全防护措施。

（三）收集与事故有关的事实材料

1. 与事故鉴别、记录有关的材料：

（1）发生事故的单位、地点、时间；

（2）受害者和肇事者的姓名、性别、年龄、文化程度、职业、技术等级、工龄、本工种工龄、支付工资的形式；

（3）受害人和肇事者的技术情况、接受安全教育的情况；

（4）出事当天，受害人和肇事者开始工作的时间，工作内容、工作量、作业程序、操作时的动作或位置、姿势等；

（5）受害人和肇事者过去的事故记录。

2. 事故发生的有关事实

（1）事故发生前设备、设施、工具等的性能和质量情况；

（2）使用的材料，必要时可对其进行物理或化学性能的实验与分析；

（3）有关设计和工艺方面的技术文件、工作指令和规章制度等方面的资料及执行情况；

（4）有关工作环境方面的状况，包括照明、湿度、温度、通风、声响、色彩度、道路、工作面状况以及工作环境中的有毒、有害物质取样分析记录；

（5）个人防护措施状况，如质量、规格、式样等；

（6）出事前受害人和肇事者的健康状况；

（7）其他可能与事故致因有关的细节或因素。

（四）收集人证

人证是指能证明或叙述事故发生的有关情况的现场当事人或目击者。

（五）拍摄事故现场

包括显示残骸和受害者出事原地的所有照片，可能被清除或被践踏的痕迹，如煞车痕、地面与建筑物上的痕迹、火灾引起的损害、冒顶下落的空间以及事故现场全貌的照片。

（六）绘制事故示意图

如事故现场示意图、流程图、受害者位置图等。

（七）技术鉴定与模拟实验

1. 对设备、器材的破损、变形、腐蚀等情况，必要时可作技术鉴定；

2. 对设备的零部件结构、设计及规格尺寸等进行复核、计算；

3. 必要时可在确保安全的前提下做模拟实验，如事故的起因分析、爆炸事故的发生过程等。

（八）完成《职工伤亡事故调查报告书》

三、事故分析

（一）事故分析步骤

1. 整理和阅读调查资料；

2. 确认受伤部位、受伤性质、起因物、致害物、伤害方式、不安全状态及不安全行为；

3. 进行伤亡事故原因分析；

4. 确定事故责任者。

（二）事故原因的分析

1. 直接原因

（1）人的不安全行为的产生与人的心理、生理或技术及生产环境密切相关，常表现为：

1）操作失误、忽视安全、忽视警告；

2）造成安全装置失效，不安全装束；

3）使用不安全设备；

4）用手代替工具操作，成品半成品、材料工具等物存放不当；

5）冒险进入危险场所；

6）攀、坐不安全位置；

7）在起吊物下作业或停留；

8）机器运转时做加油、修理、检查、调整、焊接、清扫等工作；

9）有分散注意力的行为，对易燃易爆等危险物品处理错误；

10）在必须使用个人防护用品、用具的作业或场合中忽视其的使用。

（2）机械或物质的不安全状态常表现为：

1）防护、保险、信号等装置缺少或有缺陷；

2）设备、设施、工具、附件有缺陷；

3）个人防护用品、用具缺少或有缺陷；

4）生产（施工）场地环境不良等。

2. 间接原因

（1）技术和设计上的缺陷，如工业构件、建筑物、机械设备、仪器仪表、工艺过程、操作方法、检修检验等的设计、施工和材料使用等方面存在的问题；

（2）教育培训不够、未经培训、缺乏或不懂安全操作技术知识；

(3) 劳动组织不合理；

(4) 对现场工作缺乏检查或指导错误；

(5) 没有安全操作规程或规程不健全；

(6) 没有或不认真实施施工预防措施，对施工隐患整改不力；

(7) 其他。

3. 在分析事故时，应从直接原因入手，逐步深入到间接原因，从而掌握事故的全部原因，再分清主次，进行责任分析。

(三) 确定事故责任

1. 根据事故调查所确认的事实，通过对直接原因和间接原因的分析，确定事故中的直接责任者和领导责任者；

2. 在直接责任者和领导责任者中，根据其在事故发生过程中的作用，确定主要责任者；

3. 根据事故后果和事故责任者应负的责任提出处理意见。

(四) 责任认定

1. 因下列情况造成事故者为直接责任者：

(1) 违章操作，违章指挥，违反劳动纪律；

(2) 发现事故危险征兆，不立即报告，不采取措施；

(3) 私自拆除、毁坏、挪用安全设施；

(4) 设计、施工、安装、检修、检验、实验错误等等。

2. 因下列情况造成事故的为领导者责任：

(1) 指令错误，规章制度错误，没有或不健全；

(2) 承包，租赁合同中无安全卫生内容和措施；

(3) 不进行安全教育、安全资格认证；

(4) 机械设备超负荷、带病运转；

(5) 劳动条件、作业环境不良；

(6) 新建、改建、扩建项目不执行“三同时”制度；

(7) 发现隐患不治理；

(8) 发生事故不积极抢救；

(9) 发生事故后不及时报告或故障隐瞒；

(10) 发生事故后不采取防范措施，致使一年内重复发生同类事故；

(11) 违章指挥。

四、事故结案归档材料

当事故处理结案后，应归档的事故资料如下：

(一) 职工伤亡事故登记表；

(二) 职工死亡、重伤事故调查报告书及批复；

(三) 现场调查记录、图纸、照片；

(四) 技术鉴定和实验报告；

(五) 物证、人证资料；

(六) 直接和间接经济损失材料；

(七) 事故责任者的自述资料；

(八) 医疗部门对伤亡人员的诊断书；

(九) 发生事故时的工艺条件、操作情况和设计资料；

(十) 处分决定和受处分人员的检查材料；

(十一) 有关事故的通报、简报及文件；

(十二) 注明参加调查组的人员、姓名、职务、单位。

五、事故处理结案

1. 事故调查组提出的事故处理意见和防范措施建议，由发生事故的企业及其主管部门负责处理。

2. 因忽视安全生产、违章指挥、违章作业、玩忽职守或者发现事故隐患、危害情况而不采取有效措施以致造成伤亡事故的，由企业主管部门或者企业按照国家有关规定，对企业负责人和直接责任人员给予行政处分；构成犯罪的，由司法机关依法追究刑事责任。

3. 违反本规定，在伤亡事故发生后隐瞒不报、谎报、故意迟延不报、故意破坏事故现场，或者无正当理由，拒绝接受调查以及拒绝提供有关情况和资料的，由有关部门按照国家有关规定，对有关单位负责人和直接责任人员给予行政处分；构成犯罪的，由司法机关依法追究刑事责任。

4. 在调查处理伤亡事故中玩忽职守、徇私舞弊或者打击报复的，由所在单位按照国家有关规定给予行政处分；构成犯罪的，由司法机关依法追究刑事责任。

5. 伤亡事故处理工作应当在90日内结案，特殊情况不得超过180日。伤亡事故处理结案后，应当公开宣布处理结果。

第十五章　工伤认定及赔偿

第一节　工 伤 认 定

一、认定条件

（一）职工具有下列条件之一的，应当认定为工伤：

1. 在工作时间和工作场所内，因工作需要受到事故伤害的；

2. 工作时间前后在工作场所内，从事与工作有关的预备性或者收尾性工作受到事故伤害的；

3. 在工作时间和工作场所内，因履行工作职责受到暴力等以外伤害的；

4. 患职业病的；

5. 因工外出期间，由于工作原因受到伤害或者发生事故下落不明的；

6. 在上下班途中，受到机动车事故伤害的；

7. 法律、行政法规规定应当认定为工伤的其他情形。

（二）职工有下列情形之一的，视同工伤：

1. 在工作时间和工作岗位内，突发疾病死亡或者在48小时之内经抢救无效死亡的；

2. 在抢险救灾等维护国家利益、公共利益活动中受到伤害的；

3. 职工原在军队服役，因战、因公负伤致残，已取得革命伤残军人证，到用人单位后旧伤复发的。职工有前款第1项、第2项情形的，按照《工伤保险条例》的有关规定享受工伤保险待遇；职工有前款第 3 项情形的，按照条例的有关规定享受除一次性伤残补助金以外的工伤保险待遇。

二、不得认定为工伤或者视同工伤的条件

1. 因犯罪或者违反治安管理伤亡的；
2. 醉酒导致伤亡的；
3. 自残或者自杀的。

三、工伤认定申请

1. 职工发生事故伤害或者按照职业病防治法规定被诊断、鉴定为职业病，所在单位应当自事故伤害发生之日或者被诊断、鉴定为职业病之日起 30 日内，向统筹地区劳动保障行政部门提出工伤认定申请。遇有特殊情况，经报劳动保障行政部门同意，申请时限可以适当延长。

2. 用人单位未按前款规定提出工伤认定申请的，受伤害职工或者其直系亲属、工会组织在事故伤害发生之日或者被诊断、鉴定为职业病之日起 1 年内，可以直接向用人单位所在地统筹地区劳动保障行政部门提出工伤认定申请。

3. 按照规定应当由省级劳动保障行政部门进行工作认定的事项，根据属地原则由用人单位所在地的设区的市级劳动保障行政部门办理。

4. 用人单位未在规定的时限内提交工伤认定申请，在此期间发生符合本条例规定的工伤待遇等有关费用由该用人单位负担。

四、工伤认定申请材料

提出工伤认定申请应当提交下列材料：

1. 工伤认定申请表；
2. 与用人单位存在劳动关系（包括事实劳动关系）的证明材料；

3. 医疗诊断证明或者职业病诊断证明书（或者职业病诊断鉴定书）。

工伤认定申请表应当包括事故发生的时间、地点、原因以及职工伤害程度等基本情况。

工伤认定申请人提供材料不完整的，劳动保障行政部门应当一次性书面告知工伤认定申请人需要补正的全部材料。申请人按照书面告知要求补正材料后，劳动保障部门应当受理。

五、工伤认定的受理

1. 劳动保障行政部门受理工伤认定申请后，根据审核需要可以对事故伤害进行调查核实，用人单位、职工、工会组织、医疗机构以及有关部门应当予以协助。职业病诊断和诊断鉴定，依照职业病防治法的有关规定执行。对依法取得职业病诊断证明书或者职业病诊断鉴定书的，劳动保障行政部门不再进行调查核实。

2. 职工或者直系亲属认为是工伤，用人单位不认为是工伤的，由用人单位承担举证责任。

3. 劳动保障行政部门应当自受理工伤认定申请之日起60日内做出工伤认定的决定，并书面通知申请工伤认定的职工或者直系亲属和该职工所在单位，并抄送社会保险经办机构。

第二节 工伤保险待遇

一、工伤医疗待遇

1. 职工因工作遭受事故或者患职业病进行治疗，享受工伤医疗待遇。职工治疗工伤应当在签订服务协议的医疗机构就医，情况紧急时可以先到就近的医疗机构急救。

2. 治疗工伤所需费用符合工伤保险诊疗项目目录、工伤保险药品目录、工伤保险住院服务标准的，从工伤保险基金支付。

工伤保险诊疗项目目录、工伤保险药品目录、工伤保险住院服务标准，由国务院劳动保障行政部门会同国务院卫生行政部门、药品监督管理部门等部门规定。

3. 职工住院治疗工伤的，由所在单位按照本单位因公出差伙食补助标准的70%发给住院伙食补助费；经医疗机构出具证明，报经办事机构同意，工伤职工到统筹地区以外就医的，所需交通、食宿费用由所在单位按照本单位职工因工出差标准报销。

4. 工伤职工治疗非工伤所引发的疾病，不享受工伤医疗待遇，按照基本医疗保险办法处理。

5. 工伤职工到签订服务协议的医疗机构进行康复性治疗的费用，符合本节第（三）条规定的，从工伤保险基金支付。

6. 工伤职工因日常生活或者就业需要，经劳动能力鉴定委员会确认，可以安装假肢、矫形器、假眼、假牙、和配置轮椅等辅助器具，所需费用按照国家规定的标准从工伤保险基金支付。

二、停工留薪待遇

1. 职工因工作遭受事故伤害或者患职业病需要暂停工作接受工伤医疗的，在停工留薪期内，原工资福利待遇不变，由所在单位按月支付。

2. 停工留薪期一般不超过12个月。伤情严重或者情况特殊，经设区的市级劳动能力鉴定委员会确认，可以适当延长，但延长不得超过12个月。工伤职工评定伤残等级后，停发原待遇，按照本章的有关规定享受伤残待遇。工伤职工在停工留薪期满后仍需治疗的，继续享受工伤医疗待遇。

3. 生活不能自理的工伤职工在停工留薪期需要护理的，由所在单位负责。

三、工伤致残待遇

（一）工伤职工已经评定伤残等级并经劳动能力委员会确认需要生活护理的，从工伤保险基金按月支付生活护理费。

（二）生活护理费按照生活完全不能自理、生活大部分不能自理或者生活部分不能自理3个不同等级支付，其标准分别为统筹地区上年度职工月平均工资的50%、40%或者30%。

（三）职工因工致残被鉴定为一级至四级伤残的，保留劳动关系，退出工作岗位，享受以下待遇：

1. 从工伤保险基金按伤残等级支付一次性伤残补助金，标准为：一级伤残为24个月的本人工资，二级为22个月的本人工资，三级为20个月的本人工资，四级伤残为18个月的本人工资；

2. 从工伤保险基金按月支付伤残津贴，标准为：一级伤残为本人工资的90%，二级伤残为本人工资的85%，三级伤残为本人工资的80%，四级伤残为本人工资的75%。伤残津贴实际金额低于当地最低工资标准的，由工伤保险基金补足差额；

3. 工伤职工达到退休年龄并办理退休手续后，停发伤残津贴，享受基本养老保险待遇。基本养老保险待遇低于伤残津贴的，由工伤保险基金补足差额；

4. 职工因工致残被鉴定为一级至四级伤残的，由用人单位和职工个人以伤残津贴为基数，缴纳基本医疗保险费。

（四）职工因工致残被鉴定为五级、六级伤残的，享受以下待遇：

1. 从工伤保险基金按伤残等级支付一次性伤残补助金，标准为：五级伤残的为16个月的本人工资，六级伤残为14个月的本人工资；

2. 保留与用人单位的劳动关系，由用人单位安排适当工作。难以安排工作的，由用人单位按月发给伤残津贴的，标准为：五级伤残为本人工资的70%，六级伤残为本人工资的60%，并由用人单位按照规定为其缴纳各项社会保险。伤残津贴实际金额低于当地最低标准的，由用人单位补足差额；

3. 经工伤职工本人提出，该职工可以与用人单位解除或者终止劳动关系，由用人单位支付一次性工伤医疗补助金和伤残就业补助金。具体标准由省、自治区、直辖市人民政府规定。

（五）职工因工致残被鉴定为七级至十级伤残的，享受以下待遇：

1. 从工伤保险基金按伤残等级支付一次性伤残补助金，标准为：七级伤残为12个月的本人工资，八级伤残为10个月的本人工资，九级伤残为8个月的本人工资，十级伤残为6个月的本人工资；

2. 劳动合同期满终止，或者职工本人提出解除劳动合同的，由用人单位支付一次性工伤医疗补助金和伤残就业补助金。具体标准由省、自治区、直辖市人民政府规定。

有关评残标准见《职工工伤与职业病致残程度鉴定标准》(GB/T16180—1996)。

四、因工死亡处理

职工因工死亡，其直系亲属按照下列规定从工伤保险基金领取丧葬补助金、供养亲属抚恤金和一次性工亡补助金：

1. 丧葬补助金为6个月的统筹地区上年度职工月平均工资；

2. 亲属抚恤金按照职工本人工资的一定比例发给由因工死亡职工生前提供主要生活来源、无劳动能力的亲属。标准为：配偶每月40%，其他亲属每人每月30%，孤寡老人或者孤儿每人每月在上述标准的基础上增加10%。核定的各种供养亲属的抚恤金之和不应高于因工死亡职工生前的工资。供养亲属的具体范围由国务院劳动保障行政部门规定；

3. 一次性工亡补助金标准为48～60个月的统筹地区上年度职工月平均工资。具体标准由统筹地区的人民政府根据当地经济、社会发展状况规定、报省、自治区、直辖市人民政府备案；

4. 伤残职工在停工留薪期内因工伤导致死亡的，其直系亲属享受本条第一款规定的待遇；

5. 一级至四级伤残职工在停工留薪期满后死亡的，其直系亲属可以享受本节第（一）项、第（二）项规定的待遇；

6. 职工因工外出期间发生事故或者在抢险救灾中下落不明的，从事故发生当月起3个月内照发工资，从第四个月起停发工资，由工伤保险基金向其供养亲属按月支付供养亲属抚恤金。生活确有困难的，可以预支一次性工亡补助金的50%。职工被人民法院宣告死亡的，按照上述规定处理。

五、停止享受工伤保险待遇条件

1. 丧失享受待遇条件的；
2. 拒不接受劳动能力鉴定的；
3. 拒绝治疗的；
4. 被判刑正在收监执行的。

六、特殊条件下的工伤保险待遇

1. 用人单位分立、合并、转让的，承继单位应当承担原用人单位的工伤保险责任；原用人单位已经参加工伤保险的，承继单位应当到当地经办机构办理工伤保险变更登记。

2. 用人单位实行承包经营的，工伤保险责任由职工劳动关系所在单位承担。

3. 职工被借调期间受到工伤事故伤害的，由原用人单位承担工伤保险责任，但原用人单位与借调单位可以约定补偿办法。

4. 在破产清算时优先拨付依法应由单位支付的工伤保险待遇费用。

5. 职工被派遣出境工作，依据前往国家或者地区的法律应当参加当地工伤保险的，参加当地工伤保险，其国内工伤保险关系中止；不能参加当地工伤保险的，其国内工伤保险关系不中止。

6. 职工再次发生工伤，根据规定应当享受伤残津贴的，按照新认定的伤残等级享受伤残津贴待遇。

第十六章　应急救援预案

第一节　危险源的辨识、评价与监控

一、危险源的定义及分类

（一）危险源的基本概念

危险：是指某种可产生和释放能量的物质或不安全因素所潜在的一种状态；也可以说是可能造成人员伤害、职业病、财产损失、作业环境破坏或其组合的根源或状态。

危险性：一定的触发条件下，足以导致人员伤亡、职业危害和财产损失的，潜在的各种不安全因素。

危险源：是指存在于生产系统中的、并能产生和释放能量的各种物质，在一定的触发条件下，足以导致人员伤亡、职业危害和财产损失的潜在的各种不安全因素。

重大危险源：长期地或临时地生产，加工搬运，使用或贮存危险物质，且危险物质的数量等于或超过临界量的单元。单元是指一个（套）生产装置，设施或场所，或同属于一个工厂的且边缘距离小于500m的几个（套）生产装置、设施或场所。

危险物质：一种物质或若干种物质的混合物，由于它的化学、物理或毒性特征，使其具有易导致火灾、爆炸或中毒的危险。

临界量：指国家法律、法规、标准规定的一种或一类特定危险物质的数量。如果超过这个数量，设施就被定为重大危险源。

重大事故：工业活动中发生的重大火灾、爆炸或毒物泄漏事故，并给现场人员或公众带来严重危害，或对财产造成重大损失，对环境造成严重污染。

重大事故隐患：可能导致重大人身伤亡或者重大经济损失的事故隐患。

事故隐患：是指作业场所、设备及设施的不安全状态、人的不安全行为和管理上的缺陷。

风险：特定危险事件发生的可能性和后果的结合。

风险评价：也称危险评价或安全评价，是对系统存在的危险进行定性或定量分析，得出系统发生危险的可能性及其后果严重程度的评价，确定风险是否可以接受，通过评价寻求最低事故率、最少的损失和最优的安全投资效益。

（二）危险源的分类

1. 按危险源的产生条件可分为：人为危险源和固有危险源。

人为危险源是指由于人的不安全行为而诱发的一种危险状态；可以提高人的安全素质来加以控制。

固有危险源则是指其本身蕴涵危险的各种物质；可以通过采取各种有效的安全措施加以控制。

2. 按危险源在导致事故发生和造成人员伤害和财产损失方面所起的不同作用可分为：一类危险源和二类危险源。

一类危险源：是指生产系统中固有存在的，可能发生意外释放和逸散的能量或危险物质。包括：（1）能产生供给能量的装置、设备；能使人体或物质具有较高势能的装置、设备、场所；（2）能生产、加工、存储各种危险物质的装置、设备、场所；（3）一旦失控可能发生巨大能量和发生能量积聚或突然释放的装置、设备、场所；（4）人体与之接触将导致人体能量意外释放的物体；（5）各种能量载体以及各种有毒、有害、易燃、易爆的危险物质等。

二类危险源：是导致生产系统中约束，限制能量释放和逸散的措施失效或受到破坏的各种不安全因素。二类危险源又包括人、物、环境三方面的因素，如人为失误、设备处于故障状态和环境不良等。

一类危险源与二类危险源的联系与区别：

联系：一起伤亡事故（或财产损失）的发生是两类危险源共同起作用的结果。一类危险源是导致事故发生的能量主体，二类危险源是促使一类危险源导致事故的必要条件。二类危险源的存在，使得一类危险源有可能失去控制而释放出大量能量或危险物质，使人员受到伤害（或财产受到破坏）。因此，在事故发生、发展过程中，两类危险源是相互存在、相辅相成的。

区别：一类危险源决定了事故后果的严重程度，二类危险源决定事故发生的可能性大小。

危险源的危险性是由两类危险源共同决定的。

二、危险源的评价与控制

（一）风险评价的一般程序及步骤

1. 风险评价的程序（见图 16.1.1）

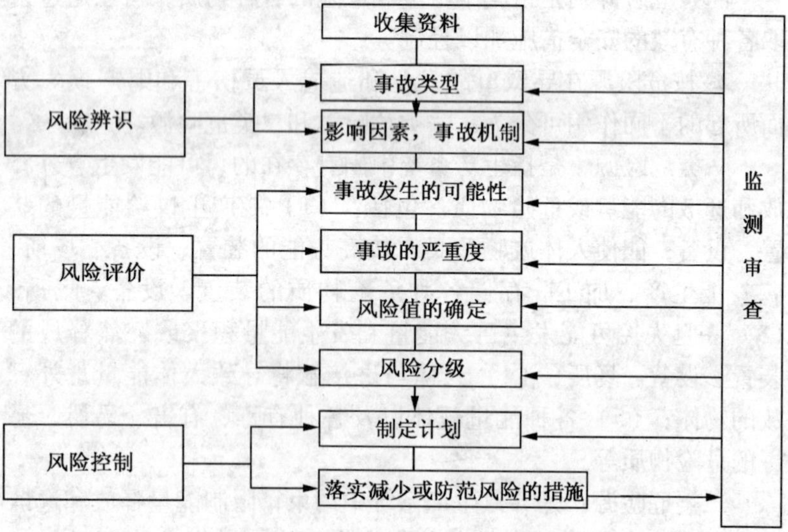

图 16.1.1　风险评价的程序

2. 风险评价的主要步骤

（1）资料收集：

明确评价对象和范围，收集国内外相关法规和标准，了解同类设备设施或工艺的生产和事故情况，评价对象的地理，气象条件及社会环境状况等。

（2）危险危害因素辨识与分析：

根据所评价的设备设施或场所的地理，气象条件，工程建设方案，工艺流程，主要设备和仪表，原材料，中间体，产品的理化性质等辨识和分析可能发生的事故类型，事故发生的原因和机制。

（3）评价过程：

在上述危险分析的基础上，划分评价单元，根据评价的目的和评价对象的复杂程度选择具体的一种或多种评价方法。对事故发生的可能性和严重程度进行定性或定量评价，在此基础上进行危险分级，以确定管理的重点。

（4）提出降低或控制危险的安全对策措施：

根据评价和分级结果，高于标准值的危险必须采取工程技术或组织管理措施，降低或控制危险。低于标准值的危险属于可接受或允许的危险，应建立监测措施，防止生产条件变更导致危险值增加，对不可排除的危险要采取防范措施。

（二）重大危险源评价方法

1. 评价单元的划分

重大危险源评价以危险单元作为评价对象。一般把生产活动的一个独立部分称为单元，并以此来划分单元。每个单元都有一定的功能特点，例如原料供应区、反应区、产品蒸馏区、吸收或洗涤区、成品或半成品贮存区、运输装卸区、催化剂处理区、副产品处理区、废液处理区、配管桥区等。在一个共同厂房内的装置可以划分为一个单元；在一个共同堤坝内的全部贮罐也可划分为一个单元；散设在地上的管道不作为独立的单元处理，但配管桥区例外。

2. 评价模型的层次结构

根据安全工程学的一般原理，危险性定义为事故频率和事故后果严重程度的乘积，即危险性评价一方面取决于事故的易发性，另一方面取决于事故一旦发生后后果的严重性。现实的危险性不仅取决于由生产物质的特定物质危险性和生产工艺的特定工艺过程危险性所决定的生产单元的固有危险性，而且还同各种人为管理因素及防灾措施的综合效果有密切关系。

关于重大危险源的评价模型具有如图 16. 1. 2 所示的层次结构。

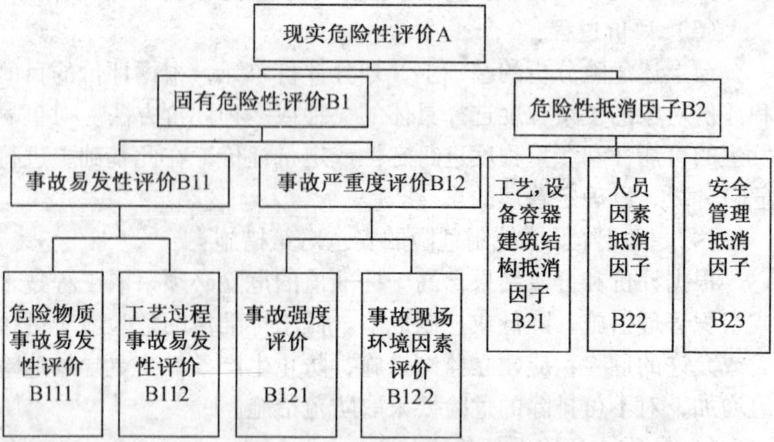

图 16. 1. 2　重大危险源的评价模型

3. 评价的数学模型

重大危险源的评价分为固有危险性评价与现实危险性评价。

评价的数学模型如下：

$$A = \left\{ \sum_{i=1}^{n} \sum_{j=1}^{m} (B_{111})_i W_{ij} (B_{112})_j \right\} B_{12} \prod_{k=1}^{3} (1 - B_{2k})$$

式中　$(B_{111})_i$——第 i 种物质危险性的评价值；

$(B_{112})_j$——第 j 种工艺危险性的评价值；

W_{ij}——第 j 项工艺与第 i 种物质危险性的相关系数；

B_{12}——事故严重度评价值。

现实危险性评价是在固有危险性评价的基础上考虑各种危险性的抵消因子，它反映了人在控制事故发生和控制事故后果扩大方面的主观能动作用。

固有危险性评价主要反映了物质的固有特性、危险物质生产过程的特点和危险单元内部、外部环境状况等。

固有危险性评价分为事故易发性评价和事故严重度评价。事故易发性取决于危险物质事故易发性与工艺过程危险性的耦合。

4. 危险物质事故易发性的评价

（1）参照联合国专家委员会的建议书及我国 GB6944—86 分类标准，对具有燃烧爆炸性质的危险物质进行分类；可分为七大类：爆炸性物质、气体燃烧性物质、液体燃烧性物质、固体燃烧性物质、自燃物质、遇水易燃物质、氧化性物质。

（2）每类物质根据其总体危险感度给出权重分。

（3）每种物质根据其与反应感度有关的理化参数值给出状态分。

（4）权重分与状态分的乘积即为该类物质危险感度的评价值，亦即危险物质事故易发性的评分值。

（5）物质危险性的最大分值定为 100 分。

5. 毒性物质事故易发性评价

对于毒性物质，其危险物质事故易发性主要取决于下列 4 个参数：

（1）毒性等级；

（2）物质的状态；

（3）气味；

（4）重度。

毒性大小不仅影响事故后果，而且影响事故易发性：毒性大的物质，即使微量扩散也能酿成事故，而毒性小的物质不具有这种特点。

毒性对事故严重度有很大不同，显然气相毒物比液相毒物更容易酿成事故；密度大的毒物泄漏后不易向上扩散，因而容易造成中毒事故。

6. 事故严重度的评价方法

事故严重度用事故后果的经济损失（万元）表示。

为了对各种不同类别的危险物质可能出现的事故严重度进行评价，根据一定原则建立了物质类别同事故形态之间的对应关系，每种事故形态用一种伤害模型来描述。

为了测算财产损失与人员伤亡数，需要在各级伤害区内对财产分布函数与人员损失函数进行积分 。

为了使单元之间事故严重度的评估结果具有可比性，需要对不同性质的伤害用某种标度进行折算再作迭加。

7. 火灾伤害模型

对几种常见的火灾爆炸事故进行了全面的研究，建立了6种伤害模型，它们分别是：

（1）凝聚相含能材料爆炸；

（2）蒸汽云爆炸；

（3）沸腾液体扩展为蒸汽云爆炸；

（4）池火灾；

（5）固体和粉尘火灾；

（6）室内火灾。

不同类物质往往具有不同的事故形态，但即使是同一类物质，甚至同一种物质，在不同的环境条件下也可能表现出不同的事故形态。

8. 毒物扩散伤害模型

根据泄露物状态（液化气、液化液、冷冻液化气、冷冻液化液、液体）和贮罐压力、泄露的方式（爆炸型的瞬时泄露或持续10min以上的连续泄露）建立了9种毒物扩散伤害模型，这9种模型是：源抬升模型、气体泄放速度模型、液体泄放模型、高斯烟羽模型、烟团模型、烟团积分模型、闪蒸模型、决热扩散模型、重气扩散模型。

毒物泄露伤害严重程度与毒物泄露量以及环境大气参数

（温度、湿度、风向、风力、大气稳定度等）都有密切关系。

三、危险源辨识、风险分析及风险控制应注意的方面

1. 了解危险点的成因和特点。

2. 在进行危险源辨识、风险评价时，应从宏观和微观两方面进行观察与思考。

3. 加强对法律法规、作业条件危险性评价方法的学习和掌握。

4. 危险源的辨识、风险评价时间不是固定的，设备经技术改造、隐患治理后，原先存在的危险因素可能下降或消失，也可能出现新的危险因素，所以要对危险源进行重新辨识、重新评价。

5. 制定好风险控制措施。

第二节　事故应急救援预案的策划与编制

一、编制预案的重要性

1. 突发公共事件频繁发生。

2. 人们渴望安全健康的生活。

3. 安全是相对的、危险是绝对的。

4. 有效的应急救援可将事故（件）损失降至无应急救援时的6%。

5. 应急预案的特点：针对性、可操作性、复杂性、权威性、技术性、时新性、程序性。

二、应急预案的概念及分类

1. 应急预案的概念

应急预案是针对具体设备、设施、场所或环境，在安全评价的基础上，评估了事故形式、发展过程、危害范围和破坏区域的

条件下，为降低事故造成的人身、财产与环境损失，就事故发生后的应急救援机构和人员，应急救援的设备、设施、条件和环境，行动的步骤和纲领，控制事故发展的方法和程序等，预先做出的、科学而有效的计划和安排。

应急预案又称应急计划，是针对可能的突发公共事件，为保证迅速、有序、有效地开展应急救援行动，降低事故（件）或灾难损失而预先制定的有关计划或方案。它是在辨识和评估潜在的重大危险、事故（件）类型、发生的可能性、发生过程、事故（件）后果及影响严重程度的基础上，对应急机构与职责、人员、技术、装备、设施（备）、物资、救援行动及其指挥与协调等方面预先做出的具体安排。它明确了在突发公共事件发生之前、发生过程中以及刚刚结束之后，谁负责做什么，何时做，以及相应的策略和资源准备等。

2. 应急预案的分类

（1）总体预案是城市的整体预案，是在综合考虑各种主要突发公共事件危害的基础上，从总体上阐述城市的应急方针、政策、应急组织结构、部门职责、应急行动的总体思路以及相应的资源准备、救援保障情况等。总体预案是综合、全面的预案，以场外指挥与集中指挥为主，侧重在应急救援活动的组织协调。

（2）专项预案主要针对某种具体的、特定类型突发公共事件的紧急情况，例如危险物质泄漏、重大传染疾病流行、某一自然灾害出现等，采取综合性与专业性的减灾、防灾、救灾和灾后恢复行动，而制订的应急预案。专项预案是在综合预案的基础上充分考虑了某种特定危险的特点，对应急的形势、组织机构、应急行动等进行更具体的阐述，具有较强的针对性。

（3）现场预案是在专项预案的基础上，根据具体情况需要而编制的。它是针对特定的具体场所（即以现场为目标），通常是该类型事故风险较大的场所或重要防护区域等，所制定的预案。

（4）单项预案是针对城市大型公众聚集活动（例如经济、文化、体育、民俗、娱乐、集会等活动）和高风险的建筑施工活动（例如城市人口高密度区建筑物的定向爆破、水库大坝合龙、城市生命线施工维护等活动）而制订的临时性应急救援行动方案。随着这些活动的结束，预案的有效性也随之终结。预案的内容主要是针对活动中可能出现的紧急情况，预先对相关应急机构的职责、任务和预防性措施做出的安排。

三、应急预案编制流程

1. 成立应急预案编制小组，指定负责人

（1）首先要确定编撰人员，小组领导，并组织实施。其中编撰人员必须是各个职能部门的代表，有着降低重大突发事件风险及后果的强烈愿望和一致目标；

（2）具有完成相应工作的能力、领导或部门的授权和相应的资源；

（3）具备相应的专业知识和应急响应机制、预案编制等方面的专业技术；

（4）熟悉政府机关及相关行业部门的机构职能与职责；

（5）能很好地互相合作，密切配合，服从预案编制负责人的统一指挥；

（6）保证每个成员在应急预案编制或应急响应时所承担的职能与其日常工作尽可能保持一致。

2. 基础资料准备

预案编制工作可以基于现有的应急预案和有关资料，或对其进行修订，以最大程度的减小工作量；确保与其他相关应急预案的协调和一致性；能够准确地根据各个部门的工作职能来确定应急预案的部门职责和城市专项预案的针对性。

3. 危险分析，包括危险识别、脆弱性分析和风险分析。

4. 应急资源和应急能力的评估。确认现有的预防措施和应急处理能力，并对其充分性进行评估。

5. 编制应急预案。提出应急所需的人员、设备和程序。

6. 提出预案的实施、维护、培训和演练计划。

四、重大事故应急预案核心要素及编制要求

应急预案是针对可能发生的重大事故所需的应急准备和应急响应行动而制定的指导性文件，其核心内容应包括下列内容：

1. 对紧急情况或事故灾害及其后果的预测、辨识、评价。

2. 规定应急救援各方面组织的详细职责。

3. 应急救援行动的指挥与协调。

4. 应急救援中可用的人员、设备、设施、物资、经费保障和其他资源，包括社会和外部援助资源等。

5. 在紧急情况或事故灾害发生时保护生命和财产、环境安全的措施。

6. 现场恢复。

7. 其他，如应急培训和演练，法律法规的要求等。

应急预案是整个应急管理体系的反映，它的内容不仅仅限于事故发生过程中的应急响应和救援措施，还应包括事故发生前的各种应急准备和事故发生后的紧急恢复以及预案的管理与更新等。因此，一个完整的应急预案按相应的过程可分为六个一级关键要素，包括：方针与原则、应急策划、应急准备、应急响应、现场恢复、预案管理与评审改进。

六个一级要素相互之间既相对独立，又紧密联系，从应急的方针、策划、准备、响应、恢复到预案的管理与评审改进，形成一个有机联系并持续改进的体系结构。根据一级要素中所包括的任务和功能，其中的应急策划、应急准备和应急响应三个一级关键要素可进一步划分成若干个二级小要素，所有这些要素构成了重大事故应急预案的核心要素，这些要素是重大事故应急预案编制所应当涉及的基本方面。在实际编制时，可根据职能部门的设置和职责分配等具体情况，将要素进行合并或增加，以便于预案的内容组织和编写。

第三节　应急演练的组织与实施

一、演习的必要性

1. 法律责任要求

2. 发现问题

（1）程序与方针之间的距离；

（2）预案中相互矛盾之处；

（3）预案、程序修订与改进之处；

（4）确认资源充分性；

（5）检验培训效果。

3. 增强能力

（1）明确责任与角色；

（2）公众的支持；

（3）团队精神。

二、应急演习类型

1. 桌面演习

（1）目的：没有压力情况下练习；解决问题、协作和分配任务的能力；功能性演习和全面演习的基础。

（2）形式：通常在一间会议室开展；应急指挥与管理人员是非正式选举和任命的；评价人员数量取决于单位（项目）的规模、资源和演习功能的数量；通常1~2个评价人员，大型演习6个或更多评价人员；以应急预案和标准行动程序为基础讨论应急行动；讨论问题不受时间限制；形成书面总结和改进建议。

（3）主要特点：是口头“走一遍”应急响应的场景。

（4）不足之处：往往限于口头交流；无法展示响应行动和协调活动；参与机构和人员数量少。

2. 功能演习

（1）目的：检验应急预案、人员和系统响应能力的相关功能如指挥与控制功能演习交通演习。

（2）形式：不限于会议室，一个或更多应急行动中心或指挥站；模拟或有限度采用场外资源或行动；与现场活动同时进行（如模拟事故状态现场运输）；利用资源程度保障功能充分展现；通常只关注单个功能或其中一项活动（如指挥与控制）；也可以演习某些设备的具体功能；决策与协调人员比桌面演习多，有更多政府部门参与；响应协调机构的级别可能要升高；评价人员往往比桌面演习多，一般人数 4 ~ 12 人；演习完毕往往口头作出评价，提出书面报告。

3. 全面演习

（1）目的：检验应急预案大部分功能，评价应急协调与行动能力。

（2）特点：真实性高、投入的人力与资源大、紧急情况压力大；多场所、多人员与资源（如省应急指挥中心、群众护理中心、医疗设施设备集中区域）配备个人防护设备资源；人员不限于行动人员、协调人员、决策人员；国家和省参与人员参与演习的设计、协调、评价；评价人员数量会比较多，通常会有 10 ~ 50 位；演习完毕往往口头作出评价，提出书面演习报告。

三、演习的参与人员

1. 行动人员

（1）根据模拟场景和紧急情况作出反应。

（2）执行具体应急任务：如抢救生命、保护财产、公共卫生；获取或管理资源；与其他行动人员协调。

（3）尽可能按真实事件一样决策或响应。

（4）应熟悉将要执行急响应结构、功能和程序。

2. 控制人员

（1）管理并引导场景按预案进行。

（2）保证实现所有演习预期目标。

（3）保证评价行动人员得到充分锻炼。
（4）控制节奏与情景。
（5）回答行动人员的问题。
（6）解决出现的问题。
（7）监视行动人员的安全。
3. 评价人员
（1）观察演习要素并收集资料。
（2）观察行动人员的行动并记录。
（3）记录演习详细经过。
（4）时间、地点、人物、事件。
（5）帮助控制人员控制演习按计划进行。
（6）不干涉演习人员执行任务。
（7）根据观察批评演习并出具演习报告。
（8）可以是应急响应机构、邻近机构或政府指定代表机构。
4. 观摩人员
（1）典型的是普通观众。
（2）应邀观摩人员。
（3）应邀互助应急管理人员。

四、演练实施的基本过程

1. 准备过程的基本任务
（1）成立演习策划小组。
（2）确定演习规模。
（3）选择演习目标。
（4）设置演习场景。
（5）确定演习评价方法。
（6）开展演习培训。
（7）演习前的最后准备活动。
2. 演习过程基本任务
（1）公布“突发”事件。

（2）发动演习人员。

（3）控制演习进程。

（4）记录演习表现。

3. 后续过程基本任务

（1）评价人员访谈演练参与人员。

（2）汇报与协商。

（3）编写书面评价报告。

（4）演练参与人员自我评价。

（5）举行公开会议。

（6）通报不足项。

（7）编写演练总结报告。

（8）评价和报告补救措施。

（9）追踪整改项的纠正。

第十七章　施工现场紧急自救常识

第一节　紧急救护常识

一、常备的急救物品

1. 外伤救护所需物品

纱布、胶布、外用绷带（弹性绷带）、消毒棉球或棉棒、三角巾、创可贴。另可备云南白药、好得快、红花油、烫伤膏。

2. 救护常用物品

剪子、镊子、手电筒、热水袋（可做冰袋用）、缝衣针或针灸针、火柴、一次性塑料袋。

3. 消毒和保护用品

口罩、乳胶手套、一次性导气管、肥皂或洗手液、消毒纸巾、外用酒精。

二、应了解的基本急救方法

1. 常用的止血方法

（1）加压包扎止血　是最常用的止血方法，在外伤出血时应首先采用。

适用范围：小静脉出血、毛细血管出血，动脉出血应与止血带配合使用；头部、躯干体、四肢以及身体各处的伤口均可使用。

用干净、消毒的较厚的纱布，覆盖在伤口表面，如无纱布，可用干净毛巾、手帕等替代。在纱布上方用绷带、三角巾紧紧缠绕住，加压包扎，即可达到止血的目的。尽量初步地清洁伤口，选用干净的替代品，减少伤口感染的机会。

（2）止血带止血法　用加压包扎止血法不能奏效的四肢大血管出血，应及时采用止血带止血。

适用范围：多伤肢体有大而深的伤口，血流速度快；多处受伤，出血量大；受伤同时伴有开放性骨折；肢体已完全离断或部分离断；受伤部位可见到喷泉样出血；不能用于头部和躯干部出血的止血。

止血用品：最合适的止血带是有弹性的空心皮管或橡皮条。紧急情况下，可就地取材用宽布条、三角巾、毛巾、衣襟、领带、腰带等用做止血带的替代品。

不合适的替代品：电线、铁丝、绳索。

上止血带的位置：扎止血带的位置应在伤口的上方，医学上叫做“近心端”，应距离伤口越近越好，以减少缺血的区域。

上肢出血：上臂的上部和下部。

下肢出血：大腿的上部。

在准备上止血带的位置垫一层毛巾和几层纱布或直接扎在衣物上，避免皮肤被止血带勒压而坏死。将有弹性的止血带缠绕肢体2周，然后在外侧打结（注意：别在伤口上打结）。

2. 人工呼吸

人工呼吸就是用人工的方法帮助病人呼吸。一旦确定病人呼吸停止，应立即进行人工呼吸，最常见、最方便的人工呼吸手法是口对口人工呼吸。

口对口人工呼吸是由抢救者深吸一口气，然后吹入病人的口腔，经由呼吸道到肺部，这时吹入病人口腔的气体，含氧气为18%，这种氧气浓度可以维持病人最低限度的需氧量。

吹气后，口唇离开，并松开捏鼻的手指，使气体呼出。

观察病人的胸部有无起伏，如果吹气时胸部抬起，说明气道畅通，口对口吹气的操作是正确的。

每次吹气量平均900mL，吹气的频率为每分钟12～16次。

下列情况不宜做口对口人工呼吸。

口腔严重外伤、牙关紧闭时不宜做口对口人工呼吸，可采用口对鼻人工呼吸。

三、急救车的使用

遇有紧急情况，必须及时拨打120急救电话，并简要的说明待救人的基本症状，以及报救点的准确方位。

1. 必须使用急救车几种情况

（1）受严重撞击、高处坠落、重物挤压等各种意外情况造成的严重损伤和大出血；

（2）各种原因引起的呕血、咳血、便血等大出血；

（3）意外灾害事故造成人员发病、伤亡的现场，尤其是成批伤员和群体伤害。

2. 急救车到达前的急救常规

（1）必须保持病人的正确体位，切勿随便推动或搬运病人，以免病情加重。

（2）昏迷、呕吐病人头侧向一边。

（3）脑外伤、昏迷病人不要抱着头乱晃。

（4）高空坠落伤者，不要随便搬头抱脚移动。

（5）将病人移到安全、易于救护的地方。如煤气中毒病人移到通风处。

（6）选择病人适宜的体位，安静卧床休息。

（7）保持呼吸道通畅，已昏迷的病人，应将呕吐物、分泌物掏取出来或头侧向一边顺位引流出来。

（8）外伤病人给予初步止血、包扎、固定。

（9）待救护车到达后，应向急救人员详细的讲述病人的病情、伤情以及发展过程、采取的初步急救措施。

第二节　现场应急措施

一、塌方伤害

塌方伤害是由塌方、坍塌而造成的病人被土石方、瓦砾等压埋，发生掩埋窒息，土方石块埋压肢体或身体导致的人体损伤。

急救要点：

1. 迅速挖掘，争分夺秒救出被压埋者。尽早将伤员的头部露出来，即刻清除其口腔、鼻腔内的泥土、砂石，保持呼吸道的通畅。

2. 救出伤员后，先迅速检查心跳和呼吸，如果呼吸心跳已停止，立即先连续进行 2 次人工呼吸。

3. 在搬运伤员中，防止肢体活动，不论有无骨折，都要用夹板固定，并将肢体暴露在凉爽的空气中。

4. 发生塌方意外事故后，必须打 120 急救电话报警。

5. 切忌对压埋伤进行热敷或按摩。

6. 必须注意以下事项：

（1）肢体出血禁止使用止血带止血，因为可加重挤压综合症。

（2）脊椎骨折或损伤固定和搬运原则，应使脊椎保持平行，不要弯曲扭动，以防止损伤脊椎神经。

二、挤压伤害

挤压伤害是指因暴力、重力的挤压或土块、石头等的压埋，引起的身体伤害可造成肾脏功能衰竭的严重情况。

急救要点：

1. 尽快解除挤压的因素，如被压埋，应先从废墟下扒救出来。

2. 手和足趾的挤压伤。指（趾）甲下血肿呈黑紫色，可立即用冷水冷敷，减少出血和减轻疼痛。

3. 怀疑已有内脏损伤，应密切观察有无休克先兆。

4. 严重的挤压伤，应呼叫120急救医生前来处理，并护送到医院进行外科手术治疗。

5. 千万不要因为受伤者当时无伤口而忽视治疗。

6. 在运转中，应减少肢体活动，不管有无骨折都要用夹板固定，并让肢体暴露在凉爽的空气中，切忌按摩和热敷，以免加重病情。

三、硬器刺伤

硬器刺伤是指刀具、碎玻璃、铁丝、铁钉、铁棍、钢筋、木刺造成的刺伤。

急救要点：

1. 较轻的、浅的刺伤，只需消毒清洗后，用干净的纱布等包扎止血，或就地取材使用替代品初步包扎后，到医院去进一步治疗。

2. 刺伤的硬器如钢筋等仍插在胸背部、腹部、头部时，切不可立即拔出来，以免造成大出血而无法止血。应将刃器固定好，一并将病人尽快送到医院，在手术准备后，妥当地取出来。

3. 刃器固定方法：刃器四周以衣物或其他物品围好，再用绷带等固定住。路途中注意保护，使其不得脱出。

4. 刃器已被拔出，胸背部有刺伤伤口，伤员出现呼吸困难，气急、口唇紫绀，这时伤口与胸腔相通，空气直接进出，称为开放性气胸，非常紧急，处理不当，呼吸很快停止。

5. 迅速按住伤口，可用消毒纱布或清洁毛巾覆盖伤口后送医院急救。纱布的最外层最好用不透气的塑料膜覆盖，以密闭伤口，减少漏气。

6. 刺中腹部后导致肠管等内脏脱出来，千万不要将脱出的肠管送回腹腔内，因为会使感染机会加大，可先包扎好。

7. 包扎方法：在脱出的肠管上覆盖消毒纱布或消毒布类，再用干净的盆或碗倒扣伤口上，用绷带或布带固定，迅速送医院抢救。

8. 双腿弯曲，严禁喝水、进食。

9. 刺伤应注意预防破伤风。轻的、细小的伤口，伤口深、尤其是铁钉、铁丝、木刺等刺伤，如不彻底清洗，容易引起破伤风。

四、高处坠落摔伤

高处坠落摔伤是指从高处坠落而导致受伤。

急救要点：

1. 坠落在地的伤员，应初步检查伤情，不乱搬动摇晃，应立即呼叫 120 急救医生前来救治。

2. 采取初步救护措施：止血、包扎、固定。

3. 怀疑脊椎骨折，按脊椎骨折的搬运原则。切忌一人抱胸，一人扶腿搬运；伤员上下担架应由 3 ~4 人分别抱住头、胸、臀、腿，保持动作一致平稳，避免脊椎弯曲扭动，加重伤情。

五、烧伤

急救要点：

1. 防止烧伤：身体已经着火可就地打滚或用厚湿的衣物覆盖以压灭火苗，或者尽快脱去燃烧衣物，如果衣物与皮肤粘连在一起，应用冷水浇湿或浸湿后，轻轻脱去或剪去。

2. 冷却烧伤部位，用冷水冲洗、冷敷或浸泡肢体，降低皮肤温度。

3. 用干净纱布或被单覆盖和包裹烧伤创面，切忌在烧伤处涂各种药水和药膏，如紫药水、红药水等，以免掩盖病情。

4. 为防止烧伤休克，烧伤伤员可口服自制烧伤饮料糖盐水，如在 500mL 开水中放入白糖 50g 左右、食盐 1.5g 左右制成。但是，切忌给烧伤伤员喝白开水。

5. 搬运烧伤伤员，动作要轻柔、平稳，尽量不要拖拉、滚动，以免加重皮肤损伤。

六、化学烧伤

1. 强酸烧伤

急救要点：

（1）立即用大量温水或大量清水反复冲洗皮肤上的强酸，冲洗得越早越干净越彻底越好，一点残留也会使烧伤越来越重。

（2）切忌不经冲洗，急急忙忙地将病人送往医院。

（3）用水冲洗干净后，用清洁纱布轻轻覆盖创面，送往医院处理。

2. 强碱烧伤

急救要点：

（1）立即用大量清水反复冲洗，至少20min；碱性化学烧伤也可用食醋来清洗，以中和皮肤的碱液。

（2）用水冲洗干净后，用清洁纱布轻轻覆盖创面，送往医院处理。

3. 生石灰烧伤

急救要点：

（1）应先用手绢、毛巾擦净皮肤上的生石灰颗粒，再用大量清水冲洗。

（2）切忌先用水洗，因为生石灰遇水会发生化学反应，产生大量热量灼伤皮肤。

（3）冲洗彻底后快速送医院救治。

七、触电

急救要点：

1. 迅速关闭开关，切断电源，使触电者尽快脱离电源。确认自己无触电危险再进行救护。

2. 用绝缘物品挑开或切断触电者身上的电线、灯、插座等带电物品。

绝缘物品：干燥的竹竿、木棍、扁担、擀面杖、塑料棒等，带木柄的铲子、电工用绝缘钳子。抢救者可站在绝缘物体上，如胶垫、木板；穿着绝缘的鞋：塑料鞋、胶底鞋等。

3. 电者脱离电源后，立即将其抬至通风较好的地方，解开病人衣扣、裤带。轻型触电者在脱离电源后，应就地休息 1 ~ 2h 再活动。

4. 如果呼吸、心跳停止，必须争分夺秒进行口对口人工呼吸和胸外心脏按压。

触电者必须经过长时间的人工呼吸和心脏按压。

5. 立即呼叫 120，急救医生到现场救护。并在不间断抢救的情况下护送医院进一步急救。

八、煤气中毒

急救要点：

1. 在有可能发生煤气中毒的环境中，感到头晕、头痛，应想到煤气中毒的可能，立即打开门窗通风，并尽快离开中毒室内。在封闭的室内或车中有人昏倒，必须打开门窗通风，有时需砸碎门窗玻璃。

2. 及早向附近的人求助或拨打 120 电话呼救。

3. 神志不清的中毒病人必须尽快抬出中毒环境。平放在地上，将其头转向一侧。

4. 轻度中毒患者应安静休息，避免活动后加重心、肺负担及增加氧的消耗量。

九、食物中毒

急救要点：

1. 立即停止食用可疑中毒食物。

2. 强酸、强碱物质引起的食物中毒，应先饮蛋清、牛奶、豆浆或植物油 200 毫升保护胃黏膜。

3. 封存可疑食物，留取呕吐物、尿液、粪便标本，以备化验。

4. 采取催吐的方法，尽快排出毒物。一次饮 600mL 清水或 1:2000 的高锰酸钾溶液，然后用筷子等物刺激咽喉壁，造成呕吐的动作，将胃内食物吐出来，反复进行多次，直到吐出的为清水为止。已经发生呕吐的病人不要再催吐。

5. 将病人送医院进一步检查。

十、铁钉扎脚

急救要点：

1. 将铁钉拔除后，马上用双手拇指用力挤压伤口，使伤口内的污染物随血液流出，如果当时不挤，伤口会很快封上，污染物留在伤口内形成感染源。

2. 洗净伤脚，有条件者用酒精消毒后包扎。伤后 12h 内到医院注射破伤风抗毒素，预防破伤风。

第四篇　事故案例

案例一　排水管道工程中毒事故

一、事故简介

2000年7月1日，某市某排水管道施工过程中，发生一起中毒事故。该市建设西路曾于1995年修建，当时因施工需要曾在该处检查井内用砖砌筑了堵墙，使雨水流入其他泵站，于1997年底新泵站修建后，2000年为重新调整雨水排放路线，需将原砌筑的堵墙拆除。2000年7月1日，某市政公司派原建设西路的施工工长带领3位民工去拆除管道井的雨水管道堵墙。该雨水管道井深1.8m，宽1.2 m。第一位民工下井后用风镐拆堵墙，干了一会上到地面换第二位民工下井，当打通堵墙时，积存的污水和毒气突然冲出来，作业人员中毒倒地，上面两民工见状下井抢救，也中毒倒地，工长接着下井，又中毒倒地。其他职工在拨打110、120求援期间，有一名保安人员也因下井救人中毒倒地。本次事故共造成4名人员死亡，1人重伤。

二、事故原因分析

（一）事故主要原因

本次事故主要是由于施工单位管理失误，缺乏安全法规和相关安全技术方面的知识，施工前不编制方案，下井前无安全技术措施，对施工人员不进行教育，不懂得自我防护知识，盲目施工，遇意外事故盲目救助，不仅未减少损失，反而使损失扩大。

（二）技术方面

管道疏通施工已有成熟的方法，特别在高温天气下，进入井道前必须制定安全技术措施，配备必要的防护用品及救援器材，每次下井前应对井下环境进行检测，并在作业中随时检测。在施工前，施工人员既没有进行检测，也没有配备必要的防护用品，从而造成中毒事故，是本次事故的直接原因。

（三）管理方面

该市政公司虽属专业公司，但从施工管理上不具备相应资质，没有制定施工方案，没有可靠的安全措施，既不懂专业知识也没有管理制度，以致于发生事故后惊慌失措，盲目下井救人，使损失更加严重，包括工长本人也不采取任何防护措施盲目下井，说明现场指挥人员缺乏应有的安全管理知识和管理能力，该企业管理上亟待加强。

案例二　坍 塌 事 故

一、事故简介

2002 年 3 月 13 日，在某市政公司承接的某河支流污水截流工程金钟路某号路段工地上，施工单位正在做工程前期准备工作。为了了解地下管线情况、土质情况及实测原有排水管涵位置标高，下午 15 时 30 分开始地下管线探摸、样槽开挖作业。下午 16 时 30 分左右，当挖掘机将样槽挖至约 2 m 深时，突然上体发生塌方，当时正在坑底进行挡土板支撑作业的工人周某避让不及，身体头部以下被埋入土中，事故发生后，现场项目经理、施工员立即组织人员进行抢救，并通知 120 救护中心、119 消防部门赶赴现场进行抢救，虽经多方全力抢救但未能成功，下午 17 时 20 分左右，周某在某中心医院死亡。

二、事故原因分析

（一）直接原因

1. 施工过程中土方堆置不合理。土方堆置未按规范中单侧堆土高度不得超过 1.5 m、离沟槽距离不得小于 1.2 m 的要求进行，实际堆土高度达 2 m，距沟槽边距离仅 1 m。

2. 现场土质较差。现场为原沟浜回填土约 4 m 深，且紧靠开挖的沟槽，其中夹杂许多垃圾，土体非常松散。

（二）间接原因

1. 施工现场安全措施针对性较差。未能考虑员工逃生办法，对事故的预见性较差，麻痹大意。

2. 施工人员安全意识淡薄。对三级教育、安全技术交底、进场安全教育未能引起足够重视，凭经验作业。

3. 坑底作业人员站位不当，自身防范意识不强，逃生时晕头转向，从而发生了事故。

4. 施工现场管理不力。由于刚进场作业，对于安全生产各方面准备不充分，思想上未能引起足够重视，管理不到位。

案例三　物体打击事故

一、事故简介

2002 年 12 月 3 日，在某机施公司承包、某安装公司分承包的某隧道工程工地上，上午 11 时 45 分左右，6 号盾构矿用电瓶车空车开到工作井后，分承包单位职工丁某指挥 20t 龙门吊司机将二块叠放在一起的管片吊放到电瓶车挂车上。随后丁某和本单位职工顾某两人到挂车两侧脱钢丝绳，并把钢丝绳甩在挂车右边。丁某做了起吊的手势后，并向电瓶车司机挥手示意电瓶车启动，丁某随即到了工作井边洗手。由于龙门吊起重钢丝绳提升尚未超过挂车上的管片，在电瓶车开动过程中，钢丝绳钩住管片预留孔内伸出的安装螺栓。龙门吊司机发现后，打铃示警并松钩。但丁某、顾某对此均未引起重视。在电瓶车向前运行产生的作用力下，挂车上的管片产生位移，并使管片一端滑下挂车，压在丁某身上。事故发生后，现场负责人当即派人指挥龙门吊将管片吊开，将丁某救出，并立即送往医院抢救，终因丁某伤势过重，抢救无效于13时10分左右死亡。

二、事故原因分析

（一）直接原因

丁某、顾某将龙门吊起重钢丝从管片上脱下后，未等龙门吊起重钢丝绳升起，并超过装在挂车上的管片一定的安全距离，丁某即指挥电瓶车开行致使钢丝绳钩住挂车上的管片并滑下压人死亡。违章操作，是造成本次事故的直接原因。

（二）间接原因

1. 分承包项目负责人徐某负责管片装卸施工任务后，安排缺乏专业知识的普工丁某担任井下起重指挥工作，又未能对施工人员进行针对性安全教育和交底。

2. 机施公司项目部对分承包单位现场人员安排情况未引起充分重视，对现场动态管理不力。

3. 矿用电瓶车司机刘某，接到丁某开进指令后，未对开进路线进行观察，就启动车辆造成了管片滑移。

案例四　物体打击事故

一、事故简介

1999年7月23日，某公路工程处YC路N1标项目经理部对K57+340处的一座跨线桥大梁进行张拉。当天下午，聘任来的张拉工W在完成了一片大梁的张拉工作后，准备对已经张拉，但没有张拉到设计吨位的另一片大梁及其存在滑丝的钢绞线进行处理。下午16：00左右，W用带来的小千斤顶对边板右端外侧的钢绞线进行处理。此时，由一名民工从旁协助W操作，另一民工操作油泵对小千斤顶供油，卸荷，取出夹片。由于千斤顶前端的顶头直径稍大，工作时，总是压着被处理的夹片，导致夹片不能正常退出。为了解决这个问题，W先用扳手支垫顶头，使其稍高于夹片。用这种方法处理完两根钢绞线。在处理第三根钢绞线时，W取出一根长约40cm的钢钎来作支垫，让钢钎的尖端与千斤顶头部相接触。同时，仍用使用过两次的扳手仍作支垫使用，以使千斤顶保持平衡。在进行上述操作后，W让民工操作油泵供油，但看到夹片仍没退出时，立即让民工操作油泵回油。但由于当时民工没有听见，未立即回油，W站起身跨过大梁去油泵回油。此时，钢钎飞出，正巧打在W的右眼上，造成“右眼球破裂”的重伤事故。

二、事故原因分析

（一）直接原因

张拉工W使用工具不当，所采取的用钢钎支顶，用扳手作支垫的方法属于冒险蛮干的严重违章行为，钢钎受力点小，极不稳固，在压力下崩出，是造成事故的直接原因。

（二）间接原因

W是被聘任指导该项目经理部进行张拉作业的老张拉工，因此，该项目经理部未对其进行必要的安全教育和监督，由于其他人没有W的张拉经验丰富，导致所有人员没有对他的冒险行为进行阻止，而是，听之任之。

案例五　机械伤害事故

一、事故简介

1995年9月4日早晨6：00某公路工程公司NS项目经理部

搅拌站上班后，搅拌站负责人S安排本项目经理部职工W带领Q等三名刚进场15天的农民工保养更换拌和机搅拌叶片。随后，该站技术员Z对操作和保养人员进行了口头安全技术交底，强调了保养、更换搅拌叶片在作业内容和程序上要遵守的有关规定。

在7：30左右，保养更换搅拌叶片工作基本完成，W要求全部人员撤到搅拌机外。在人员陆续走下搅拌机平台时（其他几名保养更换人员可以证明Q随大家一起走出，走在最后），W就给操作室发出了试机信号，搅拌机操作室内的操作员L接到信号后，便鸣铃，按下了搅拌机开关。谁知，此时搅拌机内发出了惨痛的嚎叫声，几名保养更换人员听到后，立即同时大声呼喊、招唤，操作员L见状，知道出现了异常，当即停机。大家急忙返回搅拌机，但此时，Q已被旋转的搅拌叶片打伤致死。

二、事故原因分析

（一）直接原因：

负责带班指挥搅拌机维修保养的W未按照有关搅拌机维修保养的安全技术操作规程和当时技术人员的安全技术交底内容进行作业，在没有清点人数，所有进机作业人员没有全部在自己视觉监控内的情况下，就发出试机信号是导致事故的直接原因之一。

参加维修保养工作的农民工Q，没有按照带班指挥人员W的指令，和大家一同离开搅拌机（或中途又返回搅拌机）是造成事故的另一个直接原因。

事故后，W及另外两名参加维修保养的农民工（与Q同乡）叙述：他们亲眼看到Q最后一个走出搅拌机的情况，可能有两种或三种可能。一是，Q确实离开过搅拌机，但在W发信号等时间段内，又因某种原因返回了搅拌机；二是，不能排除Q根本就没有离开过搅拌机，可能是其他几名同事产生了错误判断，只是习惯性的“感觉”Q和他们一起走出了搅拌机，也有可能因为个人的利益关系，所述情况并不属实（第二种可能属推测，无法考证。当时，劳动部门是按照第一种可能结的案）。

（二）间接原因

1. 该项目经理部安全规章制度比较健全，但是，在落实中存在打折扣的问题。一是，农民工 Q 只接受了 2h 进场安全教育，并没有接受班组岗位安全教育和相关的安全技能培训；二是，拌和站技术人员没有与带班指挥人员履行安全技术交底的交底人与被交底人的书面签认手续，口头安全交底比较笼统，并没有针对性；三是，该项目经理部的安全规章制度中规定搅拌机维修应由拌和站负责人进行现场统一指挥、调度，而实际却没有做到。

2. 农民工 Q 进场仅 15 天，对现场环境尚不完全适应，对所从事的作业尚不熟悉，对新接触到的大型机械设备的好奇心强。

案例六　触 电 事 故

一、事故简介

1988 年 7 月 26 日下午 18：40 左右，某公路工程公司第三工程队混凝土振捣工 Y 正在 JM 大桥施工现场收理工具，准备下班。这时，一台履带式吊车沿施工便道向 Y 这边驶来，Y 下意识地看了一眼，却无意中发现吊车即将压到一根电缆线。于是，Y 忙跑过去准备拿开电缆线。可当吊车驾驶员看到 Y 刚一拿起电缆，就重重地栽倒在地。吊车驾驶员看出 Y 可能是触电了，急忙跳下车，喊人拉断电源。电源被混凝土振捣班职工 Z 拉断，周围准备下班的其他作业人员都跑了过来，准备抢救 Y。但是，大家发现 Y 已经死亡，胸口处留有电伤痕迹。送往医院，经鉴定确系电流通过心脏致死。

事后，当地劳动部门和该公司在进行事故调查中发现，并非是电缆线漏电，而是电缆两头接的都是电源插头，一端的插头正与电源连接，使另一端的插头上同时带电，并且暴露。

二、事故原因分析

（一）直接原因

1. Y触摸到带电的电缆线插头触电，无法摆脱，瞬间将带电的电缆线插头压在了自己的胸前，造成电流通过心脏，导致死亡。

2. 电缆线两端同时接插头的做法，纯系典型的严重违章，是导致事故发生的直接隐患。按照电气连接的有关规定和一般常识，电源枲线的一端为插头，另一端必须是插座，插座以及插头与插座的连接时必须保证导电部分处于绝缘材料之中，不得外露。也就是说，电源端点不应带电（在人的意识中，都是这样认为的）。

（二）间接原因

1. 现场混乱，电气线路布设不符合规范要求，过路线既不做架空也不做埋地处理，现场电气线路随时有被碾压、拉拽的危险。这也正是此起事故的起因。

2. 该施工现场的临时用电，未按规定装设漏电保护器。

南方很多工地，总以当地潮湿，漏电保护器过于灵敏，安装漏电保护器后经常跳闸断电或根本合不上电源开关，影响生产为由，不装或装上不用漏电保护器，那么违章接线就不可能存在。同时，漏电保护器动作的时候，我们必须认真查找原因，采取符合规范的措施。

3. 将电缆线两端都接了插头的“电工”W，无电工作业证书，缺乏起码的电工作业的安全常识。

W从事电工作业多年，但一直未参加正规培训和考核。暴露出该单位在特种作业人员管理上存在着严重漏洞。

特种作业人员必须具备安全生产的技能和常识，经过学习和培训取得上岗资格方准从事特种作业。

案例七　触电事故

一、事故简介

1996年7月16日下午，某公路工程处Z项目经理部在某大桥施工中，履带式起重机正在执行吊运模板任务（装车运走），起重机驾驶员M在无信号指挥的情况下独自作业。当M吊完第一堆模板后，就转移到了第二堆模板处准备继续进行吊装作业。当时，M和负责搬运、挂钩人员以及汽车驾驶员等均注意到了第二堆模板处上方有高压线（10kV），但M认为，凭他的技术，高压线不会影响吊运作业。起初，在地上作业的人员都很注意，确认起重机大臂与高压线距离较远时，才上前挂钩、扶钩。但是，当进行到第三次起吊时（大约下午16：30左右），挂钩人员由于渐渐忽视了起重机是在高压线下方工作，又正巧吊绳吊住模板时，与地面不垂直，所以负责挂钩的L就上前去扶模板，准备等吊绳与地面垂直，模板稳定后再松手。可就在这时，只见吊臂前端火光一闪，L即刻倒地。M见状，立即落臂回臂，但为时已晚，L经紧急抢救无效死亡。

二、事故原因分析

（一）直接原因

1. 起重机大臂距离高压线过近（不足30cm），导致起重机及其所吊模板带电，致使与模板接触的L触电死亡。

2. 无信号指挥人员，挂钩人员无证上岗作业，起重机驾驶员M把吊车停在高压线下进行作业，严重违反了安全技术操作规程，实是冒险蛮干行为。

3. 违章在高压线下方堆放模板。

（二）间接原因

1. 该项目经理部明知施工现场内有高压线，却没有据此制定和采取任何组织措施和技术措施，就是在指派 M 进行模板吊运作业前，也根本就没有考虑到现场高压线对作业产生的危险，而采取其他安全可靠的方法来完成此项工作。

2. 从该项目经理部不按规定安排具备上岗资格的信号指挥人员、挂钩人员，就进行起吊作业；作业人员发现高压线，不向领导反映情况，而是冒险蛮干；施工现场没有安全监督检查，失管失控的情况中，充分反映出：该项目经理部安全生产管理混乱，从领导到职工都严重缺乏起码的安全意识，安全教育、安全检查、安全技术交底以及特种作业管理等各项安全规章制度均不落实。

案例八　支架坠落事故

一、事故简介

某公路工程公司 J 项目经理部采取整体支架（下面由钢立柱支撑）上搭模板方法，进行现浇箱梁施工。1998 年 6 月 24 日下午，167 ~ 168 号左幅主跨混凝土达到强度要求后，开始进行整体支架下落作业。其方法和顺序是：第一步，整体支架（总重量 156t）用 10 个吊点吊住（在桥面上均匀架设 10 只 20 t 手动葫芦，并进行起落；每只葫芦两人操作，承载钢丝绳为 24mm，每一吊点用 4 根钢丝绳连接，每根绳的破断力为 32 t）；第二步，撤去下面的钢立柱；第三步，由 10 只手动葫芦同时动作，将整体支架连同上面的模板向下落。当日下午 18：30 左右，整体支架下落了大约 2m 时（横梁底面距地面 5m），操作手动葫芦的 20 名人员，全部休息。另外 11 人站到支架上面，利用支架处理桥底面。这时，突然听到了钢丝绳发出的响声，接着一侧钢丝绳猛然断开，整体支架迅即向这一侧坠落（另一侧未坠落），支架上面所有作业人员全部随坠落支架滑落到地面。

二、事故原因分析

（一）直接原因

钢丝绳受力不均，导致某根钢丝绳的受力超过破断力，进而连锁反应，使一侧的钢丝绳接连全部断裂。（用人控制 10 只手动葫芦同时动作，根本无法保证各吊点下落速度、下落高度相同，也就无法保证各吊点钢丝绳的受力相同。）

此施工方法属于严重违章行为，基本等同于被严禁的“站在被拆除物体上进行拆除作业”的情况。

（二）间接原因

1. 施工方案未经严格审核，更没有按规定编制专项的安全施工组织设计。

2. 此项作业没有进行安全技术交底。

案例九　起重吊装事故

一、事故简介

1993 年 2 月 26 日下午，某公路工程公司第一项目经理部在 JS 高速公路四期工程 17 号标段工地，该工地技术员 F 发现由 CL 农民工队承包，已绑扎成形的一只钢筋笼质量不符合技术要求，便通知 CL 民工队派人到吊运现场来重新加固。当日中午 12：30，CL 民工队焊工 LC、LP 等 4 人到达现场进行钢筋笼焊接加固作业。大约经过 1h，钢筋笼焊接加固好后，F 认为合格，并通知起重信号工 S 发信号，准备吊运，同时，请 LC 和 LP 等 4 人离开现场。当日下午 13：30，S 在确认作业半径内无人的情况，发令起吊。笼体在离开地面大约 4.5m，做水平转臂时发生晃动，致使一根钢丝绳突然从吊钩中脱出，笼体一端砸下，将重又回到吊运现场的 CL 民工队的焊工 LC 和 LP 砸倒在地。送往医院经抢救 LC 死亡，LP 重伤。

事后伤者 LP 解释，他们回队需穿过吊装场地。

二、事故的原因分析

（一）直接原因

1. 起重机驾驶员 W 操作有误，做水平转臂时发生晃动。

2. 起重机吊钩未安装防脱钩器。

3. LC 和 LP 违章进入吊装作业区域。

1 和 2 导致钢筋笼坠落，又与 3 同时发生，遂导致此事故发生。

（二）间接原因

1. 吊装现场监管不到位，指挥人员观察到现场情况发生变化，未能及时发出信号停止吊装作业。

2. 项目经理部对民工队作业人员疏于教育，导致民工缺乏安全意识，对现场安全的规定不重视。

3. 吊装现场没有投入足够的安全监察力量。

项目经理部的专职安全管理人员，应该根据实际施工状况确定日常监控工作的重点项目、重点部位，有的放矢。象上述吊装作业现场，应该是专职安全管理人员重点监控的对象。

项目经理部的主要负责人，一定要根据工程规模在配足合格的专职安全管理人员的基础上，还要让他们参加工地上与施工安排、施工技术方案等有关的会议，使他们了解现场施工的计划，以利确定防范和监控的重点；督促专职安全管理人员制定和落实每日的安全监控对象和监控措施等。

案例十　高处坠落事故

一、事故简介：

1995 年 7 月 24 日，某公路工程公司 ZZ 项目经理部在 HH 大桥施工，该项目经理为了少投入机械设备，节省开支，便组织

12 名民工在某联桥面上进行卸落预压沙袋作业。每 2 名民工为一组，逐个地将桥面上的预压沙袋推或投到桥下施工便道上，再由装载机装车运走。下午 16：00 左右，桥面上只剩下最后的 20 多只沙袋时，民工 N 和 Q 共同抬起一只沙袋，走到桥面边缘（高度距地面 11.2m）准备往下抛，由于两人用力不协调，出手时间不一致（Q 先松手），导致 N 被沙袋带下桥面，落在了斜插在施工便道边的一根钢筋上。钢筋穿透了 N 的躯干下部，当场死亡。

二、事故原因分析

（一）直接原因

1. 高处作业未设置临边防护。

2. 因天气热，作业人员脚穿拖鞋，加之，沙袋漏沙桥面滑，导致 Q 因此而在作业中失去重心，险些摔倒，出于本能先松开了沙袋，从而将 N 带下桥面。

3. N 落在了施工便道边斜插的钢筋头上（说明施工现场杂乱无章，清理不及时）。

（二）间接原因

该项目经理部主要负责人，只重生产和效益，却不顾从业人员的作业安全的思想意识，虽然是导致事故发生的间接原因，但不可否认，这也是事故发生的主要原因。

附　　录

一、法律

（一）中华人民共和国建筑法（节选）

（二）中华人民共和国安全生产法（节选）

（三）中华人民共和国劳动法（节选）

（四）中华人民共和国刑法（节选）

（五）中华人民共和国消防法（节选）

（六）中华人民共和国环境保护法（节选）

（七）中华人民共和国环境噪声污染防治法（节选）

（八）中华人民共和国固体废物污染环境防治法（节选）

（九）中华人民共和国行政处罚法（节选）

（十）中华人民共和国行政复议法（节选）

（十一）中华人民共和国行政诉讼法（节选）

二、行政法规

（一）建设工程安全生产管理条例

（二）安全生产许可证条例

（二）企业职工伤亡事故报告和处理规定

（四）特别重大事故调查程序暂行规定

（五）国务院关于特大安全事故行政责任追究的规定

（六）特种设备安全监察条例

（七）《国务院关于进一步加强安全生产工作的决定》国发[2004] 2 号

三、部门规章及规范性文件

（一）工程建设重大事故报告和调查程序规定

（二）建筑安全生产监督管理规定

（三）建筑工程施工现场管理规定

（四）建设行政处罚程序暂行规定

（五）实施工程建设强制性标准监督规定

（六）建设工程监理范围和规模标准规定

（七）建筑业企业资质管理规定

（八）建筑工程施工许可管理办法

（九）建筑工程勘察设计企业资质管理规定

（十）工程监理企业资质管理规定

（十一）建筑施工企业安全生产许可证管理规定

（十二）关于印发《建筑施工企业主要负责人、项目负责人和专职安全生产管理人员安全生产考核管理暂行规定》的通知

（十三）建筑施工企业主要负责人、项目负责人和专职安全生产管理人员安全生产考核管理暂行规定

四、国际公约

参 考 文 献

1.《建筑施工企业主要负责人、项目负责人、专职安全生产管理人员安全生产培训考核教材》建设部工程质量安全监督与行业发展司组织编写

2.《建筑施工安全事故警示录》潘延平主编

3.《公路工程施工安全生产指南》王炜主编